河南省"十四五"普通高等教育规划教材

河南省战略性新兴领域"十四五"高等教育教材

# 生物工程专业综合实验

（供生物工程、制药工程、中药制药等专业用）

主　编　郑晓珂

副主编　赵　乐　　何海荣　　贾浩宇

　　　　岳丽丽　　武慧敏　　史胜利

编　委　（以姓氏笔画为序）

　　　　马利刚　　刘秀玉　　安　娜　　苏成福

　　　　李缘君　　邹玉玺　　沈继朵　　张　莉

　　　　张　敏　　张志娟　　张艳丽　　陈　燕

　　　　黄　睿　　董　宁　　韩永光　　傅　阳

　　　　新吉乐

中国健康传媒集团

中国医药科技出版社　·北京

## 内 容 提 要

本教材为河南省"十四五"普通高等教育规划教材,结合中医药院校生物工程等专业培养目标、教学目标等编写而成。本教材共编录 71 个实验项目,系统整合细胞生物学、微生物学、免疫学、发酵工程、药物分离纯化技术、细胞工程、基因工程等九大实验模块,形成覆盖生物工程全产业链的实践教学体系。特色模块设置包含综合性实验及设计性实验。综合性实验通过中药北葶苈子 LaAACT 重组蛋白的表达和纯化,使学生掌握 DNA 重组、载体构建、微生物菌种保存与培养、目标蛋白的分离纯化等实验技能。设计性实验采用课题驱动模式,引导学生完成文献研究、方案设计到成果验证的完整科研训练。

本教材主要供全国高等中医药院校生物工程、制药工程、中药制药等专业作为实验教材使用,也可作为相关从业人员的参考用书。

**图书在版编目（CIP）数据**

生物工程专业综合实验／郑晓珂主编. -- 北京：
中国医药科技出版社，2025. 6. -- ISBN 978-7-5214
-5391-1

Ⅰ. Q81-33

中国国家版本馆 CIP 数据核字第 2025P8H065 号

---

美术编辑　陈君杞
版式设计　友全图文

出版　**中国健康传媒集团** | 中国医药科技出版社
地址　北京市海淀区文慧园北路甲 22 号
邮编　100082
电话　发行：010 - 62227427　邮购：010 - 62236938
网址　www. cmstp. com
规格　889mm×1194mm $^{1}/_{16}$
印张　11 $^{3}/_{4}$
字数　339 千字
版次　2025 年 6 月第 1 版
印次　2025 年 6 月第 1 次印刷
印刷　天津市银博印刷集团有限公司
经销　全国各地新华书店
书号　ISBN 978-7-5214-5391-1
定价　**39. 00** 元

获取新书信息、投稿、为图书纠错，请扫码联系我们。

　　生物工程作为一门新兴技术，以细胞学、微生物学、生物化学和遗传学等学科的理论与技术为根基，深度融合机械、电子、化工等现代工程技术手段，充分运用分子生物学领域的最新成果，对遗传信息进行精准修改，定向改造生物大分子或其功能，成功创造出具有优良性状的"工程细胞株"或"工程菌"，而后借助适配的生物反应器，开展工业化大规模培养，进行大量生产人们所需要的代谢产物，发挥其独特生理功能。

　　对本专业的学生而言，掌握生物技术的科学原理、工艺流程的理论以及工程设计技能至关重要，这将为他们从事医药产品的研究开发、生产运作、经营管理等工作奠定坚实基础。实践教学在助力学生掌握必备的实验技术与操作技能、提高独立思考和创新能力方面，发挥着不可替代的关键作用。为契合21世纪对生物工程人才综合素质的要求，致力于培养基础扎实、知识面宽广、适应能力强、具备强烈创新意识与能力的高素质专业人才，我们编写本书，旨在助力学生系统地掌握生物工程领域必备的实践技能和操作规范。

　　在编写过程中，为了有效规避不同课程之间实验教学内容出现重复或遗漏问题，我们对生物工程专业的实验教学内容进行了系统的统筹规划。全书依据生物工程专业本科生课程设置的具体要求进行编排，涵盖以下二部分内容。

　　第一部分为实验室规则，其中详细阐述了危险品使用制度，为学生在实验过程中安全使用各类危险物品提供明确指导；同时还介绍了一般性伤害的应急措施，确保学生在遭遇突发伤害时能够迅速、正确地采取应对行动，最大程度降低伤害程度。

　　第二部分为实验内容。内容涵盖细胞生物学、工业微生物学、免疫学、生物工程设备、发酵工程、药物分离纯化技术、基因工程、酶与蛋白质工程、细胞工程等多个实验板块，全面覆盖了生物工程专业的核心知识领域，使学生能够通过实践操作，深入理解和掌握专业知识。

　　第十章为综合性及设计性实验。综合性实验对学生的考查是多维度的，体现在知识综合运用能力和实验操作技能，如利用细胞工程技术获取目标细胞，借助工业微生物学知识选择合适菌种发酵，再运用药物分离纯化技术得到最终产品。在此过程中涉及各类实验技术，从细胞生物学中的细胞培养、传代，到基因工程里的 DNA 提取、PCR 扩增，以及生物工程设备的正确使用等。设计性实验要求学生自主查阅大量资料，学会独立思考和学习，提升自主学习能力，以适应未来不断变化的工作和学习需求。

　　本书在编写过程中，广泛参考了国内外众多同行、专家学者的科研成果与著作，同时也得到了诸多同仁的宝贵意见和建议，在此向他们致以诚挚的感谢。

　　由于编者水平与经验有限，书中难免存在错漏之处，恳请广大读者不吝批评指正。

编　者
2025 年 4 月

CONTENTS 目录

# 第一部分 实验室规则

## 一、实验室学生守则

**1. 实验预习** 在每次实验课开始之前，学生必须完成预习工作，明确实验目的和要求，透彻理解本次实验内容所涉及的基本原理，熟悉操作内容，为顺利开展实验做好充分准备。

**2. 入室规范** 学生进入实验室后，应迅速按照预先指定的座位就坐，全程保持室内安静有序。未经实验室管理人员或授课教师许可，严禁私自触碰实验桌上的任何药品、试剂以及仪器设备。

**3. 实验操作** 在实验正式开始之前，学生务必全面了解实验中所用的药品、试剂的物理化学性能、适用范围及规定的使用限量，严格依照既定的实验操作规程进行操作。未经老师同意，绝对不允许擅自对实验操作方法进行更改，不得随意调整药品用量。

**4. 实验记录与报告** 在实验过程中，学生需仔细观察实验的每一个现象和变化，并如实、准确地做好记录。实验结束后，认真撰写实验报告。实验报告要求字迹清晰工整，数据、曲线、表格应该按规定格式填写、描述，并在规定时间内上交。

**5. 安全操作** 使用试管进行加热操作时，务必确保试管口不能朝向周围其他人员或自己，以防液滴飞溅，导致意外发生；在嗅闻气体时，只能用手在容器口上方轻轻扇动，使少量气体飘入鼻孔，严禁将鼻子直接凑近容器开口处嗅闻。

**6. 试剂使用** 在使用试剂时，请务必注意容器上的标签，严格禁止随意混合不同试剂，以防发生剧烈化学反应导致危险事故；使用强腐蚀性试剂时，务必小心谨慎，避免沾到皮肤、衣服和眼睛上，一旦不慎沾染，应立即用大量清水冲洗，并迅速告知教师协助处理，切勿用手抓或揉搓眼睛。

**7. 全面安全** 整个实验过程中，始终要将安全放在首位。使用玻璃仪器时，应规范使用，防止因操作不当导致玻璃仪器破裂、割破手指。涉及易燃、易爆、腐蚀性、毒性试剂的实验时，必须在指导老师的现场指导下，严格按照操作步骤进行，杜绝任何可能引发意外事故的不当行为。

**8. 废弃物处理** 实验过程中产生的用过的药品、试液等废弃物，必须统一集中收集到指定的回收桶内，严禁乱倒乱抛，共同维护实验室的清洁、卫生环境。

**9. 实验结束清理** 实验完成后，学生应及时清洗使用过的容器，将实验用品进行整理归位摆放整齐，遇有损坏、丢失仪器时应及时向教师报告，离开实验室时必须切断电源、水源、火源等，确保实验室无安全隐患。

## 二、实验室危险品使用制度

危险品是指用于教学实验的易爆、易炸品、易燃液体、易燃固体、易自燃物品和遇湿易燃物品、氧化剂和有机过氧化物、有毒品和腐蚀品等。

**1. 法规遵循与设施管理** 对危险品的保管、使用和废弃处置，必须严格遵循国家及地方有关危险品安全管理的法规条例。危险品专用铁皮橱要设置明显标志，同时存放危险品的设备和安全设施，应由专业机构定期检测，确保其性能稳定可靠，能够有效预防和应对各类安全风险。检测报告需妥善留存，以备查验。

**2. 储存与使用安全设施配备** 储存、使用危险品，应当根据危险品的种类、特性，在实验室、库房等场所合理配置相应的监测、通风、防晒、调温、防火、灭火、防爆、泄压、防毒、消毒、中和、防潮、防雷、防静电、防腐、防渗漏、防护围堤或者隔离操作等安全设施和设备，并按照国家标准和相关规定进行维护、保养，确保符合安全运行规范。每次维护保养均需详细记录，包括维护时间、维护人员、维护内容及设备运行状况等信息。

**3. 剧毒品管理与记录** 剧毒品的储存和使用单位必须建立翔实的管理台账，应当如实记录剧毒品的储存量、出入库时间和用途、使用人员等信息。需采取多重严格的安全防护措施，如安装 24 小时监控设备、实行双人双锁保管制度、设置入侵报警系统等，严防剧毒品被盗、丢失或错发误用。一旦发现剧毒品出现异常情况，如被盗、丢失或错发误用时，必须立即启动应急预案，并在第一时间向学校安全管理部门及相关公安机关报告，全力配合开展调查处理工作，最大程度降低危害后果。

**4. 三人管理制度** 剧毒化学品以及储存数量构成重大危险源的其他危险品实行三人管理制度。由三名经过专业培训、考核合格且具备相应资质的人员共同负责此类危险品的储存、领取、使用、归还等各个环节的管理工作。三人之间需明确分工、相互监督，确保操作流程规范，责任落实到人，最大限度降低安全风险。在进行任何涉及此类危险品的操作时，必须有三人同时在场，缺一不可。

**5. 借出与归还登记** 使用危险品时要有借出和归还登记。在借出危险品时，需详细登记借出时间、借用人姓名、所在部门、联系方式、借用用途、预计归还时间、危险品名称、规格、数量等信息。借用人需签字确认，并注明借用期间的安全责任。归还时，应对危险品的实际状况进行检查验收，包括包装是否完好、数量是否准确、有无泄漏等情况，并如实记录归还时间、验收人员等信息。对于逾期未归还的情况，应及时进行催还，并查明原因。

**6. 定期检查与废弃物处理** 对危险品，要做定期检查，要求包装完好、标签齐全、标志明显，能够准确反映危险品的名称、性质、危害等信息，警示标志醒目合规。实验中的废水、废液、废包装，以及其他残存物，必须严格按照环保要求进行分类收集、妥善处理。严禁随意丢弃或排放，乱扔乱放，防止对环境造成污染和安全事故。根据废弃物的性质，可分别采用中和、稀释、回收再利用、安全填埋等方式进行无害化处理。处理过程需严格遵循相关环保法规和操作规程，确保处理效果达标。同时，建立废弃物处理记录档案，详细记录废弃物的产生量、处理方式、处理时间、处理单位等信息，以备追溯和监管。

## 三、实验室一般性伤害的应急措施

**1. 创伤（碎玻璃引起的）** 请勿触摸伤口，避免用水冲洗。若伤口内有碎玻璃片，应先用消毒的镊子取出，随后用龙胆紫药水消毒伤口。消毒后，用止血粉外敷，然后再用纱布包扎。若伤口较大、出血较多，可用纱布压住伤口止血，并立即送医务室或医院接受专业治疗。

**2. 烫伤或灼伤** 一旦发生烫伤，切勿用水冲洗。建议在伤口处涂抹烫伤膏或用浓高锰酸钾溶液擦拭伤口至皮肤变为棕色，再涂上凡士林或烫伤膏。若被磷灼伤，可用 1% 硝酸银溶液、5% 硫酸铜溶液或高锰酸钾溶液洗涤伤处，然后进行包扎，切勿用水冲洗；若被沥青、煤焦油等有机物烫伤，可用浸透二甲苯的棉花擦洗，再用羊脂进行涂敷。

**3. （强）碱腐蚀** 强酸腐蚀伤处时，先用大量清水冲洗，随后用 2% 醋酸溶液或饱和硼酸溶液清洗，然后再用清水冲洗。若强碱不慎溅入眼内，用硼酸溶液冲洗。

**4. （强）酸腐蚀** 先用干净毛巾擦净伤处，随后用大量清水冲洗，然后用饱和碳酸氢钠（$NaHCO_3$）溶液（或稀氨水、肥皂水）冲洗伤处，再用清水冲洗，最后涂上甘油。若酸溅入眼中，必须先用大量清水冲洗，再用碳酸氢钠溶液冲洗，严重者送往医院进行治疗。

**5. 其他腐蚀**

（1）液溴腐蚀 应立即用大量清水冲洗，再用甘油或乙醇洗涤伤处。

（2）氢氟酸腐蚀　先用大量冷水冲洗，再以碳酸氢钠溶液（NaHCO₃）冲洗，然后用甘油氧化镁涂在纱布上包扎。

（3）苯酚腐蚀　先用大量清水冲洗，再用 4 体积 10% 的乙醇与 1 体积三氯化铁的混合液冲洗。

**6. 误吞毒物**　一旦发现有人误吞毒物，应立即给中毒者服催吐剂，如肥皂水、芥末和水，或服鸡蛋清、牛奶或食物油等，以缓和刺激，随后用干净手指伸入喉部，引发呕吐。注意磷中毒的人不能喝牛奶，可用 5～10ml 1% 的硫酸铜溶液加入一杯温开水内服，引发呕吐，之后尽快送往医院治疗。

**7. 吸入毒气**

（1）轻度中毒　中毒症状较轻时，应迅速将中毒者移到空气新鲜、通风的地方，解松衣服（但要注意保温），使其安静休息，必要时给中毒者吸入氧气，但切勿随意进行人工呼吸。若吸入溴蒸气、氯气、氯化氢等，可通过吸入少量乙醇和乙醚的混合物蒸气进行解毒。若吸入溴蒸气，也可用嗅氨水的方法减缓症状。若吸入少量硫化氢，应立即转移到空气新鲜的地方。

（2）重度中毒　中毒情况较为严重的，应立即送往医院进行治疗。

**8. 触电**　发现有人触电，首先切断电源，若来不及切断电源，可用绝缘物挑开电线。在未切断电源之前，切勿用手触碰触电者，也不可使用金属或潮湿物品挑开电线。若触电者在高处，则应先采取保护措施，再切断电源，以防触电者摔伤。随后，将触电者移到空气新鲜的地方休息。若出现休克现象，应当立即进行人工呼吸，并送往医院治疗。

# 第二部分　实验内容

# 第一章　细胞生物学实验

## 实验1　细胞基本形态和结构的观察

### 【实验目的】

1. 掌握显微镜的正确使用方法；细胞有丝分裂各时期的主要特点。
2. 熟悉各种组织的形态特征。
3. 了解显微镜的基本构造。

### 【实验原理】

显微镜是细胞生物学重要的研究工具，其种类很多，构造也比较复杂。

**1. 普通光学显微镜的基本构造**　显微镜的基本结构可分为三部分：机械部分、光学放大部分和照明部分（图1–1）。

（1）机械部分由以下6个部件组成。

1）镜座　显微镜最下面的底座，呈长方形、马蹄形等，对显微镜起稳定作用。

2）镜臂　连接镜座与镜筒的部分，弯曲成弧形，是移动显微镜时手握的部位。

3）镜筒　连接在镜臂上方的圆筒部分。上端装有目镜，下端有一个可转动的圆盘，称为物镜转换器。

4）载物台　自镜臂下端向前伸出，中央为通光孔。载物台上有压片夹和标本移动器，配合载物台下的标本移动旋钮用以固定和移动标本。

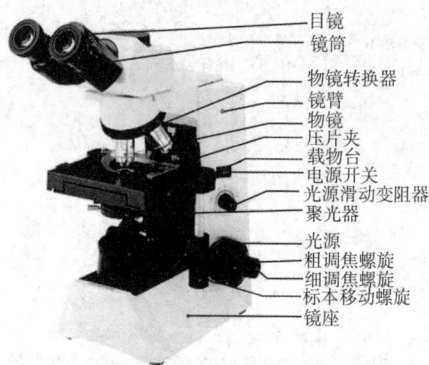

图1–1　光学显微镜的构造

5）物镜转换器　位于镜筒下端的圆盘，其上装有2~4个物镜，可以转换不同倍数。旋转时听到碰叩声，说明此时物镜光轴恰好对准通光孔中心，物镜旋转到位，光路接通，即可进行观察。

6）调焦螺旋　镜臂上的两个可转动的旋钮，通过上下移动载物台来调节焦距。大的旋钮升降速度较快，称为粗调焦螺旋，用于低倍镜对焦；小的升降速度较慢，称为细调焦螺旋，用于高倍镜对焦。

（2）光学放大部分由物镜和目镜组成。

1）物镜　是显微镜最重要的部分，由多块透镜组成，作用是将所观察的标本放大形成倒立的实像。一般显微镜有2~4个物镜，包括低倍镜、高倍镜和油镜。

2）目镜　包括两组透镜，作用是将经过物镜形成的倒立的实像再放大最终形成一个虚像。

因此，标本物像的总放大倍数为物镜与目镜放大倍数之积。如物镜是 5×，目镜是 10×，则标本的物像放大倍数即为 5×10＝50 倍。

（3）照明部分包括聚光器以及光源。

1）聚光器　位于载物台下方，由聚光透镜、彩虹光阑和升降螺旋组成，它能将光线集中以射入物镜和目镜。聚光器下有可伸缩的圆形彩虹光阑，可以通过控制聚光器口径和照射面的大小来调节光线的强弱。

2）光源　可采用显微镜的自带光源，也可使用日光、灯光作为光源。

**2. 油镜的基本原理**　用于微生物学研究的显微镜，其物镜通常有低倍镜、高倍镜和油镜三种。油镜通常标有黑圈或红圈，也有的以"OI（oil immersion）"字样表示，是放大倍数最大的物镜，和放大倍数不同的目镜配合使用，可将被检物体放大 1000～2000 多倍。油镜的焦距和工作距离（标本在焦点上看得最清晰时物镜与样品之间的距离）最短，光圈开得最大，因此，在使用油镜观察时，镜头与标本距离较近，需要特别小心。

使用时，油镜与载玻片之间隔一层油质，称为油浸系。通常选用香柏油，因为香柏油的折射率与玻璃相同，通过载玻片的光线，经过香柏油进入物镜时不会发生折射。如果载玻片与物镜之间的介质为空气，则称为干燥系，当光线通过载玻片后，受到折射发生散射现象，进入物镜的光线减少，因此会降低视野的照明度（图 1 - 2）。

油镜能增加照明度，更重要的是可以增加数值孔径。所谓数值孔径，即光线投射到物镜上的最大角度（镜口角）的一半的正弦与载玻片和物镜间介质的折射率的乘积，可用下列公式表示：

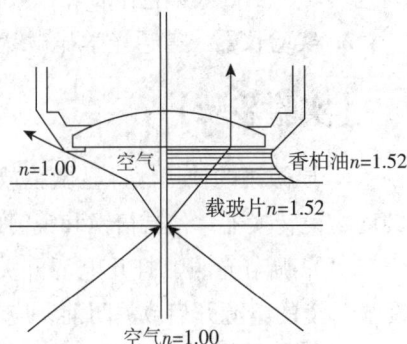

图 1 - 2　油镜工作原理

$$NA = n \cdot \sin\alpha$$

式中，NA 为数值孔径；$n$ 为介质折射率；$\alpha$ 为最大入射角的半数，即镜口角的半数。

因为数值孔径决定显微镜的放大效能，因此，镜口角越大，显微镜的放大效能就越高，因 $\alpha$ 的理论限度为 90°，而 $\sin 90° = 1$，故以空气为介质时（$n = 1$），数值孔径小于 1，而以香柏油为介质时，$n$ 增大，其数值孔径也随之增大。如镜口角为 120°，其半数的正弦为 $\sin 60° = 0.87$，则：

以空气为介质时：$NA = 1 \times 0.87 = 0.87$；

以水为介质时：$NA = 1.33 \times 0.87 = 1.15$；

以香柏油为介质时：$NA = 1.52 \times 0.87 = 1.32$。

数值孔径还与显微镜的分辨率相关，分辨率是指显微镜能够辨别两个质点间最小距离的能力，是显微镜最重要的性能参数。它与物镜的数值孔径成正比，与光源波长成反比。因此，物镜的数值孔径越大，光源波长越短，则显微镜的分辨率越大，被检物体的细微结构也就更易辨别。显微镜的分辨率用可分辨的最小距离来表示：

$$能辨别两点之间最小距离 = \frac{\lambda}{2NA}$$

式中，$\lambda$ 为光源波长。

可见光的平均波长为 0.55μm，如使用数值孔径为 0.65 的高倍镜，能辨别两点之间的距离为 0.42μm。若两点之间的距离小于 0.42μm 就不能分辨，即使增加目镜放大倍数，也只能增加显微镜的总放大率，仍然不能区分。只有改用数值孔径更大的物镜，使分辨率增加才行。例如用数值孔径为 1.25 的油镜时：

$$\text{能辨别两点之间的最小距离} = \frac{0.55}{2 \times 1.25} = 0.22\,\mu m$$

由此我们可以得出，如采用放大率为 40 倍的高倍镜（NA = 0.65）和放大率为 24 倍的目镜，虽然总放大率为 960 倍，但其分辨的最小距离只有 0.42μm。若采用放大率为 90 倍的油镜（NA = 1.25）和放大率为 9 倍的目镜，虽然总放大率只有 810 倍，但能分辨 0.22μm 间的距离。

利用显微镜可以观察各种组织细胞的形态结构。在各种动、植物生长旺盛的组织中，体细胞以有丝分裂的方式进行增殖。在有丝分裂过程中，细胞内的染色体进行复制后平均分配到子细胞中，因此两个子细胞的染色体的形态、数目等均与母细胞相同。

## 【实验器材】

**1. 实验材料**　洋葱根尖细胞有丝分裂切片、植物根尖纵切切片、动物有丝分裂切片、蝗虫精巢减数分裂切片、单层扁平上皮切片、复层扁平上皮切片、纤维结缔组织切片、心肌切片、脊髓制片、神经细胞装片、正常人染色体装片、人血涂片、草履虫装片、细菌三型涂片等，松柏油，二甲苯，擦镜纸。

**2. 实验仪器**　普通光学显微镜。

## 【实验步骤】

**1. 显微镜的使用**　将显微镜放在自己的左前方，镜座距桌边约 10cm，镜臂朝向自己，镜筒朝外。转动物镜转换器，使低倍镜和镜筒成一直线，正对通光孔。

（1）调节光照　打开电源开关，调节光亮度旋钮，至亮度合适。为了延长电源灯泡的使用寿命，在显微镜的电源开启或关闭前，应将光亮度调节到最小值。

（2）调节目镜间距　打开电源后，调节两个目镜之间的距离，至双眼视场像合二为一。

（3）观察　将要观察的标本放在载物台上，盖玻片的一面朝上，用压片夹夹紧。旋转标本移动旋钮，将要观察的部分移到通光孔的中央。因为通过显微镜观察到的是倒立的虚像，因此需要注意玻片的移动方向。如向右移动玻片，物象则向左移动；若向后移动玻片，物象就向前移动。

1）低倍镜观察　用左手或双手轻轻旋转粗调焦螺旋，使载物台缓慢上升，至距离玻片标本约 0.5cm 为止（注意从侧面观察，以免载物台上升过多，造成镜头或标本片的损坏）。然后一边调节粗调焦螺旋使载物台缓慢下降一边进行观察，直到发现物象，再调节细调焦螺旋，使物像清晰。如果待观察的部分偏离了视野中心，可通过标本移动旋钮移动标本，再调节调焦螺旋以观察到清晰物象。

2）高倍镜观察　高倍镜可用来观察低倍镜视野内某个位置的更细微结构。首先把视野内要观察的部位移至中心，然后转动物镜转换器（切勿直接扳动镜头），换上高倍镜，之后调节细调焦螺旋，观察清晰物像。

3）油镜观察　如果高倍镜的放大倍数仍不够，可换用油镜。首先将标本移至视野中心，用高倍镜观察到清晰的物象，然后移开镜头，在盖玻片上滴一滴香柏油，换上油镜，调节细调焦螺旋将镜头浸于香柏油，一边观察，一边轻轻转动细调焦螺旋（切忌转动粗调焦螺旋）调节清晰物象。观察结束，移开油镜镜头，立即用擦镜纸蘸取适量二甲苯将镜头上的香柏油擦净。观察完毕，降下载物台，取下标本，将光源亮度调至最弱，然后关闭电源。

**2. 动物组织、植物组织和原生生物的观察**

（1）动物组织的观察　使用显微镜观察动物上皮组织、结缔组织、肌肉组织、神经组织、蝗虫精细胞有丝分裂等切片。

（2）植物组织的观察　使用显微镜观察植物分生组织、薄壁组织、洋葱根尖细胞有丝分裂等切片。

（3）原生生物的观察　使用显微镜观察草履虫切片。

**3. 绘图**

（1）认真观察标本，看清标本的结构特点。

（2）根据结构特点勾画出轮廓草图，并掌握好相应的比例和位置。

（3）在轮廓草图的基础上正确绘制详图，详图要求线条流畅、点均匀、点线不反复描绘。

（4）详图制作完毕后，需注明图的名称及放大倍数等相关内容。

## 【实验预期结果及分析】

1. 绘出镜下观察到的部分组织细胞，注明各部位名称。

2. 绘出所观察到的动物或植物的有丝分裂像，注明相应的时期。

3. 绘出草履虫的结构图，注明各个部位。

## 【要点提示及注意事项】

1. 显微镜的养护

（1）移动显微镜时，须一只手握住镜臂，另一只手托住镜座，要轻拿轻放。

（2）使用显微镜时，一定要严格按照上述方法和步骤，否则容易损坏标本和镜头，或者看不清物像。

（3）擦拭镜头时，必须用干净的擦镜纸或细软纱布，不能用硬纸，擦拭要朝一个方向，以免损坏镜头。

（4）载物台要保持清洁、干净，不要让水、酸、碱或其他化学药品流到台上，以免生锈或腐蚀。

（5）避免阳光直射显微镜，要防潮、防尘，保持镜体的干燥和清洁。

2. 取送显微镜时要轻拿轻放。

3. 观察标本时，须先用低倍镜观察，再换高倍镜。

4. 转换物镜时应使用物镜转换器，切勿直接用手转动物镜。

5. 粗细调焦螺旋不能随意转动，否则会造成机器损伤、调节失灵。

6. 观察结束后，将光源亮度调至最弱后关闭电源，以防下次打开电源时因电流过大烧毁照明灯泡。

## 【思考题】

1. 光学显微镜最重要的参数是什么？如何保养显微镜？

2. 简述显微镜的基本使用步骤。

3. 比较动、植物细胞有丝分裂的区别。

---

## 实验 2　细胞凝集反应

## 【实验目的】

1. 掌握植物凝集素促细胞凝集的原理，加深对细胞膜表面结构的理解。

2. 熟悉红细胞的凝集现象。

## 【实验原理】

细胞膜主要由磷脂双分子层构成基本骨架，蛋白质分子以不同方式镶嵌其中，还含有少量糖类。这种由磷脂双分子层、蛋白质和少量糖类共同构成的细胞膜结构，不仅为细胞提供了一个相对稳定的内部环境，还能精确地控制物质进出细胞以及实现细胞间的信息交流。

细胞凝集素是一类能使细胞发生凝集的蛋白质或糖蛋白，能与细胞表面的糖分子相连接，在细胞间形成"架桥"，从而使细胞凝集。凝集素既可以促使细胞凝集，又能在机体免疫防御、胚胎发育、调控信号通路及信息传递等方面发挥重要作用。

## 【实验器材】

**1. 实验材料**　家兔、土豆、韭菜、半夏、1% 肝素溶液、PBS 缓冲液、固体硫酸铵。

**2. 实验仪器**　显微镜、天平、烧杯、研钵、载玻片、滴管、离心管、注射器等。

## 【实验步骤】

**1. 实验准备**

（1）1% 家兔红细胞悬液制备　用 5ml 注射器（含 1% 肝素溶液）或静脉采血针抽取家兔耳缘静脉血液 1ml，用生理盐水洗 3 次，每次离心 5 分钟（2000r/min）收集红细胞，最后按红细胞比容用生理盐水配成 1% 家兔红细胞悬液。

（2）凝集素制备

1）土豆凝集素制备　用天平称取去皮土豆 2g，切成小片置烧杯中，加入 10ml PBS 缓冲液浸泡 1～2 小时，可溶性的土豆凝集素即溶解于 PBS 缓冲液中，取出土豆，溶液备用。

2）韭菜凝集素制备　用天平称取洗净的韭菜 4g，剪碎，加入 4ml 生理盐水，充分研磨，过滤，滤液 5000r/min 离心 10 分钟，转移上清，弃去沉淀，加入硫酸铵（约 0.4g/ml），5000r/min 离心 10 分钟，弃上清，加入 0.25ml PBS 缓冲液溶解沉淀。

3）半夏凝集素制备　用天平称取半夏 2g，切成小块置研钵中研磨，加入 5ml PBS 缓冲液，过滤，滤液备用。

**2. 凝集反应**　取 4 张载玻片，各滴一滴 1% 家兔红细胞悬液，之后分别滴加土豆凝集素、韭菜凝集素、半夏凝集素及 PBS 缓冲液各一滴，置载玻片上，充分混匀，静置 10 分钟，低倍显微镜下观察红细胞凝集现象。

## 【实验预期结果及分析】

1. 土豆、韭菜、半夏的凝集素均能使红细胞凝集。
2. PBS 缓冲液为阴性对照，红细胞分散均匀，无明显变化。

## 【要点提示及注意事项】

1. 韭菜凝集素提取中，韭菜一定要研磨充分，且加硫酸铵时要足量，否则会影响沉淀效果。
2. 离心管放入离心机时，要先配平，然后对称放置在离心机内。

## 【思考题】

1. 植物凝集素促使细胞凝集的原理是什么？
2. 请举例说明细胞凝集在日常生活中的应用。

## 实验 3  细胞膜通透性检测

### 【实验目的】

1. 掌握细胞膜通透性的检测方法。
2. 了解细胞膜通透性的特点。

### 【实验原理】

细胞膜主要由脂质双分子层和膜蛋白组成，它可以控制细胞与外环境进行选择性的物质交换。

将红细胞放在低渗溶液中，由于细胞内外存在渗透压差，水分子大量渗入细胞内，导致细胞膜胀破，血红蛋白释放，这种现象称为溶血。

红细胞膜对各种不同相对分子量、不同脂溶性以及电解质或非电解质等物质的通透性不同，溶质透过细胞膜的速度不同，溶血发生的时间也有差别。因此，可以通过测定溶血时间来判断物质渗入红细胞的速度。

### 【实验器材】

1. **实验材料**  家兔、0.17mol/L 氯化钠溶液、0.17mol/L 氯化铵溶液、0.32mol/L 葡萄糖溶液、0.17mol/L 醋酸铵溶液、0.17mol/L 硝酸钠溶液、0.17mol/L 草酸铵溶液、0.12mol/L 硫酸钠溶液、0.32mol/L 甘油、0.32mol/L 乙醇、1%肝素溶液、蒸馏水。

2. **实验仪器**  显微镜、烧杯、试管、试管架、微量移液器等。

### 【实验步骤】

1. **10%家兔红细胞悬液制备**  用5ml 注射器（需用1%肝素溶液浸润处理）或静脉采血针抽取家兔耳缘静脉血液1ml，用生理盐水洗3次，每次 2000r/min 离心5分钟收集红细胞，最后按红细胞比容用生理盐水配成10%红细胞悬液。

2. **溶血实验**  取1支试管，加入3ml 蒸馏水，滴入3~5滴家兔红细胞悬液，混匀，注意观察溶液浑浊度的变化，溶液由不透明的红色变为澄清透明的红色时记录发生溶血的时间。

3. **细胞通透性不同的等渗溶液对红细胞溶血时间的影响**  取9支试管，分别加入3ml 各种等渗溶液，每管再滴加3~5滴家兔红细胞悬液，轻轻振荡混匀，注意观察试管内溶液浑浊度变化，记录发生溶血的时间。

### 【实验预期结果及分析】

1. 试管内溶液由不透明的红细胞悬液变为红色透明的溶液，即发生了溶血，镜下可见红细胞碎片。

2. 由于红细胞膜对不同等渗溶液的通透性不同，溶质透过细胞膜的速度不同，因此不同等渗溶液中红细胞悬液的溶血时间有差别。

### 【要点提示及注意事项】

1. 注射器先用1%肝素溶液浸润，防止发生凝血。
2. 各试管内加入的试剂量及红细胞悬液量应保持一致，且应做好标记。

3. 试管中加入红细胞悬液后混匀时，不要剧烈摇晃，以免造成人为的溶血。

## 【思考题】

1. 溶血发生的原因是什么？
2. 观察不同等渗溶液下的溶血现象，分析是否发生溶血以及溶血发生的原因。
3. 红细胞对各种不同相对分子量、不同脂溶性以及电解质或非电解质等物质通透性有什么区别？

## 实验 4 观察真核细胞内 DNA 和 RNA 的分布

## 【实验目的】

1. 掌握 Brachet 反应的基本原理。
2. 熟悉 Brachet 反应的基本操作。
3. 了解真核细胞内 DNA 和 RNA 的分布情况。

## 【实验原理】

Brachet 反应是一种用于检测细胞中 DNA 和 RNA 分布的细胞化学染色方法，由比利时科学家 Jean Brachet 于 20 世纪 40 年代开发。该反应通过甲基绿和派洛宁这两种染料区分 DNA 和 RNA，帮助研究它们在细胞中的定位和功能。甲基绿 – 派洛宁（methylgreen – pyronin）为碱性染料，它能分别与细胞内的 DNA、RNA 结合而呈现不同颜色。当甲基绿与派洛宁作为混合染料时，甲基绿和染色质中 DNA 选择性结合显示绿色或蓝色，派洛宁与核仁、细胞质中的 RNA 选择结合显示红色。其原因可能是两种染料的混合染液中有竞争作用，同时两种核酸分子都是多聚体，而其聚合程度有所不同。甲基绿易与聚合程度高的 DNA 结合呈现绿色，而派洛宁则与聚合程度较低的 RNA 结合呈现红色，但解聚的 DNA 也能和派洛宁结合呈现红色。综上所述，RNA 对派洛宁亲和力大，被染成红色，而 DNA 对甲基绿亲和力大，被染成蓝绿色。

## 【实验器材】

**1. 实验材料** 洋葱表皮、甲基绿 – 派洛宁染色液、乙酸钠、乙酸、1mol/L HCl、蒸馏水。

（1）染色液 A 液 6ml 2% 甲基绿溶液和 6ml 5% 派洛宁溶液，与 16ml 蒸馏水混匀。

（2）染色液 B 液 甲溶液：取乙酸钠 13.5g，用蒸馏水溶解后定容至 100ml。乙溶液：取乙酸 6ml，加蒸馏水稀释至 100ml。取甲溶液 30ml 和乙溶液 20ml 混匀，配成 pH 为 4.8 的 B 液。

（3）甲基绿 – 派洛宁染色液 A 液、B 液各取 16ml 混合，即为甲基绿 – 派洛宁染色液。

**2. 实验仪器** 显微镜、天平、镊子、载玻片、盖玻片、滤纸等。

## 【实验步骤】

1. 用镊子将洋葱内表皮撕下一小块，置于 10ml 1mol/L HCl 溶液中，30℃保温 5 ~ 10 分钟。
2. 蒸馏水漂洗洋葱表皮 5 分钟。
3. 将漂洗过的表皮在载玻片上铺平，用滤纸吸去多余的水分。
4. 将甲基绿 – 派洛宁染色液滴在载玻片上，染色 30 分钟。
5. 用滤纸吸去染色液，用蒸馏水漂洗 2 ~ 3 次并迅速吸去，然后盖上盖玻片。

6. 显微镜下观察染色结果。

## 【实验预期结果及分析】

1. 由于 DNA 与 RNA 在真核细胞内分布不同，本实验主要观察细胞核和细胞质的染色情况。

2. 甲基绿和染色质中 DNA 选择性结合显示绿色或蓝色，派洛宁与核仁、细胞质中的 RNA 选择结合显示红色，染色之后的洋葱内表皮细胞，细胞质呈现红色，细胞核呈现蓝色或绿色。

## 【要点提示及注意事项】

1. 选用洋葱表皮细胞作为实验材料应注意避免原有颜色的干扰，不能选用紫色洋葱表皮细胞。

2. 冲洗染色液时速度须尽量快，避免放置时间过长引起褪色。

3. 染色液应现用现配，不宜放置时间过长，以免影响染色效果。

## 【思考题】

1. Brachet 反应的基本原理是什么？

2. 本实验中 HCl 的作用是什么？

## 实验5 小鼠肝细胞原代培养

## 【实验目的】

1. 掌握动物细胞原代培养的原理及方法。

2. 熟悉实验仪器（$CO_2$ 培养箱、倒置显微镜、超净工作台等）的正确使用方法。

3. 了解细胞培养技术在分子生物学、免疫学、细胞工程等领域所发挥的重要作用。

## 【实验原理】

细胞培养是模拟机体内的生理条件，在人工条件下培养离体细胞，使其生存、生长、繁殖和传代，可以进行细胞生命过程、细胞癌变等问题的研究，已广泛地应用于分子生物学、遗传学、免疫学、肿瘤学、细胞工程等领域。

原代培养是直接由体内取出组织或细胞进行培养。由于原代培养的细胞离体时间短，性状与体内更相似，适用于做研究材料，也可为以后进行传代培养创造条件。原代培养可以分为组织块培养法和消化法。

## 【实验器材】

**1. 实验材料** 小鼠、小牛血清、DMEM、胰酶、PBS 缓冲液、医用酒精。

**2. 实验仪器** $CO_2$ 培养箱、倒置显微镜、超净工作台、高压灭菌锅、水浴箱、离心机、饭盒、纱布、手术剪、眼科剪、眼科镊、烧杯、培养皿、离心管、培养瓶、酒精喷壶、移液器。

## 【实验步骤】

**1. 实验准备** 打开超净工作台电源开关，用医用酒精擦拭台面，摆放好实验用品，打开紫外灭菌灯，30 分钟后开启日光灯（关闭紫外灯），同时开启风机。

**2. 实验过程**

（1）颈椎脱臼法处死小鼠，置 75% 乙醇中浸泡 1~2 分钟，移入超净工作台内。

（2）用手术剪剪开腹腔，取出肝脏，置于盛有 PBS 缓冲液的培养皿中，清洗表面的血液等杂质。

（3）清除肝脏被膜、附着的脂肪、纤维结缔组织，用 PBS 缓冲液反复冲洗 3 遍。

（4）将肝组织转移到另一个盛有 PBS 缓冲液的培养皿中，剪成 $0.5 \sim 1mm^3$ 小块，同时用眼科镊将彼此分开。

（5）加入 $5 \sim 6$ 倍体积 $0.25\%$ 胰酶，37℃孵育 20 分钟，之后加入含血清的 DMEM 以中止胰酶的消化作用。

（6）将消化好的肝组织块贴于 $25cm^2$ 培养瓶中，加 $2 \sim 3ml$ 培养液置 37℃、5% $CO_2$ 条件下培养。

## 【实验预期结果及分析】

组织块贴壁良好，$24 \sim 48$ 小时即可见组织块边缘有少量细胞长出。

## 【要点提示及注意事项】

1. 实验过程中要严格无菌操作，防止污染。
2. 加入胰酶消化时要注意消化时间。
3. 组织块不能太大，否则影响贴壁。

## 【思考题】

1. 细胞培养过程中为何要无菌操作？
2. 加入的胰酶有什么作用？

## 实验 6　细胞的冻存和复苏

## 【实验目的】

1. 掌握细胞株冻存和复苏的方法。
2. 熟悉细胞株冻存和复苏的原理。
3. 了解实验所用材料（胰酶、液氮等）的特性和用途。

## 【实验原理】

在体外培养细胞的过程中，细胞株的生物特性会随传代次数增加而发生改变。因此，为了保持细胞特性不变，在后续实验中获得稳定、重现性好的数据，应及时将细胞冻存，既避免了细胞系的丢失，也可促进科研合作。向培养液中加入冷冻保护剂，可降低细胞悬液的冰点，使细胞能在更低温度下保持液态，减少冰晶形成，从而保护细胞免受损伤。采用缓慢冷冻的条件，能使细胞内的水分在冻结前渗出细胞，减少了冰晶的形成、免遭溶液对细胞的损伤和维持细胞膜的功能。目前常用的保护剂为二甲亚砜（DMSO）和甘油，它们分子量小、溶解度大、易穿透细胞。在加入冷冻保护剂后，可将细胞长期储存于液氮中。

细胞复苏是将冻存细胞恢复到正常生长状态的过程。冻存的细胞从液氮中取出，融化，此过程需要快速，快速解冻能使细胞迅速越过冰晶形成的温度区域，减少冰晶对细胞的损伤。

## 【实验器材】

**1. 实验材料**　HeLa 细胞等（体外培养的细胞）、DMEM、小牛血清、胰酶、甘油或 DMSO、PBS 缓冲液、液氮、医用酒精。

**2. 实验仪器** 超净工作台、$CO_2$培养箱、倒置显微镜、高压灭菌锅、水浴箱、离心机、液氮罐、培养皿、离心管、培养瓶、吸管、移液管、冻存管、微量移样器。

## 【实验步骤】

**1. 细胞株的冻存**

（1）取对数生长期的细胞，弃去培养液，加入 0.25％的胰酶消化细胞，待细胞分散后，加入含小牛血清的 DMEM 终止消化。

（2）收集细胞至离心管中，1000r/min 离心 10 分钟。

（3）弃上清液，加入含甘油或 DMSO 的冻存液，吹打悬浮细胞。

（4）将细胞悬液分装至冻存管中，每管 1ml，将冻存管口封严，贴上标签，做好标记。

（5）按下列顺序降温：室温→冰箱冷藏室（4℃，30 分钟）→冰箱冷冻室（－20℃，2 小时）→超低温冰箱（－85℃，2 小时）→液氮。

**2. 冻存细胞的复苏**

（1）从液氮中取出冻存管，迅速置于 37℃水浴中并不断摇动，使冻存细胞在 1 分钟内融化。

（2）用 75％乙醇擦拭冻存管外部进行消毒，之后置于超净工作台内。

（3）打开冻存管，将已融化的细胞悬液转移到离心管中。

（4）1000r/min 离心 5 分钟，弃去上清液。

（5）重新加入新培养液 1ml，吹打均匀，1000r/min 再离心 5 分钟，弃上清液。

（6）加入新的培养液后，将细胞转移至培养瓶中，放 $CO_2$培养箱内 37℃培养。

（7）24 小时更换培养液，观察细胞生长情况。

## 【实验预期结果及分析】

1. 贴壁生长的细胞，复苏成功后 24 小时左右即可贴壁。

2. 如果复苏不成功，细胞不能贴壁，仍然悬浮于培养基中。

## 【要点提示及注意事项】

1. 冻存细胞时应小心，以免操作者被液氮冻伤。

2. 液氮要定期检查，易挥发，应随时补充。

3. 复苏时速度一定要快，避免形成冰晶损伤细胞。

## 【思考题】

1. 细胞冻存时加入甘油或二甲亚砜的作用是什么？

2. 细胞复苏如何判断细胞是否成活？

---

**实验 7　细胞凋亡的形态学观察**

## 【实验目的】

1. 掌握凋亡细胞的形态学特征，加深对细胞凋亡的理解。

2. 熟悉检测细胞凋亡的方法和基本原理。

3. 了解实验仪器的操作和维护方法。

## 【实验原理】

细胞凋亡指为维持内环境稳定，由基因控制的细胞自主有序的死亡，是机体的一种基本生理机制，涉及一系列基因的激活、表达以及调控等作用。

细胞凋亡时，会出现一系列形态学变化，包括细胞皱缩、细胞膜内陷、染色质凝聚、细胞核固缩、细胞核碎裂、凋亡小体形成等。采用相应的染色法对凋亡细胞染色，用普通光学显微镜或荧光显微镜可观察到上述变化。

## 【实验器材】

**1. 实验材料** 体外培养的传代细胞、DMEM、小牛血清、PBS 缓冲液、胰酶、细胞固定液、凋亡诱导剂、Hoechst 33258 染色液。

**2. 实验仪器** 荧光显微镜、$CO_2$ 培养箱、超净工作台、离心机、载玻片、盖玻片、滤纸、胶头滴管、细胞计数板、微量移液器、离心管、酒精灯。

## 【实验步骤】

1. 调整体外培养细胞的密度（贴壁50%~70%），加入凋亡诱导剂诱导细胞凋亡。

2. 将脱落细胞收集至离心管中，其余细胞加入适量胰酶消化后也收于离心管内，1000r/min 离心 5 分钟，弃上清，用 PBS 缓冲液重悬成细胞悬液。

3. 加入适量细胞固定液固定 10 分钟，1000r/min 离心 5 分钟，弃上清，用 PBS 缓冲液重悬，并调整细胞密度至 $10^6$ 个/ml。

4. 取 100μl 细胞悬液，加入 1μl Hoechst 33258 染色液避光染色 5~10 分钟。

5. 用胶头滴管将染色的细胞悬液滴一滴于载玻片上，加盖玻片，荧光显微镜下观察。

## 【实验预期结果及分析】

经 Hoechst33258 染色液染色后细胞核呈蓝色，凋亡细胞核染色质浓缩、边缘化，染色质 DNA 断裂，可出现 DNA 荧光片段。

## 【要点提示及注意事项】

1. 实验所用染色液均有毒，使用时应注意安全，切勿接触皮肤或吞服。

2. 染色结束后，应立即检测，以免荧光信号减弱影响结果。

3. 荧光显微镜的激发光为紫外线，使用时应注意做好防护。

## 【思考题】

1. 显微镜下观察到的凋亡细胞形态学特征有哪些？

2. 检测细胞凋亡的方法有哪些？

# 第二章　微生物学实验

## 实验 8　培养基的配制与灭菌

### 【实验目的】

1. 掌握培养基的配制原理和配制方法；高压蒸汽灭菌的操作方法和注意事项。
2. 熟悉超净工作台的使用方法和注意事项。

### 【实验原理】

培养基是指人工配制的，适合微生物生长发育或代谢产物积累的营养基质。正确掌握培养基的配制方法是开展微生物学实验的重要基础。由于微生物种类及代谢类型的多样性，以及实验和研究的目的不同，用于培养微生物的培养基种类也很多。虽然不同培养基的配方及配制方法各有差异，但从营养角度分析，任何培养基中均需含有微生物所必需的碳源、氮源、能源、生长因子、无机盐和水等。另外，培养基还应具有适宜的 pH、一定的缓冲能力、一定的氧化还原电位及合适的渗透压等。

培养基配制完成后应及时彻底灭菌，常采用高温高压蒸汽灭菌法，其原理是通过升温使蛋白质变性，从而达到杀死微生物的效果。高温高压湿热灭菌过程中，蒸汽不溢出，压力增大，沸点升高，高于100℃的热蒸汽使菌体蛋白凝固变性，从而达到灭菌的目的。

超净工作台在微生物培养中应用广泛，发挥着重要的作用。在培养基配置过程中，如固体平板培养基的制备、斜面培养基的制备等都需要在超净工作台提供的局部无菌环境下进行。除此之外，超净工作台还用于无菌操作接种、菌种分离纯化、微生物培养观察和细胞培养操作等。因此正确使用超净工作台是微生物实验中学生必备的实验操作技能之一。

### 【实验器材】

**1. 实验材料**　牛肉膏、蛋白胨、NaCl、琼脂、1mol/L 的 NaOH 和 HCl 溶液、马铃薯、葡萄糖、可溶性淀粉、$KNO_3$、$K_2HPO_4$、$MgSO_4 \cdot 7H_2O$、$FeSO_4 \cdot 7H_2O$、蒸馏水。

**2. 实验仪器**　电子天平、高压蒸汽灭菌锅、超净工作台、电炉、微量移液器、试管、烧杯、量筒、玻璃棒、锥形瓶、培养皿、漏斗、药匙、称量纸、精密 pH 试纸、记号笔、棉花等。

### 【实验步骤】

**1. 牛肉膏蛋白胨培养基配制**

（1）牛肉膏蛋白胨培养基配方　牛肉膏5g、蛋白胨10g、NaCl 5g、琼脂15~20g、蒸馏水1000ml，pH 7.0~7.2。

（2）称量　按照上述培养基配方依次精确称量所需的各种药品。

（3）溶解　将称好的药品置于烧杯中，先加入少量水，用玻璃棒搅动，加热溶解。待全部约品溶解后，补水至1000ml。

（4）调 pH　使用精密 pH 试纸测定培养基的 pH。用剪刀剪一小段 pH 试纸，用镊子夹取此段 pH 试纸，蘸取培养基，观测其 pH 范围，如培养基偏酸或偏碱时，可用 NaOH（1mol/L）或 HCl（1mol/L）溶液进行调节。调节 pH 时，应逐滴加入 NaOH 或 HCl 溶液，边加边搅拌，防止局部过碱或过酸，破坏培养基中成分，并不时用 pH 试纸测试，直至达到所需 pH 为止，尽量避免回调。

### 2. 马铃薯葡萄糖琼脂培养基配制

（1）马铃薯葡萄糖琼脂培养基配方　去皮马铃薯 200g、葡萄糖 20g、琼脂 15～20g、水 1000ml。

（2）马铃薯葡萄糖琼脂培养基配制方法　马铃薯洗净去皮，称取 200g 马铃薯切成小块，加水煮沸 20～30 分钟，煮烂后纱布过滤，加热，加入 15～20g 琼脂，继续加热搅拌混匀，待琼脂溶解完后，加入葡萄糖，搅拌均匀，稍冷却后补蒸馏水至 1000ml。

### 3. 高氏 1 号培养基配制

（1）高氏 1 号培养基配方　可溶性淀粉 20g、$KNO_3$ 1g、$K_2HPO_4$ 0.5g、$MgSO_4 \cdot 7H_2O$ 0.5g、NaCl 0.5g、$FeSO_4 \cdot 7H_2O$ 0.01g（母液）、琼脂 20g、蒸馏水 1000ml，pH 7.4～7.6。

（2）称量和溶解　按配方先称取可溶性淀粉，放入小烧杯中，并用少量冷水将淀粉调成糊状，加入小于所需水量的沸水中，继续加热，使可溶性淀粉完全溶解，然后再称取其他各成分，并依次溶解。对微量成分 $FeSO_4 \cdot 7H_2O$，可先配成高浓度的贮备液，方法是先在 100ml 水中加入 1g 的 $FeSO_4 \cdot 7H_2O$ 配成 0.01g/ml，再在 1000ml 培养基中加入 1ml 的 0.01g/ml 的贮备液即可，待所有试剂完全溶解后，补充水分到所需的总体积。配制固体培养基时，将称好的琼脂放入已溶的试剂中，再加热溶解，最后补充所损失的水分。

（3）调 pH　用 pH 试纸测培养基的 pH，如果偏酸，用滴管向培养基中加入 NaOH（1mol/L），边滴边搅拌，并随时用 pH 试纸测其 pH，直至 pH 达 7.4～7.6。反之，用 HCl（1mol/L）进行调节。

### 4. 高压蒸汽灭菌

（1）加水　首先在锅内加入适量蒸馏水，使水面没过加热管。

（2）装料　将配制好待灭菌的培养基放入灭菌锅中。注意不要装得太挤，应留有一定的间隙，以免妨碍蒸汽流通而影响灭菌效果。装有培养基的容器放置时要防止液体溢出，锥形瓶与试管口端均不要与桶壁接触，以免冷凝水淋湿包扎的纸而透入棉塞。

（3）加盖　盖好锅盖，使锅盖向下紧压锅体，确保密封。

（4）加热　设置灭菌时间及温度。加热使锅内产生蒸汽，同时打开排气阀，将冷空气排出，待冷空气完全排尽后将排气阀关好。继续加热，锅内蒸汽增加，压力表指针上升，当锅内温度增加到 121℃ 时，将火力减小，按所灭菌物品的特点，使蒸汽压力维持 15～20 分钟，然后关闭灭菌锅电源，让其自然冷却，当压力表的压力降至 0 时，慢慢打开排气阀，打开盖子，取出灭菌物品。

### 5. 倒平板

（1）将高压蒸汽灭菌后的培养基放入超净工作台中，待冷却至 55～60℃ 时准备倒平板。在锥形瓶附近点燃酒精灯，右手拿装有培养基的锥形瓶，左手拔出棉塞。

（2）右手拿锥形瓶，使瓶口迅速通过酒精灯火焰。

（3）用左手的拇指和食指将培养皿打开一条稍大于瓶口的缝隙，右手将锥形瓶中的培养基（10～20ml）倒入培养皿，左手立即盖上培养皿的皿盖。

（4）平板冷却凝固后，将平板倒过来放置，使皿盖在下，皿底在上。

## 【实验预期结果及分析】

1. 配制 3 种不同培养基。

2. 将配制好的不同培养基进行高压蒸汽灭菌。

## 【要点提示及注意事项】

1. 必须按各种不同培养基的要求准确调整 pH。

2. 加热溶解过程中，要不断搅拌，加热过程中所蒸发的水分应补足。

3. 每次使用前，应检查灭菌锅水量，务必使水位超过加热管。

4. 待灭菌的物品放置不宜过挤。

5. 灭菌完毕后，不可放气减压，否则瓶内液体会剧烈沸腾，冲掉瓶塞而外溢甚至导致容器爆裂。须待灭菌器内压力降至与大气压相等后才可开盖。

## 【思考题】

1. 配制培养基时为什么要调节 pH？

2. 培养基配制完成后，为什么必须立即进行灭菌？已经灭菌的培养基如何完成无菌检测？

## 实验9 微生物菌种保藏

## 【实验目的】

1. 掌握几种常用的菌种保藏方法。

2. 了解菌种保藏的基本原理。

## 【实验原理】

菌种是重要的微生物资源，研究和选择良好的菌种保藏方法具有重要意义。在科学研究和工业生产中，为了使从自然界分离得到的野生型菌种和人工选育得到的优良菌种、菌株尽可能长时间地发挥作用，需采用各种适宜的方法妥善保存以保证菌种成活，更重要的是保证菌种的遗传性状，使之不发生或尽可能少发生变异。菌种保藏的原理基本上是一致的，即选用优良的纯种，根据微生物的生理、生化特点，人为创造一个微生物代谢不活泼、生长繁殖受到抑制，难以突变的环境，如低温、干燥或缺氧等，使其生命活动降至最低程度或处于休眠状态，使菌株很少发生突变，以达到保藏菌种的目的。

## 【实验器材】

1. **实验材料** 待保藏的菌种斜面、牛肉膏蛋白胨斜面培养基、10% HCl、液状石蜡、河沙、黄土。

2. **实验仪器** 超净工作台、小试管（10mm×100mm）、5ml 无菌吸管、微量移液器、灭菌锅、干燥器、冰箱、无菌水、筛子（60、80、100 目）、标签纸、接种环等。

## 【实验步骤】

**1. 斜面保藏法**

（1）贴标签 取无菌的牛肉膏蛋白胨斜面数支。在斜面的正上方距离试管口 2～3cm 处贴上标签。在标签纸上写明接种的细菌菌名、培养基名称和接种日期。

（2）斜面接种 将待保藏的细菌用接种环在超净工作台中进行斜面划线接种。

（3）培养 将接种后的培养基放入培养箱中，在 37℃恒温箱中培养 48 小时。

（4）保藏 培养好的菌种于 4～6℃，相对湿度 50%～70% 条件下保存。

**2. 液体石蜡保藏法**

（1）贴标签 取无菌的牛肉膏蛋白胨斜面数支。在斜面的正上方距离试管口 2～3cm 处贴上标签。在标签纸上写明接种的细菌菌名、培养基名称和接种日期。

（2）斜面接种　无菌条件下，用接种环将待保藏的细菌在斜面上作划线接种。

（3）培养　将接种后的培养基放入培养箱中，在37℃恒温箱中培养48小时。

（4）灌注石蜡　无菌条件下将灭菌的液体石蜡注入刚培养好的斜面培养物上，液面高出斜面顶部1cm左右，使菌体与空气隔绝。

（5）保藏　将注入液状石蜡的菌种斜面直立存放于低温（4～15℃）干燥处，保藏时间为2～10年不等。

**3. 沙土管保藏法**

（1）沙土管制备　将河沙用60目过筛，弃去大颗粒及杂质，再用80目过筛，去掉细沙。用吸铁石吸去铁质，放入容器中用10% HCl浸泡，如河沙中有机物较多，可用20% HCl浸泡。24小时后倒去HCl，用水洗泡数次至中性，最后将沙子烘干或晒干。另取黄土用100目过筛，烘干，按沙∶土＝2∶1混合。把混匀的沙土分装入小试管中，高度为1cm左右，塞好棉塞。

（2）灭菌　高温蒸汽灭菌30分钟。灭菌后在不同部位抽出若干管，加入牛肉膏蛋白胨培养基，经培养检查后无微生物生长方可使用。

（3）制备菌悬液　取3ml无菌水至待保藏的菌种斜面中，用接种环轻轻刮下菌苔，振荡制成菌悬液。用微量移液器吸取菌悬液，均匀滴入沙土管中，每管0.2～0.5ml。

（4）干燥　把装好菌液的沙土管放入干燥器使之干燥。

（5）保藏　干燥后的沙土管可直接放入冰箱中保藏。

## 【实验预期结果及分析】

掌握3种不同菌种保存方法。

## 【要点提示及注意事项】

1. 菌种保藏全程要求严格遵守无菌操作。
2. 用于保藏的微生物必须处于良好的生长状态。

## 【思考题】

1. 菌种保藏中，液状石蜡的作用是什么？
2. 沙土管法适合保藏哪一类微生物？

## ☑ 实验10　土壤微生物分离与纯化、接种及培养

## 【实验目的】

1. 掌握微生物的分离纯化和培养菌种的基本方法；无菌操作技术。
2. 熟悉微生物接种、移植和培养的基本技术。

## 【实验原理】

微生物在自然界中呈混杂状态存在，要获得所需单一的菌种，必须从中把它们分离出来。土壤中生活的微生物极其多样。因此，土壤是开发利用微生物资源的重要基地，可以从中分离、纯化许多有用的菌株。从混杂的微生物群体中获得只含有某一种或某一株微生物的过程称为微生物的分离与纯化。

微生物分离和纯化的方法很多，如稀释涂布平板法、稀释混合平板法、平板划线法等，基本操作步骤是相似的，即将待分离的样品进行一定的稀释，并使微生物的细胞（或孢子）尽量以分散状态存在，然后使其长成纯种单菌落。上述工作离不开接种，即将一种微生物移到另一灭菌的培养基上的过程。本实验通过样品稀释、平板涂布和平板划线等操作，使微生物在平板上分散成单个的个体，经过适宜条件培养，单个个体形成单个菌落，挑取单个菌落接至新鲜平板上，从而使目的菌种纯化。

## 【实验器材】

**1. 实验材料**　地表 10cm 下的土样、牛肉膏蛋白胨固体培养基（培养细菌）、高氏 1 号固体培养基（培养放线菌）、马铃薯葡萄糖固体培养基（培养真菌）。

**2. 实验仪器**　超净工作台、培养箱、高压灭菌锅、显微镜、酒精灯、接种环、玻璃涂布棒、试管、试管架、镊子、微量移液器、滴管、无菌平板等。

## 【实验步骤】

**1. 土壤取样**　根据实验目的选取采样地点，把采到的土壤装进取样袋，直接带回微生物实验室立即使用或放入 4℃ 的冰箱备用，但放置时间不要超过 1 天。

**2. 平板制备**　将牛肉膏蛋白胨固体培养基、高氏 1 号固体培养基、马铃薯葡萄糖固体培养基灭菌，待冷至 55～60℃ 时，在超净工作台内分别倒平板（其中高氏 1 号固体培养基暂时不倒平板），方法是右手持盛有培养基的锥形瓶，置酒精灯火焰旁边，右手拿锥形瓶并松动瓶塞，用手掌边缘和小指、无名指夹住拔出，瓶口在火焰上灭菌，然后左手将培养皿盖在火焰附近打开一缝，迅速倒入培养基约 20ml，加盖后轻轻摇动培养皿，培养基均匀分布，平置于桌面上，凝固后即成平板。

**3. 制备土壤稀释液**　取 10ml 无菌水、土壤 1g，先后放入锥形瓶中，振荡 10 分钟，即稀释成 $10^{-1}$ 的土壤悬液。

另取装有 9ml 无菌水的试管 7 支，采用记号笔编上 $10^{-2}$、$10^{-3}$、$10^{-4}$、$10^{-5}$、$10^{-6}$、$10^{-7}$、$10^{-8}$。取已稀释成 $10^{-1}$ 的土壤悬液，振荡后静置 30 秒，用微量移液器吸取 1ml 土壤悬液加入编号为 $10^{-2}$ 的试管中，并在试管内轻轻吹吸数次，使之充分混匀，即为 $10^{-2}$ 土壤稀释液。同法依次连续稀释至 $10^{-8}$ 土壤稀释液。

**4. 分离细菌（平板划线法）**　将牛肉膏蛋白胨两个平板底面分别用记号笔写上 $10^{-5}$ 和 $10^{-6}$ 两种稀释度，然后用接种环分别在 $10^{-5}$ 和 $10^{-6}$ 两管土壤稀释液中各吸取一环土壤稀释液，在平板上划线，划线方法有以下两种。

（1）连续划线法　将挑取有样品的接种环在平板培养基表面作连续划线。完毕后，倒置于 37℃ 微生物培养箱培养。

（2）分区划线法　用接种环以无菌操作吸取土壤稀释液 1 环，先在培养基的一边作第一次平行划线 3～4 条，再转动培养皿约 60° 角，并将接种环上剩余物烧掉，待冷却后通过第一次划线部分作第二次划线，同法依次作第三次和第四次划线。划线完毕，盖上皿盖，倒置于培养箱中培养。

**5. 分离放线菌（混菌法）**　用微量移液器吸取 $10^{-4}$、$10^{-5}$、$10^{-6}$ 等一系列稀释菌液各 0.2ml，对号接入无菌空培养皿中，随后缓慢将冷却至 55～60℃ 的液态的高氏 1 号固体培养基倒入培养皿，水平轻轻转动培养皿，使菌液、培养基充分混匀铺平，放在平坦的桌面上，凝固后倒置于 28℃ 微生物培养箱培养。

**6. 分离真菌（平板涂布法）**　用微量移液器吸取 $10^{-4}$、$10^{-5}$、$10^{-6}$ 等一系列稀释菌液各 0.2ml，加在已制好的马铃薯葡萄糖固体培养基上。用涂布棒将稀释液在培养基上充分混匀铺平，倒置于28～30℃微生物培养箱培养。

**7. 菌落计数**  先计算相同稀释度的平均菌落数。若其中一个培养皿有较大片菌苔生长时，则不应使用，而应以无片状菌苔生长的培养皿作为该稀释度的平均菌落数。若片状菌苔的面积不到培养皿的一半，而其余的一半菌落分布又很均匀时，可将剩余一半的菌落数乘以2代表全部培养皿的菌落数，然后再计算该稀释度的平均菌落数。

首先选择平均菌落数为30～300的平板，当只有一个稀释度的平均菌落数符合此范围时，则以菌落平均数乘以其稀释倍数即为该样品中的微生物总数。若有两个稀释度的平均菌落数为30～300，则按两者菌落总数之比值来决定。若其比值小于2，应取两者的平均数；若大于2，则取其中较少的菌落总数。若所有稀释度的平均菌落数均大于300，则应按稀释度最高的平均菌落数乘以稀释倍数。若所有稀释度的平均菌落数均小于30，则应按稀释度最低的平均菌落数乘以稀释倍数。若所有稀释度的平均菌落数均不在30～300，则以最接近30或300的平均菌落数乘以稀释倍数。

## 【实验预期结果及分析】

观察菌落数目，描述菌落形态。

## 【要点提示及注意事项】

1. 制备土壤稀释液时，要注意使土样均匀分散在稀释液中。
2. 注意无菌操作。

## 【思考题】

1. 三种培养基上长出的菌落分别属于什么类群？简述其菌落特征。
2. 平板培养时为什么要将培养皿倒置？
3. 如何确定平板上某个菌落是否为纯培养？请写出实验的主要步骤。

## 实验 11  微生物的制片、染色及形态观察

## 【实验目的】

1. 掌握细菌和真菌的基本形态特征和特殊结构；革兰染色的原理和基本操作步骤。
2. 熟悉使用油镜观察微生物的个体形态。

## 【实验原理】

细菌是单细胞生物，一个细胞就是一个个体。细菌的基本形态有三种：球状、杆状和螺旋状，分别称为球菌、杆菌和螺旋菌。

由于革兰阳性菌和革兰阴性菌细胞壁的结构和组成不同，通过革兰染色可将其染成不同颜色。通过结晶紫初染和碘液媒染后，在细胞内形成了不溶于水的结晶紫与碘的复合物，革兰阳性菌由于其细胞壁较厚、肽聚糖网含量高且交联致密，故遇乙醇脱色处理时，因失水反而使网孔缩小，再加上其细胞壁中不含脂类成分，故乙醇处理不会出现缝隙，因此能把结晶紫与碘复合物牢牢留在壁内，使其仍呈紫色；

而革兰阴性菌因其细胞壁薄、外膜层类脂含量高、肽聚糖含量低且交联度差，在经乙醇脱色后，以类脂为主的外膜迅速溶解，薄而松散的肽聚糖网不能阻挡结晶紫与碘复合物的溶出，因此会被乙醇脱色至无色，再经沙黄等红色染料复染，就使革兰阴性菌呈红色。

## 【实验器材】

**1. 实验材料**　金黄色葡萄球菌、大肠埃希菌、香柏油、二甲苯和革兰染色相关试剂（草酸铵结晶紫、碘液、95% 乙醇和沙黄等）。

**2. 实验仪器**　载玻片、微量移液器、无菌吸头、接种环、酒精灯、打火机、显微镜、擦镜纸、微生物装片（大肠埃希菌、细菌三型、酵母、青霉、曲霉等）。

## 【实验步骤】

### 1. 显微操作

（1）低倍镜观察　粗调、细调。依次再进行中倍、高倍观察。

（2）油镜观察　高倍镜下找到清晰的物象后，在标本中央滴一滴香柏油，使油镜镜头浸入香柏油中，细调至看清物象为止。

（3）换片　另换新片，必须从第（1）条开始操作。

（4）用后复原　观察完毕，上悬镜筒，先用擦镜纸擦去镜头上的油，然后再用擦镜纸蘸取少量二甲苯擦去残留的油，最后用擦镜纸擦去残留的二甲苯，后将镜体全部复原。

注意：油镜使用完毕后一定要用二甲苯擦拭镜头。

### 2. 革兰染色

（1）涂片　取清洗干净的载玻片于实验台上，用接种环从离心管中蘸取待染色菌液，并涂布成一均匀的薄层，涂布面不宜过大，最后将接种环在火焰上烧灼灭菌。

（2）干燥　将标本面向上，手持载玻片一端的两侧，小心地在酒精灯上高处微微加热，使水分蒸发，但切勿紧靠火焰或加热时间过长，以防菌体烤枯而变形。

（3）固定　手持载玻片的一端，标本向上，在酒精灯火焰处尽快的来回通过 2~3 次，以载玻片背面触及皮肤不烫为宜，放置，待冷后进行染色。

（4）初染　在涂片薄膜上滴加草酸铵结晶紫 1~2 滴，使染色液覆盖涂片，染色约 1 分钟。

（5）水洗　倒去染液，用自来水冲洗，直至涂片上流下的水无色为止。水洗时，不要直接冲洗涂面，而应使水从载玻片的一端流下。水流不宜过急，以免菌膜脱落。

（6）媒染　用微量移液器吸取约 300μl 碘液滴在涂片薄膜上，使染色液覆盖涂片，染色约 1 分钟。

（7）水洗　斜置载玻片，在自来水龙头下用小股水流冲洗，直至洗下的水呈无色为止。

（8）脱色　斜置载玻片，滴加 95% 乙醇脱色，至流出的乙醇不现紫色为止，随即水洗。

（9）复染　在涂片薄膜上滴加沙黄染液 1~2 滴，使染色液覆盖涂片，染色大约 1 分钟。

（10）水洗　斜置载玻片，在自来水龙头下用小股水流冲洗，直至洗下的水呈无色为止。

## 【实验预期结果及分析】

1. 将革兰染色结果及观察的细菌形态填入下表。

| 菌名 | 染色后颜色 | 细菌形态 | 结果 |
|---|---|---|---|
| 金黄色葡萄球菌 | | | |
| 大肠埃希菌 | | | |

2. 绘制不同微生物的形态特征图。

## 【要点提示及注意事项】

1. 显微观察时焦距从低倍到高倍。

2. 转换油镜时，不得一边在目镜上观察，一边转动粗调节螺旋，否则易使镜头撞击载玻片，损坏标本和镜头。油镜使用过后应用擦镜纸蘸二甲苯擦拭两次或直至擦拭干净，第三次用干净的擦镜纸直接擦拭镜头。

3. 革兰染色成败的关键是乙醇脱色。如脱色过度，革兰阳性菌也可被脱色而染成阴性菌；如脱色时间过短，革兰阴性菌因脱色不完全而被认为是革兰阳性菌。脱色时间的长短还受涂片厚薄及乙醇用量多少等因素的影响，难以严格规定。

## 【思考题】

1. 比较不同微生物的形态特征（细菌、真菌、酵母）。

2. 使用油镜时，为什么必须用香柏油？

3. 你认为哪些环节会影响革兰染色结果的正确性？其中最关键的环节是什么？

## 实验 12　植物内生菌的分离和纯化

## 【实验目的】

1. 掌握药用植物内生菌的概念及意义。

2. 熟悉药用植物内生菌的分离、纯化及培养技术。

## 【实验原理】

植物内生菌（endophyte）是指那些在其生活史的一定阶段或全部阶段生活于健康植物的各种组织和器官内部的真菌、细菌和放线菌的统称。100 多年前人们就已发现在健康植物组织的内部也有微生物存在，这类微生物在文献中后来被称为植物内生菌。克洛珀（Kloepper）第一次提出了"植物内生菌"的概念。早在 1926 年，Perotti 等人在许多健康植物根组织内发现了细菌，被确定为植物体内存在细菌的起始点。

植物内生细菌普遍存在于高等植物中，如木本、草本植物，单子叶植物和双子叶植物内均有内生细菌，除此之外，在植物中陆续发现了内生真菌和内生放线菌等。植物内生细菌在植物体内具有稳定的生存空间，不易受环境条件的影响，可以在植物体内独立的分裂繁殖和传递。植物内生菌不会使宿主植物表现出明显的感染症状，它与宿主植物在长期的协同进化过程中形成了一种稳定的互惠共生关系：①植物内生菌对寄主植物的促生作用。如某些内生菌可以产生不同种的激素，促进寄主的生长；②植物内生菌防治植物病虫害以及拮抗病原菌。如从蛇藤中分离得到一株可以产生广谱多肽类抗生素的内生链霉菌，这种链霉菌能够有效抑制多种植物病原菌及疟原虫等；③内生菌可诱导药用植物形成次生代谢产物，或其本身可产生寄主特有的次生代谢产物。如从红豆杉中分离到的内生菌可产生抗癌物质紫杉醇。

## 【实验器材】

**1. 实验材料** 马铃薯葡萄糖琼脂培养基、新鲜采摘药用植物的根、茎、叶等组织。

**2. 实验仪器** 培养箱、高压灭菌器、电子天平、超净工作台。

## 【实验步骤】

**1. 培养基配制** 按照以下配方配制三种不同的培养基，121℃灭菌20分钟后，倒平板待用。

（1）马铃薯葡萄糖琼脂培养基配方 马铃薯200g、葡萄糖20g、琼脂粉7g、蒸馏水1000ml。

（2）高氏1号培养基配方 $KNO_3$ 1g、NaCl 0.5g、$K_2HPO_4$ 0.5g、$MgSO_4$ 0.5g、$FeSO_4$ 0.01g、淀粉20g、琼脂粉7g、蒸馏水1000ml。

（3）沙氏培养基配方 蛋白胨10g、葡萄糖10g、琼脂粉7g、蒸馏水1000ml。

**2. 实验材料的表面消毒处理** 植物组织分别用自来水冲洗干净，肥皂水浸泡30分钟，自来水持续冲洗1小时，切成1cm³左右小块。在超净工作台中，先用75%的乙醇浸泡3分钟，无菌水冲洗3遍，再用次氯酸钠溶液浸泡3分钟，无菌水冲洗4遍。

**3. 接种与培养** 将经过表面消毒后的组织块分别接种于三种不同培养基上，并编号。其中分离细菌的沙氏培养皿放置37℃恒温培养，分离真菌和放线菌的培养皿放置28℃恒温培养。观察培养皿中组织块与培养基接触处是否有菌丝（菌落）生长。同时以最后一遍无菌水洗液作为空白对照，若对照组中有菌落长出则表明表面消毒未彻底，有分离到表面菌的可能，需弃去本实验组。

**4. 内生菌的纯化与保存** 用无菌镊子或接种针将生长的内生菌转接至新的同种新鲜培养基中进行纯化培养，连续纯化多次，直至单一菌落。用无菌镊子或接种针挑取少量内生菌接种到同种新鲜琼脂斜面培养基上，37℃或28℃恒温培养2~3天，置于4℃的冰箱中保存。

**5. 数据分析** 分离率是指从样本组织块中得到的菌株数与全部样本组织块数的比值，可以衡量植物组织中内生菌的丰富程度和每个组织块受多重侵染的频率；定殖率是指样本中受内生菌侵染的组织块数占全部样本组织块数的百分数，它能够反映出同一植物的不同组织受内生菌的侵染程度。

## 【实验预期结果及分析】

1. 将统计数据填入下表。

| 分离部位 | 分离率（%） | 定殖率（%） |
| --- | --- | --- |
| 根 | | |
| 茎 | | |
| 叶 | | |
| 块茎 | | |
| 总体 | | |

2. 观察并描述分离出的内生菌菌落形态。

## 【要点提示及注意事项】

1. 分离过程应严格无菌操作，表面消毒必须保证彻底。

2. 注意不能在培养皿盖上做标记，避免盖错培养皿盖而造成混乱。

## 【思考题】

1. 如何提高药用植物内生菌的分离率？
2. 试述药用植物内生菌次生代谢产物多样性的意义。

---

### 实验13 微生物生理与发酵特性实验

## 【实验目的】

1. 掌握微生物对大分子物质水解实验的原理和方法。
2. 熟悉不同微生物对各种有机大分子物质的水解能力，即不同微生物有着不同的酶系统。
3. 了解微生物糖类发酵的原理以及其在微生物菌种鉴定中的重要作用。

## 【实验原理】

微生物的代谢类型具有多样性，对一些物质的分解能力及分解代谢产物的不同反映出他们不同的生理特征。了解不同微生物的生理生化特性，将这些特性作为微生物分类鉴定和菌种选育的依据，利用其代谢类型和产物的多样性，更有效地为发酵工业作贡献。

**1. 淀粉水解实验**  微生物不能直接利用淀粉等大分子物质，必须靠其分泌的胞外酶（如淀粉酶等）将大分子物质水解为小分子化合物，从而吸收利用。将大分子物质分解的过程可以通过观察细菌菌落周围的物质变化来证实。淀粉遇碘液会产生蓝色，如果细菌能分泌淀粉酶，那么淀粉酶就可以将培养基中的淀粉水解，用碘液测定时，菌落周围的培养基由于其淀粉被水解将不再产生蓝色。

**2. 糖发酵实验**  是常用的鉴别微生物的生化反应。绝大多数细菌都能利用糖类作为碳源和能源，但是它们在分解糖类物质的能力上有很大差异，有些细菌能分解某种糖产生有机酸和气体，有些细菌只产酸不产气。当微生物发酵产酸时，培养基中的溴甲酚紫指示剂由紫色变为黄色；而微生物产气时，德汉氏小管中会收集到一部分气体。若细菌不能使糖产酸产气，则最后溶液中的指示剂为紫色，且德汉氏小管中无气体。

**3. 吲哚实验**  用来检测吲哚的产生。在蛋白胨培养基中，若细菌能产生色氨酸酶，则可将蛋白胨中的色氨酸分解为丙酮酸和吲哚，其中吲哚可与对二甲基氨基苯甲醛反应生成玫瑰色的玫瑰吲哚。

**4. 甲基红实验（MR）**  用来检测由葡萄糖产生的有机酸，如甲酸、乙酸、乳酸等。某些细菌在糖代谢过程中分解葡萄糖生成丙酮酸，后者进而被分解产生甲酸、乙酸和乳酸等多种有机酸，培养基就会变酸，使加入培养基中的甲基红指示剂由橙黄色转变为红色。

**5. 伊红美蓝实验**  伊红美蓝实验通常指的是利用伊红美蓝培养基（EMB培养基）对大肠埃希菌等进行检测或鉴别的实验，常用于检查食品、水质及环境中是否含有致病性的肠道菌。伊红为酸性染料，美蓝为碱性染料。当大肠埃希菌发酵乳糖产生混合酸时，细菌带正电荷，被伊红染色，再与美蓝反应生成紫黑色的化合物。此时培养基上生长的大肠埃希菌呈现紫黑色带金属光泽，而不能发酵乳糖的细菌碱性产物较多，带负电荷，与美蓝结合，被染成蓝色菌落。

## 【实验器材】

**1. 实验材料**  大肠埃希菌、金黄色葡萄球菌、枯草芽孢杆菌、乳酸杆菌、产气肠杆菌、固体淀粉培养基、蛋白胨水培养基、葡萄糖蛋白胨水培养基、卢戈氏碘液、甲基红指示剂、伊红、美蓝、葡萄糖、蔗糖、乳糖、乙醚、对二甲基氨基苯甲醛、无菌水、1.6%溴甲酚紫 - 乙醇溶液。

**2. 实验仪器**　超净工作台、培养箱、灭菌锅、培养皿、试管、接种环、试管架、电子天平、称量纸、玻璃棒、锥形瓶、烧杯、药匙、标签纸、酒精灯、滴管、德汉氏小管（杜氏小管）。

## 【实验步骤】

### 1. 淀粉水解实验

（1）培养基配制　固体淀粉培养基配方：蛋白胨 1g、NaCl 0.5g、牛肉膏 0.5g、可溶性淀粉 0.2g、蒸馏水 100ml、琼脂 2g，pH 7.2 ~ 7.4。按照培养基配方配制固体淀粉培养基，121℃灭菌 20 分钟，待培养基冷却至 50℃左右，在超净工作台中倒平板。

（2）用记号笔在平板底部划成四部分。

（3）接种　在超净工作台上，用无菌接种环取少量待测菌，分别在不同的部分点种，注意用接种环仅接触极少面积的培养基，在平板的反面对应部分贴上标签，标签上分别写上菌名，以免混淆。

（4）培养　将平板倒置，在 37℃微生物培养箱中培养 24 小时。

（5）观察　取出平板，观察各种细菌的生长情况。然后，打开培养皿盖子，滴入少量卢戈氏碘液于平板中，轻轻旋转平板，使碘液均匀铺满整个平板，观察培养皿中菌落周围是否有无色透明圈，若有无色透明圈出现，说明淀粉已经被水解，菌落为阳性，反之则为阴性。记录实验结果。

### 2. 糖发酵实验

（1）培养基的配制　配制蛋白胨水培养基：蛋白胨 2.0g、NaCl 0.5g、蒸馏水 100ml、1.6%溴甲酚紫乙醇溶液 1.5ml，pH7.6，分装 10ml 每管。用胶头滴管往德汉氏小管中注满培养基，再把德汉氏小管倒置放入试管中，注意不要让德汉氏小管中进入空气。121℃灭菌 20 分钟。

（2）糖溶液配制　配制浓度为 20%的各种糖溶液 10ml，121℃灭菌 20 分钟。向每管蛋白胨水培养基中分别加入糖溶液 0.5ml。

（3）接种　在超净工作台上，取糖发酵培养基试管接入待测菌，轻摇试管避免气体进入德汉氏小管。在各试管外壁贴上标签，标签上分别标明糖类发酵培养基的名称和菌名。

（4）培养　把接种后的试管放在试管架上，放入微生物培养箱中于 37℃静置培养 48 小时。

（5）观察　观察各试管颜色变化及德汉氏小管中有无气泡，并记录实验结果。

### 3. 吲哚实验

（1）培养基的配制　按照蛋白胨水培养基配方配制培养基，分装至试管中，121℃灭菌 20 分钟。

（2）接种　待培养基冷却后，在超净工作台上分别将大肠埃希菌、产气肠杆菌接入蛋白胨水培养基，剩余一支试管不接种，作为空白对照，贴好标签。

（3）培养　把接种后的试管放在试管架上，把试管连同试管架放入微生物培养箱中于 37℃下培养 48 小时。

（4）观察　向培养后的蛋白胨水培养基内加入 3 ~ 4 滴乙醚，摇动数次，静置 1 分钟，待乙醚上升后，沿试管壁缓慢加入 2 滴对二甲基氨基苯甲醛。在乙醚和培养物之间产生红色环状物为阳性反应，观察并记录实验结果。

### 4. 甲基红实验

（1）培养基的配制　按照葡萄糖蛋白胨水培养基配方配制培养基，分装至试管中，121℃灭菌 20 分钟。

（2）接种　待培养基冷却后，在超净工作台上将大肠埃希菌、产气肠杆菌接入葡萄糖蛋白胨水培养基，剩余一支试管不接种，作为空白对照，贴好标签。

（3）培养　把接种后的试管放在试管架上，把试管连同试管架放入微生物培养箱中于37℃静置培养48小时。

（4）观察　培养48小时后，将每支葡萄糖蛋白胨水培养基培养物内加入2滴甲基红试剂，培养基变为红色为阳性，变为黄色为阴性。观察试管内的颜色变化，并记录实验结果。

**5. 伊红美蓝实验**

（1）培养基的配制　按照伊红美蓝培养基配方配制培养基，121℃灭菌20分钟，灭菌结束后于超净工作台中倒平板，冷却凝固后备用。

（2）接种　将大肠埃希菌、枯草芽孢杆菌、金黄色葡萄球菌分别在伊红美蓝培养基上划线接种，贴好标签。

（3）培养　将划线接种后的培养皿放入微生物培养箱中，37℃下培养24小时。

（4）观察　培养24小时后，观察不同菌种形成菌落的表面颜色，并记录实验结果。

## 【实验预期结果及分析】

将实验结果填入下表。

| | | 待测细菌 | | | |
|---|---|---|---|---|---|
| | 乳酸杆菌 | 金黄色葡萄球菌 | 枯草芽孢杆菌 | 大肠埃希菌 | 产气肠杆菌 |
| 淀粉水解 | | | | | |
| 糖发酵　葡萄糖 | | | | | |
| 蔗糖 | | | | | |
| 乳糖 | | | | | |
| 吲哚 | | | | | |
| 甲基红 | | | | | |
| 伊红美蓝 | | | | | |

注：（1）＋表示阳性，－表示阴性，在糖发酵实验中，＋表示产酸产气，－表示不产酸或不产气。（2）将实验结果拍照并附在实验报告中。

## 【要点提示及注意事项】

1. 糖类发酵实验中，灭菌后的德汉氏小管中的空气应排除干净后才能进行接种实验。

2. 吲哚实验中，注意先加入3~4滴乙醚，摇动数次，静置后再加入2滴对二甲基氨基苯甲醛，注意顺序，待乙醚上升后再滴加对二甲基氨基苯甲醛，否则难以看到乙醚与培养物之间的红色环状物。

3. 接种前要用记号笔做好标记，接种时要对号接种，以免接错菌种。

## 【思考题】

1. 微生物淀粉水解实验、糖类发酵实验所依据的原理是什么？

2. 为什么大肠埃希菌甲基红反应呈阳性？

## 实验 14 微生物大小、数量的测定及生长曲线的绘制

## 【实验目的】

1. 掌握显微镜下使用目镜测微尺测定微生物细胞大小的技术。

2. 熟悉血球计数板的结构及血球计数板测定微生物数量的技术。

3. 了解显微镜测定微生物大小与血球计数板测定微生物数量的原理；光电比浊计数法的原理及光电比浊计数法的操作方法。

## 【实验原理】

微生物的细胞大小是微生物形态的基本特征之一，也是分类鉴定的重要依据。由于微生物很小，只能在显微镜下来测量，微生物细胞大小的测定需要使用目镜测微尺和镜台测微尺。目镜测微尺（图 2 - 1a）是一个可放入显微镜目镜内的圆形玻片，在玻片中央把 5mm 长度刻成 50 等分，或把 10mm 长度刻成 100 等分。测量时，将

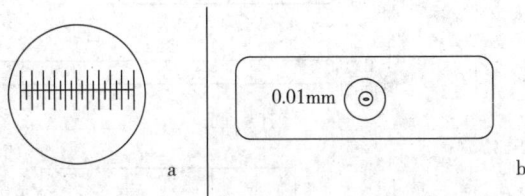

**图 2 - 1 目镜测微尺和镜台测微尺**

其放在目镜中的隔板上（此处正好与物镜放大的中间像重叠）来测量经显微镜放大后的细胞物像的大小。目镜测微尺中每小格代表的实际长度会随着目镜和物镜的放大倍率的改变而改变。因此，目镜测微尺不能直接用来测量微生物的大小。在使用前必须用镜台测微尺进行校正，以求得在一定放大倍数的接目镜和接物镜下该目镜测微尺每小格的相对值，然后才可用来测量微生物的大小。

镜台测微尺（图 2 - 1b）是中央部分刻有精确等分线的载玻片，一般将 1mm 等分为 100 格，每一格长 $10\mu m$（即 0.01mm）。镜台测微尺并不直接测量细胞的大小，而是用于校正目镜测微尺每格的相对长度。校正时，将镜台测微尺放在载物台上，由于镜台测微尺与细胞标本处于同一位置，都经过物镜和目镜的两次放大成像进入视野，即镜台测微尺随着显微镜总放大倍数的放大而放大，因此镜台测微尺的读数就是细胞的真实大小，用镜台测微尺的已知长度在一定放大倍数下校正目镜测微尺，即可求出目镜测微尺每一格所代表的长度，然后移去镜台测微尺，换上待测标本片，用校正好的目镜测微尺在同样放大倍数下测量微生物大小（图 2 - 2）。

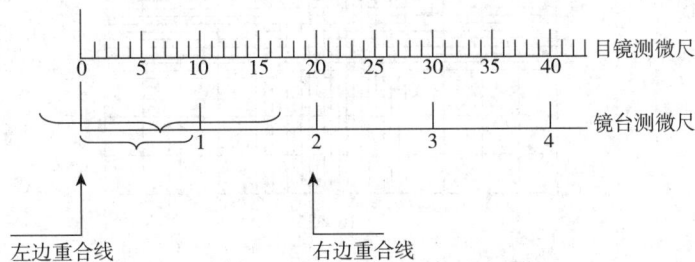

**图 2 - 2 目镜测微尺与镜台测微尺校准**

显微镜直接计数法是将微量待测样品的悬浮液置于一种特别的具有确定面积和容积的载玻片上（又称计菌器），于显微镜下直接计数的一种简便、快速、直观的方法。目前最常用的计菌器为血球计数板，它们可用于酵母、细菌、霉菌孢子等微生物悬液的计数。

血球计数板是一块特制的载玻片（图 2 - 3），其上由四条槽构成三个平台；中间较宽的平台又被一短横槽隔成两半，每一边的平台上各列有一个方格网，每个方格网共分为九个大方格，中间的大方格即为计数室。计数室的刻度一般有两种规格，一种是一个大方格分成 25 个中方格，而每个中方格又分成 16 个小方格；另一种是一个大方格分成 16 个中方格，而每个中方格又分成 25 个小方格，但无论是哪一种规格的计数板，每一个大方格中的小方格都是 400 个。

每 1 个大方格边长为 1mm，则每 1 个大方格的面积为 $1mm^2$，盖上盖玻片后，盖玻片与载玻片之间的高度为 0.1mm，所以计数室的容积为 $0.1mm^3$。计数时，通常数 5 个中方格的总菌数，然后求得每个

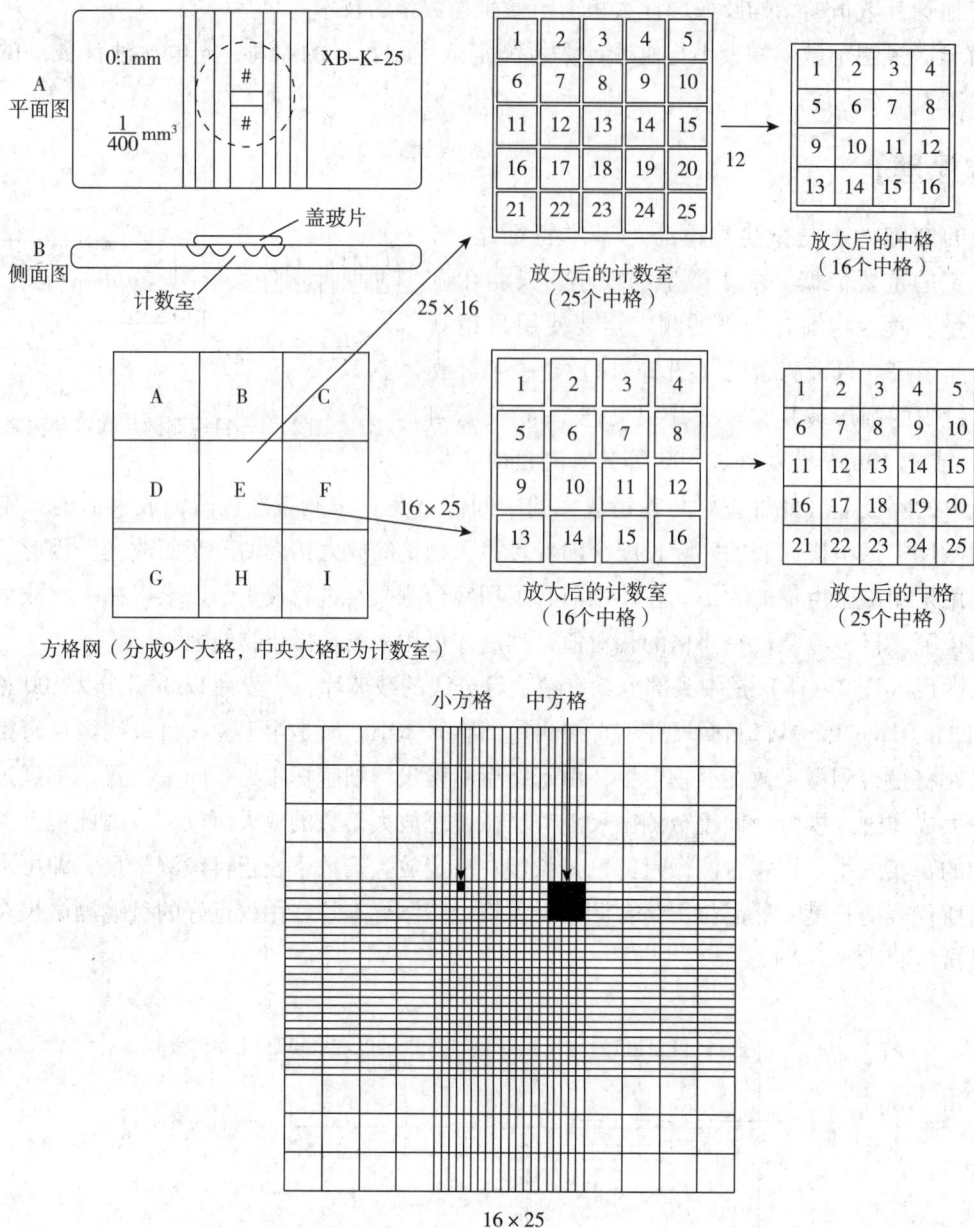

图 2-3　细胞计数板正面、侧面观与正面方格放大示意图

中方格的平均值，再乘以 25 或 16，就得出 1 个大方格中的总菌数，然后再换算成 1ml 菌液中的总菌数。设 5 个中方格中的总菌数为 $A$，菌液稀释倍数为 $B$，如果是 25 个中方格的计数板，则 1ml 菌液中的总菌数 $= A/5 \times 25 \times 10^4 \times B = 50000A \cdot B$（个）；同理，如果是 16 个中方格的计数板，1ml 菌液中的总菌数 $= A/5 \times 16 \times 10^4 \times B = 32000A \cdot B$（个）。

　　将少量细菌接种到一定体积的新鲜培养液中，在适宜的培养条件下进行培养，定时取样测定细菌数目，以培养时间为横坐标，细菌数目的对数或生长速率为纵坐标绘制的曲线，称为该细菌的生长曲线。它反映了单细胞微生物在一定环境条件下于液体培养时所表现出的群体生长规律。依据其生长速率的不同，一般可把生长曲线分为延缓期、对数期、稳定期和衰亡期。这四个时期的长短因菌种的遗传性、接种量和培养条件的不同而有所改变。因此通过测定微生物的生长曲线，可了解各菌的生长规律，对于科研和生产都具有重要的指导意义。

　　当光线通过微生物菌悬液时，由于菌体的散射及吸收作用使光线的透过量降低。在一定范围内，微生物细胞浓度与透光率成反比，与光密度（OD）成正比。因此，可将不同菌数的悬液在分光光度计上测定吸光度，做出吸光度 - 菌数的标准曲线，然后根据样品液所测得的吸光度，从标准曲线中查出对应的菌数。

## 【实验器材】

1. **实验材料** 活性干酵母、大肠埃希菌。
2. **实验仪器** 超净工作台、分光光度计、恒温振荡摇床、无菌试管和微量移液器等。
3. **实验试剂** 牛肉膏蛋白胨培养基、蒸馏水。

## 【实验步骤】

### 1. 微生物细胞大小的测定

（1）目镜测微尺的校正 取出目镜，将上面的透镜旋下，将目镜测微尺的刻度朝下轻轻地装入目镜的隔板上，把镜台测微尺置于载物台上，刻度朝上。先用低倍镜观察，对准焦距，视野中看清镜台测微尺的刻度后，转动目镜，使目镜测微尺与镜台测微尺的刻度平行，移动推动器，使两尺重叠，再使两尺的"0"刻度完全重合，定位后，仔细寻找两尺第二个完全重合的刻度，计数两重合刻度之间目镜测微尺和镜台测微尺的格数。因为镜台测微尺的刻度每格长 $10\mu m$，所以由下列公式可以算出目镜测微尺每格所代表的长度。

目镜测微尺每格长度（$\mu m$）=两重合线间镜台测微尺的格数×10/两重合线间目镜测微尺的格数

（2）测量酵母细胞的大小 取一滴酵母菌菌悬液制成水浸片。移去镜台测微尺，换上酵母菌水浸片，先在低倍镜下找到目标，然后在高倍镜下用目镜测微尺来测量酵母菌菌体的长、宽各占几格（不足一格的部分估计到小数点后一位数）。测出的格数乘以目镜测微尺每格的校正值，即等于该菌的长和宽。

### 2. 酵母菌细胞数的测定

（1）用水稀释活性干酵母至不同浓度，充分混匀，制成菌悬液。

（2）将酵母菌菌悬液用滴管吸取少许，从计数板中间平台两侧的沟槽内沿盖玻片的右上角滴入一小滴（不宜过多），使菌液沿两玻片间自行渗入并充满计数室，避免产生气泡，并用吸水纸吸去沟槽中流出的多余菌液。

（3）先在低倍镜下找到计数室，再转换高倍镜观察计数。

（4）若使用 16 中格的计数板，要按对角线方位，取左上、左下、右上、右下的 4 个中格（即 100 小格）的酵母菌数。如果使用 25 中格计数板。除数上述四格外，还需数中央 1 中格的酵母菌数（即 80 小格）。如菌体位于中格的双线上，计数时则数上线不数下线，数左线不数右线，以减少误差。当酵母菌芽体大于母细胞体积的一半时，可作为两个细胞计数。

（5）16×25 型的计数板，按照下面的公式计算出 1ml 菌悬液所含的酵母细胞数。

酵母菌细胞数/1ml = 100 个小方格细胞总数/100×400×10000×稀释倍数

### 3. 分光光度法测定细菌生长曲线

（1）制备菌种 取大肠埃希菌斜面菌种 1 支，接入牛肉膏蛋白胨（牛肉膏 0.3g、蛋白胨 1g、NaCl 0.5g、蒸馏水 100ml，pH7.0～7.2）培养液中，于 37℃振荡培养 18 小时。

（2）接种培养 用移液器准确吸取 2ml 上述培养的菌液加入含 50ml 培养基的 250ml 锥形瓶中，于 37℃振荡培养。

（3）生长量测定 将未接种的牛肉膏蛋白胨培养基倒入比色皿中作为空白，采用分光光度计对培养的菌液按照 0、2、4、6、8、10、12、14、16、18、20、22、24 小时依次测定 $OD_{600}$ 的吸光值。

（4）绘制生长曲线　以培养时间为横坐标，以 $OD_{600}$ 值为纵坐标绘制生长曲线。

## 【实验预期结果及分析】

1. 将目镜测微尺标定结果填入下表。

| 物镜倍数 | 目镜测微尺格数 | 镜台测微尺格数 | 目镜测微尺每格长 |
|---|---|---|---|
| 4× | | | |
| 10× | | | |
| 40× | | | |
| 100× | | | |

2. 将所测酵母细胞大小填入下表。

| 测定指标 | 细胞 1 | 细胞 2 | 细胞 3 |
|---|---|---|---|
| 宽度 | | | |
| 长度 | | | |

3. 将测得酵母菌液的细胞数填入下表。

| | | 4 或 5 个中方格细胞数 | | | | | 细胞总数 |
|---|---|---|---|---|---|---|---|
| | | 1 | 2 | 3 | 4 | 5 | |
| 酵母菌 | 第一室 | | | | | | |
| | 第二室 | | | | | | |

4. 绘制大肠埃希菌生长曲线。

## 【要点提示及注意事项】

1. 目镜测微尺属于精密配件，且容易损坏，在取放时应特别注意防止跌落。
2. 换用高倍镜或油镜时，要防止物镜压坏镜台测微尺。
3. 血球计数板在使用前应对其进行镜检。若有污染物，可用清水冲洗，用酒精棉球轻轻擦洗后用电吹风吹干。
4. 测定 $OD_{600}$ 值时，比色皿应保持洁净。测定前，需将分光光度计指针调零。

## 【思考题】

1. 你认为用血球计数板计数酵母菌细胞时，其误差与哪几个方面有关？应如何减少误差？
2. 更换不同倍数的物镜时，为何必须用镜台测微尺对目镜测微尺进行标定？
3. 测定和绘制细菌的生长曲线对科学研究和发酵生产有何意义？

## 实验 15　环境条件对微生物生长的影响

## 【实验目的】

1. 掌握温度、pH 对微生物生长的影响。

2. 熟悉消毒剂、抗生素等对微生物生长的影响。

3. 了解各类微生物的最适生长温度、pH 和盐环境等。

## 【实验原理】

微生物的生命活动是由其细胞内外一系列环境构成的，除营养条件外，物理因素、化学因素和生物因素等环境因素对微生物的生长繁殖过程、生理生化过程均有影响，一切不良的环境条件均能抑制微生物的生长，甚至导致菌体死亡。

**1. 温度** 通过改变微生物细胞中蛋白质、核酸等生物大分子的结构与功能从而影响微生物的生长、繁殖和新陈代谢。微生物的种类不同，其生长繁殖所要求的温度也不同。

**2. pH** 不同的微生物对 pH 条件的要求各不相同，特定的微生物只能在一定的 pH 范围内生长，而微生物生长的最适宜 pH 一般常局限于一个较窄的范围。微生物对 pH 的要求，在一定程度上反映出微生物对环境的适应能力。

**3. 化学因素** 化学消毒剂是指用化学消毒药物作用于微生物和病原体，使其蛋白质变性，失去正常功能而死亡。常用的化学消毒剂主要包括重金属及其盐类、有机溶剂（醇、醛等）、卤族元素及其化合物和某些表面活性剂等。

**4. 生物因素** 许多微生物在其生命活动过程中可产生某种能选择性地抑制或杀死其他微生物的特殊代谢产物，这些特殊的代谢产物被称为抗生素。抗生素在极低浓度下即能抑制或杀死某些微生物。在抗生菌的筛选中常以其对某些微生物产生的拮抗作用所形成的抑菌圈的大小来衡量抗生菌作用的强弱和抗生素的有效浓度。

## 【实验器材】

**1. 实验材料** 大肠埃希菌、金黄色葡萄球菌、枯草芽孢杆菌、牛肉膏蛋白胨培养基、2.5% 碘酒、75% 乙醇、次氯酸钠、青霉素。

**2. 实验仪器** 超净工作台、分光光度计、培养箱、灭菌锅、培养皿、试管、接种环、试管架、电子天平、称量纸、玻璃棒、锥形瓶、烧杯、药匙、标签纸、酒精灯、微量移液器。

## 【实验步骤】

**1. 温度对微生物生长的影响实验**

（1）按照培养基配方配制牛肉膏蛋白胨液体培养基（见实验 13），分装于试管中，121℃灭菌 20 分钟。

（2）向每管接入培养 18 小时的待测菌液 0.1ml，标记清楚后混合均匀。

（3）将上述各管分别在不同的温度（4、20、37、60℃）条件下进行振荡培养 24 小时后观察，使用分光光度计测量其在 600nm 下的 OD 值。菌液的 OD 值越大，微生物越多，说明该温度越适宜微生物的生长。记录实验结果。

**2. pH 对微生物生长的影响实验**

（1）按照培养基配方配制 pH 为 3.0、5.0、7.0、9.0 的牛肉膏蛋白胨液体培养基，做好标记，分装于试管中，121℃灭菌 20 分钟。

（2）向每管中接入培养大约 18 小时的待测菌液 0.1ml，标记清楚后混合均匀。

（3）将接种后的培养基在 37℃振荡培养 24 小时后观察，使用分光光度计测量其在 600nm 下的 OD 值（未接种的牛肉膏蛋白胨培养基为空白），记录实验结果。

**3. 药物的抑菌作用实验**

（1）取大肠埃希菌、枯草杆菌和金黄色葡萄球菌斜面各 1 支，分别注入 4ml 无菌水，无菌条件下用接种环将菌苔刮下，制成菌悬液。

（2）用微量移液器各吸取上述三种菌的菌悬液 1ml 至已融化冷却至 50℃ 左右的固体牛肉膏蛋白胨培养基（不烫手为宜）中，充分混匀后倒入培养皿中，每个培养皿 25ml 左右，待冷却凝固成固体平板。

（3）用镊子将被滴有药物的小圆形滤纸片（图 2-4），放于上述已接种细菌的每一平板表面，用镊子轻压，使其与培养基充分接触，盖上皿盖于 37℃ 培养 24 小时后观察。如果有抑制作用，则滤纸片四周出现抑菌圈，抑菌圈的大小可表示药物抑菌的强弱。

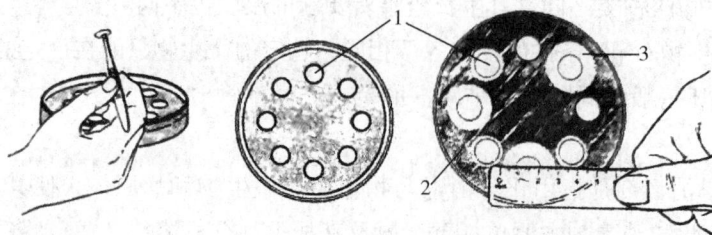

**图 2-4 滤纸片法检测药物的杀菌作用**
1. 滤纸片；2. 有菌区；3. 抑菌区

## 【实验预期结果及分析】

1. 记录三种供试菌在不同温度、pH 下的生长状况，将测定培养物 $OD_{600}$ 值的结果填入下表中，并说明三种菌的生长温度，pH 范围及最适的温度、pH。

| 供试菌 | 温度 | | | | pH | | | |
|---|---|---|---|---|---|---|---|---|
| | 4℃ | 20℃ | 37℃ | 60℃ | 3.0 | 5.0 | 7.0 | 9.0 |
| 大肠埃希菌 | | | | | | | | |
| 金黄色葡萄球菌 | | | | | | | | |
| 枯草芽孢杆菌 | | | | | | | | |

2. 将实验所测抑菌圈大小填入下表。

| 供试药品 | 抑菌圈半径 | | |
|---|---|---|---|
| | 大肠埃希菌 | 枯草杆菌 | 金黄色葡萄球菌 |
| 2.5% 碘酒 | | | |
| 青霉素 | | | |
| 75% 乙醇 | | | |
| 次氯酸钠 | | | |

## 【要点提示及注意事项】

1. pH 对微生物影响的实验中所用的培养基，应于灭菌后在无菌条件下将培养基 pH 调节至所需。若灭菌前调节 pH，则培养基经灭菌后 pH 可能会发生改变，从而导致实验结果不够准确。

2. 在测定药物的抑菌作用时，需用无菌镊子轻压滴有药物的小圆形滤纸片，使其与培养基充分接触，轻压后切勿再移动。

## 【思考题】

1. 高温和低温对微生物生长各有何影响？为什么？
2. 青霉素抑菌机制及对革兰阳性菌（$G^+$）和革兰阴性菌（$G^-$）抑菌效率不同的原因是什么？

## 实验 16　中成药微生物检测

### 【实验目的】

1. 掌握中成药的微生物限度检查原理和方法。
2. 了解中成药微生物检测的意义。

### 【实验原理】

微生物限度检查主要检测非规定无菌制剂及其原料、辅料等受微生物污染程度，可用于判断非规定无菌制剂及原料、辅料是否符合药典的规定，也可用于指导制剂、原料、辅料的微生物质量标准的制定，及指导生产过程中间产品微生物质量的监控。

微生物限度检查法，为《中国药典》（2025 年版）收载的关于药品微生物检查的法定方法。检查项目包括微生物计数（需氧菌总数计数用于检测样品中需氧菌的数量；霉菌和酵母菌总数计数用于测定霉菌和酵母菌的数量）和控制菌检查（包括大肠埃希菌、沙门菌、铜绿假单胞菌、金黄色葡萄球菌、耐胆盐革兰阴性菌等）。

微生物检测时，首先要进行供试品溶液的制备。不同特性的供试品溶液，应采取不同的制备方法。供试品微生物计数用的培养基应进行培养基的适用性检查，培养基适用性检查至关重要，关乎检测结果的准确性与可靠性。若被检固体培养基上的菌落平均数与对照培养基上的菌落平均数的比值在 0.5～2，且菌落形态大小与对照培养基上的菌落一致；被检液体培养基管与对照培养基管比较，试验菌应生长良好，判该培养基的适用性检查符合规定。控制菌检查用培养基的适用性检查项目包括促生长能力（结果判断：应生长良好）、指示特性（结果判断：其菌落形态等应与对照培养基上的菌落一致）、抑制能力（结果判断：应无菌生长）。供试品的微生物计数方法还应进行方法适用性试验（试验菌株如金黄色葡萄球菌、铜绿假单胞菌、枯草芽孢杆菌、白念珠菌和黑曲霉等），以确认所采用的方法适合于该产品的微生物计数。计数方法适用性试验中，采用平皿法时，试验组菌落数减去供试品对照组菌落数的值与菌液对照组菌落数的比值应在 0.5～2。若各试验菌的回收试验均符合要求，控制菌检查方法适用性试验能检出相应控制菌，按照所用的供试液制备方法、计数方法及控制菌检查方法进行该供试品的需氧菌总数、霉菌和酵母菌总数计数及控制菌检查。若不符合要求，将供试液进行进一步的稀释或采用其他适宜的方法处理，重新进行方法适用性试验。

胰酪大豆胨琼脂培养基用于测定需氧菌总数；沙氏葡萄糖琼脂培养基用于测定霉菌和酵母菌总数。

### 【实验器材】

1. **实验材料**　氯化钠 - 蛋白胨缓冲液、胰酪大豆胨琼脂培养基、沙氏葡萄糖琼脂培养基、三黄片、板蓝根颗粒

2. **实验仪器**　培养箱、灭菌锅、培养皿、试管、电子天平、称量纸、烧杯、药匙、标签纸、酒精灯、滴管、微量移液器。

## 【实验步骤】

### 1. 供试品溶液制备

（1）板蓝根颗粒供试液　称取板蓝根颗粒样品 10g，加 pH7.0 氯化钠－蛋白胨缓冲液至 100ml，45℃水浴至全部溶解，制成 1:10 的供试液。用氯化钠－蛋白胨缓冲液稀释成 1:10、1:10²、1:10³ 等稀释级的供试液。

（2）三黄片供试液　称取三黄片样品 10g，加 pH7.0 氯化钠－蛋白胨缓冲液至 100ml，用匀浆仪或其他适宜的方法，混匀，制成 1:10 的供试液。用氯化钠－蛋白胨缓冲液稀释成 1:10、1:10²、1:10³ 等稀释级的供试液。

### 2. 细菌、霉菌及酵母菌计数

采用平皿法进行菌数测定，平皿法包括倾注法和涂布法。每稀释级每种培养基至少制备 2 个平皿，以算术平均值作为计数结果。以下为倾注法具体操作步骤。

（1）阴性对照实验　取实验用氯化钠－蛋白胨缓冲液的 1ml，置无菌平皿中，注入培养基，凝固，倒置培养。每种计数用的培养基各制备 2 个平板，均不得有菌生长。

（2）培养与计数　取制备的稀释供试液 1ml，置于直径 90mm 的无菌平皿中，注入 15～20ml 温度不超过 45℃熔化的胰酪大豆胨琼脂或沙氏葡萄糖琼脂培养基，混匀，凝固，倒置培养。

胰酪大豆胨琼脂培养基平板在 30～35℃培养 3～5 天，沙氏葡萄糖琼脂培养基平板在 20～25℃培养 5～7 天，观察菌落生长情况，点计平板上生长的所有菌落数，计数并报告。菌落蔓延生长成片的平皿不宜计数。点计菌落数后，计算各稀释级供试液的平均菌落数，按菌数报告规则报告菌数。若同稀释级两个平皿的菌落数平均值不小于 15，则两个平皿的菌落数不能相差 1 倍或以上。

### 3. 菌数报告规则

需氧菌总数测定宜选取平均菌落数小于 300cfu 的稀释级、霉菌和酵母菌总数测定宜选取平均菌落数小于 100cfu 的稀释级，作为菌数报告（取两位有效数字）的依据。取最高的平均菌落数，计算 1g 或 1ml 供试品中所含的微生物数。如各稀释级的平皿均无菌落生长，或仅最低稀释级的平板有菌落生长，但平均菌落数小于 1 时，以 <1 乘以最低稀释倍数的值报告菌数。

## 【实验预期结果及分析】

计算三黄片和板蓝根颗粒中细菌、霉菌和酵母菌数目。

## 【要点提示及注意事项】

1. 供试液制备中应严格无菌操作，防止外源微生物污染。

2. 供试品制备成供试液后，应在均匀状态取样。

3. 10¹ cfu 指可接受的最大菌数为 50；10² cfu 指可接受的最大菌数为 500；10³ cfu 指可接受的最大菌数为 5000，以此类推。

## 【思考题】

1. 不同剂型中成药供试品溶液制备方法有何异同？

2. 中药提取物及中药饮片的微生物限度标准是什么？

## 实验 17 微生物代谢产物的抗菌活性检测

### 【实验目的】

1. 掌握微生物培养、代谢产物制备及无菌操作技术。
2. 熟悉抗菌活性检测的常用方法。

### 【实验原理】

微生物能够产生复杂的代谢产物，部分代谢产物可以抑制或者杀死一些微生物（尤其是病原菌）从而产生抗菌活性。微生物代谢产物抗菌的原理复杂多样，主要如下。①抗生素类物质的直接作用：微生物通过代谢产生抗生素干扰目标微生物细胞壁合成，例如青霉素、万古霉素通过阻断肽聚糖交联，导致细菌细胞壁缺损，因渗透压失衡而裂解；通过素扰蛋白质的合成，如链霉素、四环素等结合细菌核糖体（30S 或 50S 亚基），抑制翻译过程导致菌体死亡；破坏核酸合成，如放线菌素 D 插入 DNA 双链，阻断复制；微生物通过产生抗生素造成靶标菌的细胞膜损伤，如多黏菌素破坏革兰阴性菌外膜中的脂多糖，导致膜通透性增加，造成菌体死亡；微生物代谢产生抗生素引起靶标菌的代谢途径拮抗，如磺胺类药物竞争性抑制二氢蝶酸合酶，阻断叶酸合成（细菌无法利用外源叶酸），引起菌体死亡。②产生细菌素：如乳酸菌产生的 Nisin，通过穿孔靶细胞膜或抑制细胞壁合成（仅对近缘菌种有效）。③产生铁载体竞争：某些细菌分泌铁载体（如嗜铁素）高效结合环境中的铁离子，使病原菌因缺铁而生长受阻。④产生溶菌酶：如溶葡萄球菌素（lysostaphin）直接水解细菌细胞壁的肽聚糖。因此，微生物代谢产物具有重要的抗菌作用。

微生物代谢物抗真菌活性检测，主要采用滤纸片法，并根据抑制率评估抗真菌活性，抑菌率计算公式为：$\dfrac{R_2}{R_1+R_2}$（图 2-5a）。抗细菌活性检测采用牛津杯法，测定抑菌直径。其中抑菌直径 >6mm 认为有活性，>10mm 显著活性（图 2-5b）。

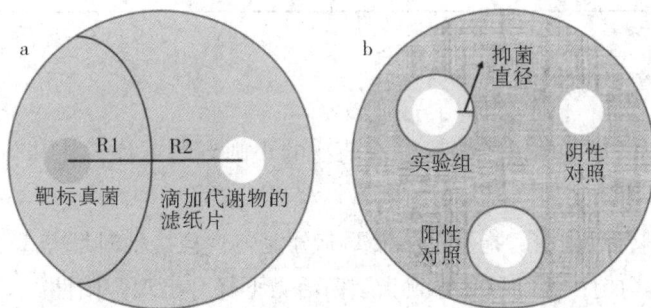

图 2-5 抗菌活性示意图

### 【实验器材】

1. **实验材料** 菌株：多黏类芽孢杆菌、红霉素链霉菌、大肠埃希菌、金黄色葡萄球菌、枯草芽孢杆菌、稻瘟病菌、黑曲霉。培养基：LB、高氏一号、PDA。其他试剂：红霉素溶液，多菌灵溶液。

2. **实验仪器** 超净工作台、培养箱、灭菌锅、培养皿、电子天平、称量纸、玻璃棒、锥形瓶、烧杯、药匙、标签纸、酒精灯、牛津杯、无菌滤纸片、游标卡尺、打孔器、接种铲。

## 【实验步骤】

**1. 多黏类芽孢杆菌代谢物溶液制备** 多黏类芽孢杆菌在 LB 固体培养基上活化（37℃），挑取单克隆在 LB 液体培养基中 37℃，200r/min 过夜培养。培养液离心后获得上清液和沉淀，沉淀经乙醇萃取后离心，获得萃取液。上清液和萃取液过滤除菌后作为代谢物溶液。

**2. 红霉素链霉菌代谢物溶液制备** 红霉素链霉菌在高氏一号固体培养基上活化（30℃），挑取单克隆划线在高氏一号上培养一周后，用接种铲接种孢子在高氏一号液体培养基中 30℃，200r/min 培养 7天。代谢物溶液提取方法如上。

**3. 抗细菌实验** 取 5mL 的指示菌培养物（大肠埃希菌、金黄色葡萄球菌、枯草芽孢杆菌）加至 50℃左右的 100mL 固体培养基中，空培养皿底部放牛津杯，将 LB 培养基倒平板，待平板凝固后取出牛津杯。在牛津杯留下的孔中各加 20μL 的代谢物溶液，及对照乙醇溶液和红霉素溶液，封板后正置在 37℃的培养箱中培养 24 小时后观察结果，并测量抑菌直径。

**4. 抗真菌实验** 在指示真菌（稻瘟病菌、黑曲霉）的固体平板上用无菌的打孔器打孔，并用接种铲将菌饼倒扣接种至 PDA 平板直径的 1/4 处。在接种真菌所在直径的 3/4 处放无菌滤纸片，并在滤纸片上滴加 20μL 的代谢物溶液，同时设置阴性对照和阳性对照多菌灵溶液，封平板后正置于 30℃的培养箱中培养 7 天后观察结果，测量直径并计算抑菌率。

## 【实验预期结果及分析】

测量抑菌圈直径，计算抑菌率，并按照下表记录。

| 处理组 | 大肠埃希菌<br>抑菌直径（mm） | 金黄色葡萄球菌<br>抑菌直径（mm） | 枯草芽孢杆菌<br>抑菌直径（mm） | 稻瘟病菌<br>抑菌率（%） | 黑曲霉<br>抑菌率（%） |
|---|---|---|---|---|---|
| 代谢物溶液（上清） | | | | | |
| 代谢物溶液（沉淀） | | | | | |
| 红霉素溶液 | | | | | |
| 多菌灵溶液 | | | | | |
| 无水乙醇 | | | | | |

## 【要点提示及注意事项】

1. 在使用滤纸片时，需用无菌镊子轻压滴有药物的小圆形滤纸片，使其与培养基充分接触，轻压后切勿再移动，防止假阳性出现。

2. 细菌指示菌平板制备过程中，指示菌溶液要充分混匀，且接种时培养基温度不能过低或者过高，温度过低导致菌种分布不均匀；温度过高导致指示菌活力下降，出现假阳性。

## 【思考题】

1. 如何进一步鉴定抗菌活性物质？
2. 能否通过改变代谢产物的浓度探究抗菌活性强弱？

# 第三章　免疫学实验

## 实验 18　ABO 血型鉴定

### 【实验目的】

1. 掌握凝集反应的基本原理。
2. 熟悉 ABO 血型的分型依据。
3. 了解 ABO 血型鉴定的应用。

### 【实验原理】

人类 ABO 血型的分型是依据血液中红细胞表面特异性表达的血型抗原。红细胞表面携带 A 抗原、血清中有抗 B 抗体即 A 型；红细胞表面携带 B 抗原、血清中有抗 A 抗体即 B 型；红细胞同时携带 A、B 两种抗原，血清中无抗 A 和抗 B 抗体，则为 AB 型；红细胞表面无 A 抗原和 B 抗原、血清中有抗 A 和抗 B 抗体为 O 型。

玻片法凝集试验为鉴定 ABO 血型的定性试验方法，其原理在于利用颗粒性抗原与特异性抗体结合形成肉眼可见的凝集团块，这一过程称为凝集反应。凝集反应通常需要有适当浓度的电解质溶液作为媒介，并且抗原与抗体的比例合适。本实验采用标准化的含抗 A 抗体的血清和含抗 B 抗体的血清，在生理盐水中分别与被检者的红细胞做凝集反应。

临床在输血或血制品、器官移植前，ABO 血型鉴定是必不可少的检测项目，能够有效避免血型不匹配引发的输血反应或排斥现象。

### 【实验器材】

1. **实验材料**　人新鲜血液样本、标准抗 A 血清、标准抗 B 血清。
2. **实验仪器**　载玻片、采血针、医用酒精棉球、无菌棉签。

### 【实验步骤】

1. 取 1 张干净载玻片，用记号笔标记好 A、B 两区。
2. 在 A、B 区中央分别滴加 1 滴标准抗 A 血清（含抗 A 抗体）和标准抗 B 血清（含抗 B 抗体），确保血清分布均匀且不过量。
3. 毛细管采血：用酒精棉球消毒被检者手指端后，针刺取血。
4. 将适量血液样本分别滴加至载玻片的 A 区（与标准抗 A 血清混合）和 B 区（与标准抗 B 血清混合），轻轻混匀。
5. 静止载玻片片刻，观察有无凝集现象，初步判断被检者的血型。

### 【实验预期结果及分析】

根据凝集现象的有无和分布情况，初步鉴定受检者的 ABO 血型，如表 3 - 1 所示。

表 3-1    用标准血清鉴定 ABO 血型

| 标准抗 A 血清 | 标准抗 B 血清 | 受检者血型 |
| --- | --- | --- |
| + | - | A |
| - | + | B |
| - | - | O |
| + | + | AB |

注："+"表示出现凝集现象；"-"表示未出现凝集现象。

## 【要点提示及注意事项】

1. 室温下进行实验操作。

2. 反应时间通常≥10 分钟。

3. 实验过程中应严格遵守无菌操作规范。

4. 尽量使用新鲜试剂，禁止使用浑浊或者变色的试剂。

5. 临床检测 ABO 血型时，还需要同时用标准 A 型及 B 型红细胞鉴定受检者血清中的抗体（Simonin 反转试验）。受检者红细胞的抗原鉴定和血清中的抗体鉴定结果完全一致时，才能确定其血型。

## 【思考题】

1. ABO 血型是如何分型的？

2. 凝集反应的基本原理是什么？

3. 如果用标准 A 型及 B 型红细胞与受检者血清做玻片凝集试验，有无凝集反应？请完成表 3-2。

表 3-2    用标准红细胞鉴定 ABO 血型

| 标准 A 型红细胞 | 标准 B 型红细胞 | 受检者血型 |
| --- | --- | --- |
| | | A |
| | | B |
| | | O |
| | | AB |

## 实验 19    血清抗体效价的测定

## 【实验目的】

1. 掌握试管法凝集试验的原理和倍比稀释的操作方法。

2. 了解试管法凝集试验在免疫学检测中的应用。

## 【实验原理】

试管法凝集试验是半定量试验，常用于检测血清中特异性抗体的效价（或滴度）。该方法通过在试管中系列稀释受检者血清，然后向各稀释液中定量加入已知颗粒抗原（如伤寒沙门菌 O 抗原），根据各个试管中的凝集情况，间接反映血清中特异性抗体的相对含量。

## 【实验器材】

**1. 实验材料**  待测血清、无菌生理盐水、伤寒沙门菌 O 诊断菌液。

**2. 实验仪器**  小试管、试管架、微量移液器、恒温水浴箱。

## 【实验步骤】

1. 待测血清用无菌生理盐水进行 1∶20 稀释（例如，0.1ml 血清＋1.9ml 生理盐水），充分混匀。

2. 取 7 支小试管，依次编号并排列在试管架上。

3. 每支试管中加入 0.5ml 生理盐水。

4. 取 1∶20 稀释的待测血清 0.5ml 加入第 1 支小试管，充分混匀后，吸取 0.5ml 加入第 2 支小试管；在第 2 支小试管充分混匀后，吸取 0.5ml 加入第 3 支小试管；以此类推实现连续逐级稀释，直至第 6 支小试管，混匀后吸取 0.5ml 弃去。第 1~6 支试管中的血清稀释倍数分别为 1∶40、1∶80、1∶160、1∶320、1∶640、1∶1280。第 7 支小试管作为阴性对照，不加血清。

5. 每支试管中加入伤寒沙门菌 O 诊断菌液 0.5ml，混匀。至此，各管液体总量均为 1.0ml，1~6 支试管中血清的最终稀释倍数调整为 1∶80、1∶160、1∶320、1∶640、1∶1280、1∶2560。

6. 7 支试管全部置于 37℃ 水浴 2~4 小时，或室温静置过夜，观察结果。

## 【实验预期结果及分析】

**1. 阴性对照管**  无凝集现象，仅见管底有边缘整齐的圆形沉淀，轻摇即散，呈均匀浑浊状。

**2. 试验管**  伤寒沙门菌 O 抗原凝集物呈颗粒状，黏附于管底，轻摇不易散开。根据凝集情况分为 5 级。

＋＋＋＋：细菌全部凝集，凝集块沉于管底，上清液澄清。

＋＋＋：细菌大部分凝集并沉于管底，上清液稍浑浊。

＋＋：约有 50% 的细菌凝集并沉于管底，上清液较浑浊。

＋：仅少量细菌凝集，上清液浑浊。

－：细菌不凝集，液体浑浊程度与阴性对照管相同。

试管中出现"＋＋"及以上凝集程度视为阳性反应。

**3. 判定抗体效价**  将待测样本倍比稀释后进行反应，以出现阳性反应的最高稀释度作为该血清样本的抗体效价（或滴度）。

## 【要点提示及注意事项】

1. 阴性对照的设置对于排除非特异性凝集至关重要，避免结果出现假阳性。

2. 抗原与相应的抗体比例需合适，以产生肉眼可见的凝集反应。

3. 一般而言，随着血清浓度的降低，凝集反应越来越弱。

4. 倍比稀释时应准确记录并标记稀释倍数。

5. 静置期间避免试管晃动，观察前不要振摇。

## 【思考题】

1. 血清抗体的效价与其相对含量的关系是什么？

2. 请进一步查阅资料，简述试管法凝集试验的特点及应用。

## 实验 20 双抗体夹心法检测乙型肝炎表面抗原

### 【实验目的】

1. 掌握酶联免疫吸附试验及双抗体夹心法的基本原理。
2. 熟悉双抗体夹心法的操作过程及酶标仪的使用。
3. 了解乙型肝炎表面抗原的检测意义。

### 【实验原理】

乙型肝炎表面抗原（HBsAg）是乙型肝炎病毒（HBV）的标志物，其血清学检测是诊断 HBV 感染的重要指标。

酶联免疫吸附试验（enzyme - linked immunosorbent assay，ELISA）是一种将抗原抗体的特异结合与酶的高效特异催化作用相结合的检测方法，广泛应用于蛋白质的定性与定量分析。ELISA 有 4 种基本类型：夹心法（包括双抗原夹心法和双抗体夹心法）、间接法、竞争法及捕获法。其中，双抗体夹心法因其高度的特异性和灵敏性，成为检测抗原（如 HBsAg）的常用方法。

双抗体夹心法的基本原理简述如下：首先，将特异性抗体与固相载体连接，形成"固相抗体"；随后加入待测样品，样品中的抗原与固相抗体结合，形成"固相抗体 - 抗原复合物"；再加入酶标抗体，与抗原的另一表位结合，形成"固相抗体 - 抗原 - 酶标抗体复合物"，即"双抗体夹心复合物"；最后，加入酶的底物，在酶的催化作用下，底物发生化学反应生成有色产物，其颜色深浅与样品中抗原的浓度成正比，通过酶标仪测定吸光度值，即可判定样品中的抗原含量（图 3 - 1）。

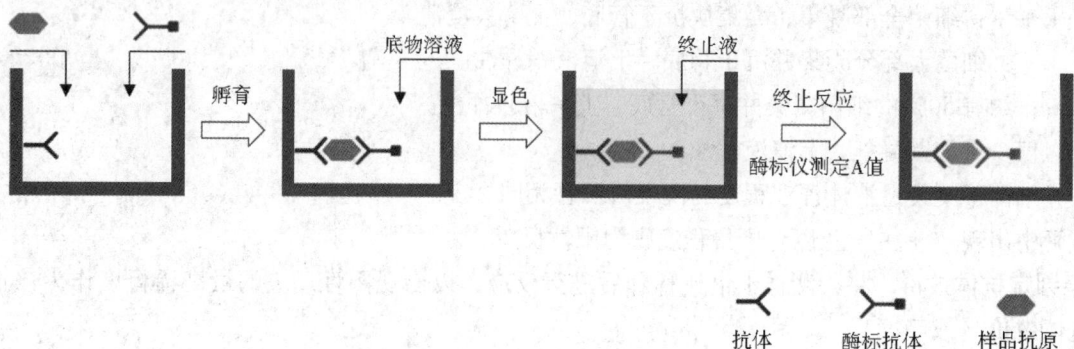

图 3 - 1 双抗体夹心法基本原理示意图

### 【实验器材】

1. **实验材料** HBsAg 检测试剂盒，通常包括：系列标准品抗原（HBsAg）、抗 - HBsAg 抗体、酶标抗体（抗 - HBsAg - HRP，即用辣根过氧化物酶 HRP 标记的抗 - HBsAg 抗体，使用前用酶标抗体稀释液稀释至工作浓度）、显色底物（显色液 A 含有 $H_2O_2$，显色液 B 含有四甲基联苯胺）、终止液（0.1mol/L 硫酸溶液）、洗涤液（0.02mol/L pH7.4 Tris - HCl - Tween20 缓冲液，使用前稀释至工作浓度）、0.05mol/L pH 9.6 碳酸盐缓冲液、1% BSA - 碳酸盐缓冲液、HBsAg 阳性对照、HBsAg 阴性对照、质控血清或待测血清。

2. **实验仪器** 96 孔酶标板、酶标仪、微量移液器、吸水纸等。

## 【实验步骤】

**1. 包被与封闭** 将抗 – HBsAg 抗体用碳酸盐缓冲液稀释至工作浓度（3～10μg/ml）后，加入酶标板中，150μl/孔，37℃孵育2小时进行包被。随后，弃包被液，用碳酸盐缓冲液洗涤，每孔加入250μl 1% BSA – 碳酸盐缓冲液封闭非特异性结合位点，37℃，2小时。弃封闭液，用碳酸盐缓冲液洗涤后，干燥备用。

**2. 加样与孵育** 在已包被好的酶标板中加入标准品抗原和待测血清（或质控血清），100μl/孔，37℃孵育30分钟。同时设置阴性对照、阳性对照和空白对照。

**3. 洗涤** 弃孔中液体，用洗涤液洗涤3次，以去除未结合成分。

**4. 加酶标抗体与孵育** 加入酶标抗体（抗 – HBsAg – HRP），100μl/孔，37℃孵育30分钟，使酶标抗体与抗原结合。

**5. 洗涤** 弃孔中液体，用洗涤液洗涤3次，最后将孔中的液体排干，确保去除未结合的酶标抗体。

**6. 显色** 每孔分别加显色液 A 和显色液 B 各50μl，混匀，37℃孵育10分钟。

**7. 终止** 每孔加50μl终止液，混匀，终止反应。

**8. 酶标仪检测** 波长450nm，空白对照孔校零点，读取各孔的吸光度 $A$ 值。

## 【实验预期结果及分析】

1. 阴性对照孔和空白对照孔不显色，阳性对照孔有明显的颜色变化。

2. 样品孔 $A$ 值/阴性对照孔 $A$ 值 ≥ 2.1 为阳性，否则为阴性。

3. 绘制标准曲线定量：以标准品浓度为横坐标，$A$ 值为纵坐标，绘制标准曲线，对血清样品的 HBsAg进行定量检测。

## 【要点提示及注意事项】

1. 实验前设计酶标板孔的布局，并做好记录。

2. 注意试剂使用前达到室温平衡。

3. 加样准确，避免交叉污染。

4. 每个加样孔最好设置 2～3 个复孔，求 $A$ 平均值，提高结果可靠性。

5. 洗涤酶标板应尽量彻底，以去除非特异性结合。

6. 终止反应后在 10 分钟内测定吸光度 $A$ 值。

## 【思考题】

1. 某同学用双抗体夹心 ELISA 检测血清中的某病毒抗原，但最终显色结果为阴性（无色），而阳性对照也显示阴性。请分析可能的原因并提出解决方案。

2. 通过查阅资料，比较 ELISA 四种基本类型（夹心法、间接法、竞争法、捕获法）的特点及主要用途。

## 实验 21 密度梯度离心法分离外周血单个核细胞

## 【实验目的】

1. 掌握密度梯度离心法分离外周血单个核细胞的原理和方法。

2. 熟悉分离过程中关键步骤的质量控制。

3. 了解分离外周血单个核细胞的意义。

## 【实验原理】

外周血单个核细胞（peripheral blood mononuclear cell，PBMC）是外周血中具有单个核的细胞，包括淋巴细胞（T 细胞、B 细胞、自然杀伤细胞等）和单核细胞，在人体免疫过程中发挥关键作用，是免疫学实验最常用的细胞。从 PBMC 中还可以进一步用流式细胞分选或免疫磁珠法等方法分离纯化出淋巴细胞。

葡聚糖－泛影葡胺（ficoll－urografin）是常用的淋巴细胞分离液主要成分，配成的淋巴细胞分离液的密度约为 1.077g/ml。密度梯度离心法是目前分离 PBMC 常用的方法，其主要原理是利用外周血细胞密度的差异、在一定条件下离心后分层：红细胞和粒细胞密度最大，密度大于 1.077g/ml，沉至管底为最下层（第四层）；第三层为淋巴细胞分离液，铺于红细胞上；第二层为单个核细胞（PBMC），呈灰白色，密度约为 1.075g/ml，位于淋巴细胞分离液（密度 1.077g/ml）的液面上（白膜层）；最上层是血浆及绝大部分血小板层，密度约 1.025g/ml。吸取白膜层的细胞，即可获得 PBMC（图 3-2）。

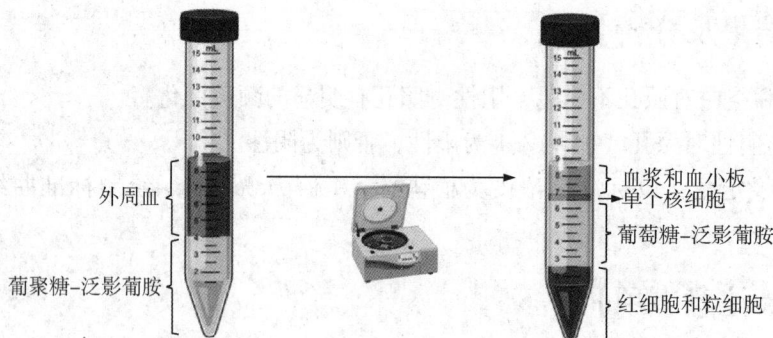

**图 3-2　密度梯度离心法分离外周血单个核细胞分层示意图**

## 【实验器材】

**1. 实验材料**　静脉采血管（已加抗凝剂）、葡聚糖－泛影葡胺、RPMI 1640 液、10% 小牛血清 RPMI 1640 液、0.2% 台盼兰染色液、医用碘伏。

**2. 实验仪器**　水平离心机（无刹车）、显微镜、10ml 刻度离心管、有抗凝剂的静脉采血管、毛细吸管、微量移液器、血细胞计数板、无菌干棉签、止血带。

## 【实验步骤】

1. 用静脉采血管（已加抗凝剂）抽取 2ml 静脉血，立即轻柔摇匀，防止凝血。

2. 在抗凝血中加入 2ml RPMI 1640 液，轻柔混匀稀释，防止溶血。

3. 在离心管中加入 4ml 葡聚糖－泛影葡胺，用毛细吸管吸取上述稀释的全血，在分离液面上约 1cm 处沿离心管壁缓慢加入，使稀释血液与分离液之间形成清晰的界面。

4. 将离心管盖好盖子，置于水平离心机中，2000r/min，离心 20 分钟（无刹车）。

5. 轻柔取出离心管后可观察到管内容物从上到下分层：上层为血浆（含血小板），中层为葡聚糖－泛影葡胺分离液，下层为粒细胞和红细胞。在血浆层和葡聚糖－泛影葡胺的界面处，还有一层云雾状的白膜，即为单个核细胞层。

6. 用毛细吸管轻轻插至白膜层，小心吸取该层细胞。

7. 将白膜层的细胞加入另一离心管中，加入 5 倍以上体积的 RPMI 1640 液混匀后，1500r/min，离心 10 分钟，弃上清；再重复洗涤 1 次。

8. 末次离心后，将细胞重悬于 10% 小牛血清 RPMI 1640 液，即为单个核细胞悬液。

9. 高倍镜下观察单个核细胞的形态，并进行细胞计数和台盼兰细胞活力检测。

## 【实验预期结果及分析】

细胞纯度可达 90%~95%，细胞获得率达 80% 以上，活细胞率在 95% 以上。分离效果与实验者的操作技术关系密切。

## 【要点提示及注意事项】

1. 淋巴细胞分离液 4℃ 保存，使用前应放置室温，否则影响其密度。

2. 全血等体积稀释可降低红细胞凝聚，有利于分离。

3. 使用水平离心机，不要用"刹车"功能。

4. 血液与分离液之间形成清晰的界面、用毛细吸管吸取白膜层细胞不要吸到相邻层是操作的关键。

5. 注意安全防护。

## 【思考题】

1. 如何保证本实验获得的细胞有较高的纯度和活性？

2. 全血加在分离液面上时需要注意什么？

3. 写出准确吸取白膜层细胞的操作体会。

## 实验 22　间接免疫荧光法检测 T 淋巴细胞表面标志

## 【实验目的】

1. 掌握间接免疫荧光法的基本原理和操作步骤。

2. 熟悉荧光标记抗体的特性与选择原则。

3. 了解荧光显微镜的操作及间接免疫荧光法的应用。

## 【实验原理】

在活细胞表面，存在结构完整的抗原。间接免疫荧光法（indirect immunofluorescence assay，IIFA）作为免疫学检测领域广泛应用的一项技术，其原理基于抗原与抗体的特异性结合，以及荧光标记物的示踪特性，主要用于检测细胞或组织中的特定抗原或抗体。

具体操作原理是特异性鼠单克隆抗体能够与细胞表面的相应抗原发生特异性结合，随后引入标记有荧光素的第二抗体，该抗体可与已结合抗原的单克隆抗体相结合（图 3-3）。如此，在细胞表面便形成了"抗原 - 单克隆抗体 - 荧光素标记的二抗"复合物。将制备好的样本置于荧光显微镜下进行观察，若样本中存在目标抗原，那么在相应的细胞膜上将会观察到特异性点状或线状荧光。

T 细胞表面存在多种白细胞分化抗原（cluster of differentiation，CD），其中主要包括 $CD_2$、$CD_3$、$CD_4$、$CD_8$ 等，这些表面标志物是鉴别 T 细胞及其亚群的重要依据。具体实验过程中，运用针对不同 CD

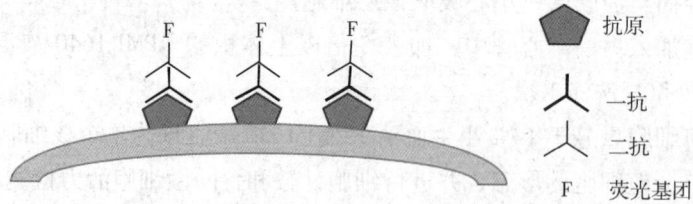

图 3 – 3　间接免疫荧光法检测细胞表面标志基本原理示意图

分子的单克隆抗体，分别与 T 细胞表面相应的 CD 分子特异性结合，之后再使用荧光素标记的二抗对细胞进行处理，最终通过荧光的形式将 T 细胞表面的 CD 分子显现出来。

## 【实验器材】

**1. 实验材料**　外周血单个核细胞、10% 小牛血清 RPMI 1640 液、鼠抗 $CD_3$ 单克隆抗体、鼠抗 $CD_4$ 单克隆抗体、鼠抗 $CD_8$ 单克隆抗体、荧光素（FITC）标记的兔抗鼠或羊抗鼠 IgG、洗涤液、固定液等。

**2. 实验仪器**　荧光显微镜、水平离心机、离心管、滴管、微量移液器、血细胞计数板、EP 管、载玻片等。

## 【实验步骤】

1. 制备高活性的人外周血单个核细胞（PBMC），分离方法见实验 20。

2. 用 10% 小牛血清 RPMI 1640 液调整细胞浓度至 $1 \times 10^7/ml$，制成单细胞悬液。

3. 取 4 支 EP 管，分别加入 $50\mu l$ 鼠抗 $CD_3$ 单克隆抗体、鼠抗 $CD_4$ 单克隆抗体、鼠抗 $CD_8$ 单克隆抗体、RPMI 1640 液（阴性对照），然后加入 $50\mu l$ 单细胞悬液，轻柔混匀，4℃ 孵育 30 分钟。

4. 取出各管，用洗涤液洗涤 2 次、1500r/min 4℃ 离心 5 分钟，弃上清。

5. 在各管中加入 $50\mu l$ 兔抗鼠或羊抗鼠 IgG 荧光抗体，4℃ 孵育 30 分钟。

6. 取出各管，用洗涤液洗涤 2 次（1500r/min 4℃ 离心 5 分钟），弃上清。

7. 在各管中加入 $100 \sim 500\mu l$ 固定液，轻柔混匀后，吸取适量细胞悬液至载玻片上，盖上盖玻片。

8. 荧光显微镜下用高倍镜观察。

## 【实验预期结果及分析】

1. 阳性细胞是细胞膜上有黄绿色荧光亮点或线的细胞。

2. 随机计数 200 个细胞，进一步计算出荧光阳性细胞百分率及 $CD_4^+/CD_8^+$ T 淋巴细胞的比值。

## 【要点提示及注意事项】

1. 洗涤需充分。

2. 细胞活性要高。

3. 荧光抗体染色后应尽快观察荧光情况，一般不超过 3 小时。

4. 用流式细胞仪可对已经进行荧光抗体染色的细胞进行准确计数。

## 【思考题】

1. 荧光显微镜和普通显微镜的主要差别是什么？

2. 简述间接免疫荧光法和直接免疫荧光法的原理及特点。

# 第四章 生物工程设备综合实验

## 实验 23 小型发酵罐的特点及使用

### 【实验目的】

1. 掌握小型机械搅拌式发酵罐的使用方法。
2. 了解小型发酵罐的基本结构。

### 【实验原理】

**1. 发酵罐的分类和特点** 发酵罐作为大规模悬浮微生物培养的关键反应器,其核心功能在于为微生物代谢提供一个优化且稳定的物理与化学环境,使得微生物能更为高效地生长繁殖,进而获取更为丰富的生物量或目标代谢产物,发酵罐广泛应用于生物工程、微生物学、发酵工程、医药工业等众多科研领域,堪称发酵工业的核心设备,同时也是连接原料和产物的关键纽带。

发酵罐根据用途和规模可分为工业级和实验室级。工业化的发酵罐容积较大,通常采用不锈钢板卷焊而成,以满足大规模生产的需求;实验室级发酵罐容积较小,通常在1升至数百升之间,用于小规模实验研究。实验室级发酵罐中,10L以下的通常采用耐压玻璃制作罐体,便于观察发酵过程;10L以上的则多采用不锈钢板制作罐体,以确保强度和耐腐蚀性。

发酵罐的罐体通常配备夹套结构,如米勒板或迷宫式夹套,用于通入加热或冷却介质,以实现对发酵过程的温度控制。此外,发酵罐还配备有先进的控制器和多种传感器(如 pH 电极、溶氧电极、温度探头等),用于实时监测和自动调节培养条件(如 pH、溶氧量和温度等),以确保发酵过程的最优化。

发酵罐种类繁多,可根据不同标准进行分类。根据培养基的物理状态可分为固体发酵罐和液体发酵罐;根据微生物的代谢特性,可分为厌氧发酵罐和好氧发酵罐,如乙醇、啤酒和丙酮等产品需要厌氧发酵罐生产,微生物在无氧条件下进行代谢活动。谷氨酸、酶制剂和抗生素等则需要好氧发酵罐,微生物需要氧气参与代谢过程,因此,好氧发酵罐通常配备通风系统,以持续通入无菌空气并维持适宜的溶氧水平。

根据发酵罐的容积规模,一般将 500L 以下的划分为实验室发酵罐,用于小规模实验研究;500 ~ 5000L 的划分为中试发酵罐,用于工艺放大或优化;5000L 以上的划分为生产规模的发酵罐,用于工业化大规模生产。

大多数生化反应都是好氧的,因此好氧发酵是生产和实验室中最常见的发酵罐。好氧发酵罐又称通风发酵罐,可分为机械搅拌式、气升式和自吸式三大类。机械搅拌式发酵罐通过机械搅拌实现反应体系的混合,强化传热和传质,促进氧气在发酵液中的溶解,从而满足微生物生长繁殖、发酵所需要的氧气。它在生产工业和实验室中使用最为广泛,以实用性强、适应性强和放大相对容易著称,因此又称为通用型发酵罐。

机械搅拌式发酵罐的主要组成部分包括罐体、搅拌装置、传热装置、通气装置、进出料口和测量系统等(图 4 - 1)。

气升式发酵罐主要特征是高径比较大,以压缩空气作为动力来源。无菌空气通过喷嘴或喷孔喷射进发酵液,气、液混合产生的湍流作用将气泡分割细碎,由于形成的气液混合物密度降低而向上运动,气含率小的发酵液则下沉,形成循环流动,实现混合和溶氧传质。气升式发酵罐因为无机械搅拌部件,不仅最大限度地减少了染菌风险，还减少了剪切力对细胞的伤害。其常见类型有环流式、鼓泡塔式和空气喷射式等，主要结构包括罐体、上升管（通气管）和喷嘴等（图4-2）。

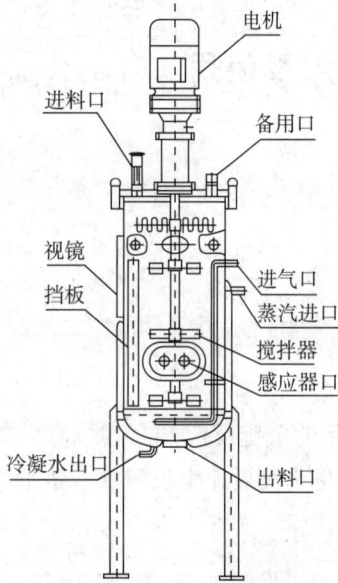

图4-1 机械搅拌式发酵罐示意图

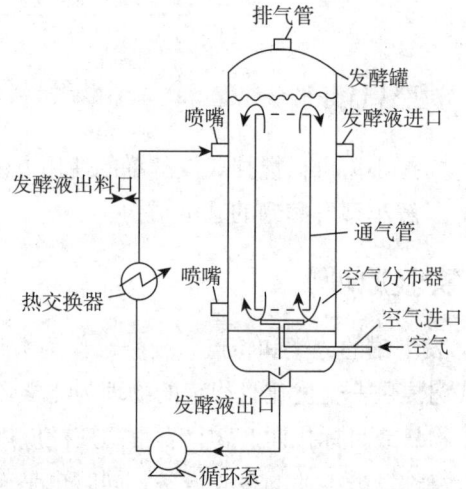

图4-2 气升式发酵罐示意图

自吸式发酵罐通过特设的机械搅拌吸气装置或液体喷射吸气装置所产生的真空，自动吸入无菌空气，同时实现混合搅拌与溶氧传质。根据吸气部件的不同，自吸式发酵罐可分以下几类：机械搅拌自吸式、文丘里管吸气式、液体喷射式和溢流喷射式。其中，机械搅拌自吸式发酵罐的传动装置可安装在罐底或罐顶，其搅拌轴采用下伸入罐内的方式，当叶轮旋转时，叶片不断排开周围的液体，使其背侧形成真空，通过导气管吸入罐外空气。吸入的空气与发酵液充分混合后，在叶轮末端排出，并通过导轮向罐壁分散，经挡板折流涌向液面，实现均匀分布。

由此可见，机械搅拌自吸式发酵罐无需空气压缩机，能够在搅拌过程中自动吸入空气，具有耗电量低、空气利用率高、气液接触均匀等优点，该设备广泛应用于葡萄糖酸钙、利福霉素、维生素、有机酸、酶制剂、酵母等产品的生产。其主要结构包括罐体、自吸搅拌器和导轮（又称定子及转子），如图4-3所示。

**2. 常见通风发酵罐的优缺点** 机械搅拌式发酵罐是最常用的生物反应器，主要优点是 pH 和温度易于控制；工业放大方法成熟；适合间歇、半连续或连续培养。搅拌桨旋转产生剪切力，一方面能强化流体的湍动程度；另一方面，对气泡具有良好的破碎作用，能降低气泡的平均尺寸，提高气液相界面积。这两者都有利于促进氧气的溶解和传递，使通气搅拌罐即使在发酵液黏度较高时，也能满足细胞生长和代谢对溶解氧的要求。对于丝状微生物，适当的剪切力也有利于减小菌丝团的尺寸，改善氧和营养物质的传递。缺点主要是搅拌功率消耗大；罐内结构复杂，不易清洗干净，易被杂菌污染；此外，虽装有无菌密封装置，但在轴承处还会发生

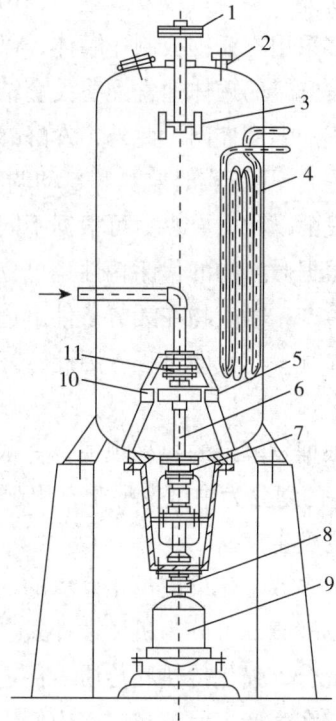

图4-3 自吸式发酵罐示意图
1. 带轮；2. 排气管；3. 消泡器；4. 冷却管；
5. 定子；6. 轴；7. 双端面式轴封；8. 联轴器；
9. 电动机；10. 转子；11. 端面式轴封

杂菌污染；机械搅拌叶的剪切力易使丝状菌菌丝被切断，细胞受损伤。

气升式发酵罐的优点是发酵体系内的物质分散比较均匀；溶氧速率和溶氧效率高；剪切力小；热传递效果好；结构简单；无搅拌传动装置，节约动力，能耗低；不需要消泡剂；维修、操作及清洗简便，特别是避免了因机械轴封造成的漏液、染菌现象。缺点主要是冷却面积小；发酵罐高，厂房和设施投资增加；此外需要非常大的空气吞吐量，两相混合接触较差，对于黏度大的发酵液溶氧系数较低。

自吸式发酵罐相对于机械搅拌式发酵罐的主要优点是不需要配备空气压缩机及附属设备，节约成本和空间面积；溶氧速率和效率都高，能耗低；用于酵母生产和醋酸发酵，在生产效率和经济效益方面的优势明显。主要缺点是罐内处于负压，发酵系统较易产生杂菌污染；搅拌转速高，菌丝有可能被搅拌器切断或堵截，影响菌体的正常生长。

## 【实验器材】

**1. 实验材料**　红霉素链霉菌、种子培养基、发酵培养基、NaOH、消泡剂等。

**2. 实验仪器**　10L 不锈钢机械搅拌式发酵罐、高压灭菌锅、恒温摇床、超净工作台等。

## 【实验步骤】

**1. 种子培养**　在超净工作台中，取新鲜斜面菌种，接种到含种子培养基的 1L 的锥形瓶中，置于恒温摇床，28℃、100r/min，培养 48~52 小时。

**2. 10L 发酵罐发酵**

（1）空消　即空罐灭菌。空消前应取出 pH、DO 电极，用堵头堵上相应位置。空消时保持罐内压力在 0.1~0.15MPa，时间为 30 分钟。为了保证罐内无菌，空消需在罐内彻底清洗后进行。

（2）实消　将 6L 左右的发酵培养基从进样口倒入发酵罐中，盖上进样口盖子，保持罐内压力在 0.1~0.15MPa，时间为 30 分钟。实消前，分别将经校验的 pH、DO 电极插入 pH、DO 端口，并旋压紧螺母。

（3）接种与发酵　采用火焰封口接种，接种前请准备好乙醇、棉花、坩埚钳等工具。在接种圈的火焰保护下将种子培养基倒入发酵罐中，控制发酵温度 34℃，pH 维持在 6.8~7.1，开启搅拌器（100r/min），DO 维持在 30% 以上。实验采用间歇式补料，发酵周期是 185 小时。

（4）放罐　发酵结束后要进行放罐，打开出料口即可。

（5）清洗　发酵结束和再次使用前都必须清洗罐体及相关设备，清洗时应注意电器元件、电极接口等不能进水受潮。清洗后应排尽罐内清洗水。

## 【实验预期结果与分析】

通过本实验学习发酵罐的使用和维护。

## 【要点提示及注意事项】

**1. 发酵罐存放**　如果发酵罐暂时不用，则需对发酵罐进行空消，并排尽罐内及各管道内的余水。

**2. 设备检查**　压力表与安全阀应定期检查，如有故障需及时调换或修理。

**3. 清洁要求**　发酵过程中一定要保持工作台的清洁，用过的培养瓶及其他物品及时清理，溅出的酸碱液或水应立即擦干。

**4. 设备保护**　对罐体安装、拆卸和灭菌时要特别小心，pH 电极等设备易损且昂贵。

**5. 电极维护**　发酵完毕后清洗罐体和电极，将 pH 电极插入电极保护液中，溶氧电极的探头用保护套套好，保存备用。

## 【思考题】

1. 为何在空消时将 pH、DO 电极取出？
2. 10L 的发酵罐为何只加入约 6L 的培养基？

## 实验24 离心机的使用

## 【实验目的】

1. 掌握差速离心法和密度梯度离心法分离细胞器的原理及操作步骤。
2. 熟悉常见离心机的使用方法及注意事项。

## 【实验原理】

**1. 离心技术**  生物工程下游实验中常常涉及固液分离。即：以收集含目标物质的液相为目的时，必须首先将菌体、固体杂质、悬浮固体物质或它们的絮凝体除去，以保证处理液澄清；或者，以收集产生胞内产物的细胞或者菌体为目的时，需要分离除去液体。常用的固液分离方法主要有离心和过滤。若不溶物浓度较小，粒径较大，且硬度较强，可以采用过滤分离。若固体颗粒细小且黏度大而难以过滤时，需用到离心分离。

离心技术是借助离心力，使不同大小和密度的物质分离的技术。根据离心力的大小，离心分离可以分为低速离心、高速离心和超高速离心（超离心），具体分类标准和适用范围见表4-1。其中，超离心技术应用最广泛，已成为分离、纯化、鉴别生物大分子的重要手段。超离心技术又分为：以最大限度地从样品中分离收集高纯度的目标组分为目的的制备性超离心、以研究生物大分子的沉降特性和结构为目的的分析性超离心。制备性超离心技术分离和纯化生物样品一般采用两类方法：①差速离心法，即逐渐加速或交替使用高速和低速离心，用不同强度离心力使不同大小物质根据沉降系数大小分级分离。适用于混合样品中各组分沉降系数差别较大（>10倍）的样品，例如从组织匀浆中分离细胞器和病毒。②密度梯度区带离心法，即将样品加在惰性梯度介质中进行离心沉降或沉降平衡，在一定离心力作用下把颗粒分配到梯度中的某一位置，形成区带的分离方法。这种方法分离效果好，适应范围广，颗粒不会挤压变形，能保持生物活性，且梯度液在离心完毕后起支持介质和稳定剂的作用，防止分层的粒子再次混合。主要用于细胞器的分离。

表4-1  离心技术分类及适用范围

| 分类 | 普通离心 | 高速离心 | 超高速离心 |
|---|---|---|---|
| 转速（r/min） | 2000~6000 | 10000~26000 | 30000~120000 |
| 离心力（g） | 2000~7000 | 8000~80000 | 100000~600000 |
| 离心分离因数（$f$） | <3000 | ≥50000 | $>2×10^5$ |
| 细胞 | 适用 | 适用 | 适用 |
| 细胞核 | 适用 | 适用 | 适用 |
| 细胞器 | — | 适用 | 适用 |
| 蛋白质 | — | — | — |

　　离心技术的应用一般可分为两大类：一类是用于化工、制药、食品工业等的大型制备分离所用的离心技术，所用离心机及其附件一般为中、大型工业生产设备，转速通常在5000r/min左右，样品处理量大。另一类是用于生物、医学、化学、农业、食品及制药等的实验室研究、中试生产、部分小批量生产的离心技术，目的是分离和纯化样品、对已纯化的样品性能进行分析，这一类离心机的转速从每分钟数千转到数万转，样品量处理较小。

　　**2. 离心机的工作原理及分类**　离心机主要是利用离心力使得需要分离的物料得到加速分离的设备。将样品放入离心机转头的离心管内，待离心机驱动时，样品液就随离心管做匀速圆周运动，就会产生一个向外的离心力。由于不同颗粒的质量、密度、大小及形状等各不相同，在同一固定大小的离心场中的沉降速度也就不相同，由此可以实现固液分离。

　　实验室中离心机的种类比较多，通常按照转速的大小可分为：低速离心机、高速离心机和超高速离心机；此外按照是否具备制冷系统可分为普通离心机和冷冻离心机；按照转子的不同分为水平转子离心机和角转子离心机；按照离心机体积的大小还可分为落地式离心机、台式离心机和掌上离心机等。

　　本实验是采用差速离心法和密度梯度离心法来分离已破碎细胞中的各组分。首先需要将组织制成匀浆，然后进行分级分离，最后得到细胞器进行分析，该方法是亚细胞成分研究的主要手段。

## 【实验器材】

　　**1. 实验材料**　大鼠、生理盐水、0.25mol/L蔗糖溶液、0.34mol/L蔗糖 – 0.5mmol/L的Mg（Ac）$_2$溶液、0.88mol/L蔗糖 – 0.5mmol/L的Mg(Ac)$_2$溶液、95%乙醇溶液、丙酮、PBS液、甲基绿 – 派洛宁染液、中性红 – 詹纳斯绿染液。

　　**2. 实验仪器**　高速冷冻离心机、天平、显微镜、Eppendorf管、冰块、冰盒、载玻片、盖玻片、玻璃匀浆器。

## 【实验步骤】

　　**1. 细胞匀浆的制备**　将饥饿24小时的大鼠处死后立即剪开腹部，迅速取出肝脏组织浸入预冷的生理盐水，洗去血污，用滤纸吸干。称取0.5g肝组织，在小烧杯中剪碎，用预冷的0.25mol/L蔗糖溶液洗涤数次。将烧杯中的悬浮肝组织倒入匀浆管中进行匀浆，匀浆过程要在冰浴中进行。匀浆完毕，移入1.5ml离心管中。

　　**2. 细胞核的分离与鉴定**

　　（1）分离　需在低温离心机（4℃）中进行。第一次以600g离心力离心10分钟，将其上清液移入Eppendorf管中，盖好盖子置于冰浴中备用（分离线粒体）。沉淀使用1ml预冷的0.25mol/L蔗糖溶液离心洗涤2次，每次1000g离心力离心10分钟。将沉淀用5倍体积0.34mol/L蔗糖 – 0.5mmol/Mg(Ac)$_2$溶液混悬，用长针头注射器在混悬液下轻轻加入4倍体积0.88mol/L蔗糖 – 0.5mmol/Mg（Ac）$_2$溶液，尽量使两种溶液明显分层。以1500g离心力离心15～20分钟，弃上清液，沉淀即为经过纯化的细胞核，用PBS溶液悬浮，4℃保存。

　　（2）鉴定　将分离纯化的细胞核制成涂片，空气干燥。将干燥的涂片浸入95%乙醇溶液固定5分钟，晾干，滴加甲基绿 – 派洛宁染液染色20～30分钟，丙酮分色30秒，蒸馏水漂洗，滤纸吸干水，镜检。

　　**3. 线粒体的分离与鉴定**

　　（1）分离　将分离细胞核时收集的上清液以10000g离心力离心10分钟。沉淀用预冷0.25mol/L蔗糖溶液悬浮，10000g离心力离心10分钟，重复2次。

（2）鉴定　在干净的载玻片中央滴加 1~2 滴中性红 – 詹纳斯绿染液，用牙签挑取沉淀物均匀涂片。盖上盖片，染色 5 分钟，镜检。

## 【实验预期结果与分析】

1. 细胞经甲基绿 – 派洛宁混合液处理后，甲基绿染高聚分子的 DNA 呈蓝绿色，派洛宁染低聚分子的 RNA 呈红色。细胞核涂片镜检时，应观察到细胞核 DNA 呈蓝绿色，核仁和混杂的细胞质 RNA 呈红色。

2. 线粒体镜检时，应观察到线粒体呈蓝绿色，小棒状或圆形。

3. 观察每个视野中所见完整细胞核和线粒体的数量及纯度。

## 【要点提示及注意事项】

**1. 离心管液体量控制**　高速离心且使用角转子时，液体不能加满，以防离心管破裂或液体外溢。外溢后会污染转头并使离心腔失衡，影响感应器正常工作。

**2. 离心机运行状态**　离心机运转时，不得移动离心机，以免影响运行安全。

**3. 离心管平衡**　对称位置的离心管需称量平衡，若差异过大，在运转时会产生较大的振动，此时应立即停机检查并调整。

**4. 离心管破裂处理**　运行过程中若发生离心管破裂，应立即停机处理，避免进一步损害设备。

**5. 转子取出**　每次离心完成后，必须尽快将转子取出，避免转子卡死导致仪器报废。

## 【思考题】

1. 分离介质中，0.34mol/L 及 0.88mol/L 蔗糖溶液哪一种在下层？有什么作用？

2. 要获得高活性的线粒体，在线粒体提取、分离和活性鉴定的过程中需注意哪些问题？根据自己体会与思考，写出操作注意事项及改进方法。

3. 线粒体提取分离过程中，为什么要在 0~4℃进行？

## 实验25　常用柱层析技术和使用

## 【实验目的】

1. 掌握常见的柱层析技术的类型及其应用。
2. 熟悉常见柱层析技术的基本原理及操作要点。

## 【实验原理】

柱层析技术又称柱色谱技术，是一种在化学和生物领域广泛应用的分离技术。其操作过程是在圆柱管中先填充不溶性基质，由此形成一个固定相。随后将样品添加到柱子上，再用特殊溶剂进行洗脱，此溶剂组成流动相。在样品洗脱的过程中，不同组分在层析柱中行进速度各不相同，正是基于这一差异，从而实现了各组分的分离。常见的柱层析技术主要分为离子交换层析、凝胶过滤层析、疏水作用层析、亲和层析等。

在离子交换层析技术中，基质是由带电荷的树脂或纤维素组成。其中，带有正电荷的称为阳离子交换树脂；而带有负电荷的称为阴离子交换树脂。按活性基团性质（交换基或官能团）又分为强酸型与弱酸型阳离子交换树脂，以及强碱型与弱碱型阴离子交换树脂。

离子交换层析在蛋白质的分离纯化领域应用极为广泛。蛋白质的带电状况会随所处 pH 条件的变化而改变。阴离子交换基质结合带正电荷的蛋白质，所以这类蛋白质被留在柱子上，通常通过提高洗脱液中的盐浓度等手段，将吸附在柱子上的蛋白质洗脱下来。但也存在其他可改变洗脱条件的方法，比如改变洗脱液的 pH、加入竞争性抑制剂等。提高盐浓度是较为常用的手段，因为盐离子会与蛋白质竞争结合位点，促使蛋白质从离子交换树脂上脱离。在洗脱过程中，与基质结合较弱的蛋白质会首先被洗脱下来。反之，阳离子交换基质结合带负电荷的蛋白质，结合的蛋白可以通过逐步增加洗脱液中的盐浓度或提高洗脱液的 pH 洗脱下来，提高 pH 时，蛋白质所带负电荷发生变化，与基质结合力减弱从而被洗脱。

凝胶层析亦称凝胶过滤、排阻色谱或分子筛层析等。是一种基于分子筛效应的液相色谱技术，主要根据蛋白质分子的大小进行分离和纯化。在凝胶层析体系中，层析柱中的填料通常是惰性的多孔网状结构物质，其中以交联的聚糖类物质最为常见，如葡聚糖凝胶或琼脂糖凝胶。当含有多种蛋白质的混合样品注入层析柱后，便会引发基于分子尺寸差异的分离过程，此过程类似于高精度"分子筛"筛选机制，因分子大小的不同得以分开。分子量大的物质不能进入凝胶粒子内部，随洗脱液从凝胶粒子之间的空隙挤落下来，所以大分子物质迁移速度快；小分子物质要通过凝胶网孔进入凝胶粒子内部，因此小分子物质迁移速度慢。根据网孔不同可制成不同规格。常用分子筛如下。

**1. 葡聚糖凝胶（Sephadex G）**　由葡聚糖和交联剂（如环氧氯丙烷）通过交联反应制备而成，是一种具有三维网状结构的高分子聚合物（表 4 - 2）。

表 4 - 2　葡聚糖凝胶型号及用途*

| 型号 | G200、G150、G100 | G75、G50 | G25、G15 |
|---|---|---|---|
| 用途 | 分离大蛋白质 | 分离小蛋白质 | 除盐、肽、其他小分子 |

* 各型号葡聚糖凝胶适用分离的分子量范围：G15 <700、G25（1000～5000）、G50（1500～30000）、G75（3000～80000）、G100（4000～150000）、G150（5000～300000）、G200（5000～600000）。

**2. 琼脂糖凝胶（Sepharose、Bio - Gel A）**　是由琼脂糖在适当条件下交联形成的珠状凝胶。琼脂糖是从海藻中提取的一种线性多糖，其主要成分为 D - 半乳糖和 3,6 - 脱水 - L - 半乳糖相间结合的链状多糖。Sepharose 是由琼脂糖制备的一类凝胶产品，而 Bio - Gel A 是另一种常见的琼脂糖凝胶。孔径大，用于分离大分子物质，尤其适用于分离相对分子质量较大的蛋白质、核酸以及病毒等生物大分子。

**3. 聚丙烯酰胺凝胶（Bio - Gel P）**　由丙烯酰胺和交联剂亚甲基双丙烯酰胺在催化剂作用下聚合而成。其结构为三维网状，网孔大小由丙烯酰胺和交联剂的比例决定，通过调整二者比例，可以精确控制凝胶的孔径大小，以适应不同分子大小物质的分离需求。

在凝胶层析实验中，选择合适的凝胶及型号是实验成功的关键，这需要综合考虑多方面因素，包括实验条件、溶质分子量大小和分离目的。每种型号的凝胶都有其特定的分离溶质分子量范围，只有挑选出契合实验要求的凝胶，才能达成理想的分离效果。排阻极限是凝胶层析中的一个核心概念，它指的是不能进入凝胶颗粒孔穴内部的最小分子的分子量。所有大于排阻极限的分子都不能进入凝胶颗粒内部，直接从凝胶颗粒外流出，所以它们同时被最先洗脱出来。排阻极限代表一种凝胶能有效分离的最大分子量，大于这种凝胶的排阻极限的分子用这种凝胶不能得到有效分离。例如 Sephadex G50 的排阻极限为 30000，即分子量大于 30000 的分子都将直接从凝胶颗粒之外被洗脱出来。

亲和层析是一种高度特异性的分离技术，基于蛋白质分子对其配体分子特有的识别能力（即生物学亲和力）建立起来的一种有效的纯化方法，从层析原理层面归类属于吸附层析。这种特异性的相互作用，就如同钥匙与锁的精准匹配，使得亲和层析在蛋白质分离纯化领域展现出无可比拟的优势。配体通常指的是能与另一个分子或原子结合（一般是非共价结合）的分子、基团、离子或原子。但在亲和层析中，配体是通过共价键先与基质结合，配体可以是酶结合的一个反应物或产物，或是一种可以识别靶蛋白的抗体。通常只需一步处理即可将某种所需蛋白质从复杂混合物中分离出来，纯度相当高。例如当蛋白质混合物通过装有配体基质的亲和层析柱时，只有靶蛋白可以特异地与基质结合，而其他没有结合的蛋白质首先被洗脱下来。特异结合在基质上的靶蛋白最后可以用含有高浓度自由配体的溶剂洗脱。亲和层析纯化操作简单、迅速，且分离效率高。对分离含量极少又不稳定的活性物质尤为有效。但本法必须针对某一特定的分离对象，制备专一的配基和寻求层析的稳定条件，因此亲和层析的应用范围受到了一定的限制。

疏水作用层析是根据分子表面疏水性差别来分离蛋白质和多肽等生物大分子的一种较为常用的方法。其原理基于蛋白质等生物大分子表面的疏水区域与固定相上的疏水配基之间的疏水相互作用。在高盐浓度的环境下，蛋白质分子的疏水区域暴露，与疏水配基紧密结合；而在低盐浓度或添加去垢剂等条件下，蛋白质与疏水配基的结合力减弱，从而被洗脱下来。整个过程只需改变溶液中的盐含量，就可以实现吸附或洗脱的操作。疏水层析的优点如下。①操作条件温和：蛋白质分子结构无明显变化，因此蛋白质分子活性回收率高。尤其适用于对环境比较敏感、分子量较大的蛋白质的分离。比如一些大型酶蛋白，在传统分离方法下可能会因剧烈的条件而失活，但疏水作用层析能较好地保持其活性。②选择性强：在特定盐浓度下，疏水作用层析介质对蛋白质的吸附选择性较强，对于疏水性不同的蛋白，只要改变洗脱盐的浓度，就可以对蛋白质实现较好的分离。例如在分离一组疏水性有差异的蛋白质混合物时，通过逐步降低洗脱液中的盐浓度，疏水性较弱的蛋白质会先被洗脱下来，疏水性较强的蛋白质后被洗脱，从而实现有效分离。③物理、化学稳定性优良：分离介质结构稳定，使用寿命较长，并可长期反复使用。疏水作用层析在操作过程中，仅使用盐水溶液作流动相，除介质的再生外很少使用有机溶剂，不会对环境造成危害，易于工业规模生产，易于和其他层析技术联合使用，如与离子交换层析结合，能更全面地分离复杂的生物样品。

## 【实验器材】

**1. 实验材料** 待分离蛋白样品、NaCl、HCl、NaOH、去离子水、AgNO₃。

**2. 实验仪器** 层析柱、离子交换树脂。

## 【实验步骤】

以离子交换型树脂为例。

**1. 新树脂填装** 先将交换器内从底部上水至1/2处，打开上部入孔门装入树脂。

**2. 树脂预处理** 树脂装入交换器后，用10% NaCl溶液浸泡8~12小时，用洁净水反洗树脂层，展开率为50%~70%，直至出水清澈、无气味、无杂质、无细碎树脂为止。

**3. 酸处理** 用约2倍树脂体积的4%~5% HCl，以2m/h流速通过树脂层。全部通入后，浸泡4~8小时，排去酸液，用洁净水冲洗至出水呈中性。冲洗流速为10~20m/h。

**4. 碱处理** 用约2倍树脂体积的2%~5% NaOH溶液，按上面进HCl的方法通入和浸泡。排出碱液，用洁净水冲洗至出水呈中性。流速同上。

**5. 酸、碱重复处理** 酸、碱溶液重复进行2~3次，可获得最佳效果。阳离子交换树脂如用钠型最后一次用NaOH处理，如用氢型最后一次用HCl处理。阴离子交换树脂如用氢氧型最后一次用NaOH处理，如用氯型最后一次用HCl处理。

**6. 样品上柱** 将含有样品的流动相加入层析柱中，样品中带正电荷的蛋白质 X，通过静电吸引，与树脂中的带电基团相互作用，结果 X 与 Na⁺ 交换（阳离子交换），形成 SO₃ – X，蛋白质就结合到了层析柱上。

**7. 洗脱**　在样品与树脂充分交换后，可通过提高流动相中的盐浓度，或改变流动相的 pH，或是同时采用这两种方法，就可以将结合于树脂上的蛋白质 X 成分，按照它们与树脂结合的强弱程度不同逐一地洗脱下来。

**8. 树脂的再生**　离子交换树脂使用失效后，可用酸碱再生处理，重复使用。

（1）阳柱再生

1）逆洗　将水从交换柱底部通入，废水从顶部排出，将被压紧的树脂松动，洗去树脂碎粒及其他杂质，排除树脂层内的气泡，洗至水清澈。

2）加酸　将 4%~5% HCl 水溶液从柱的顶部加入，控制流速，30~45 分钟加完。

3）正洗　将水从柱顶部通入，废水从柱下端流出，控制流速为约 2 倍于加酸的流速，开始的 15 分钟可慢些。洗至 pH 为 3~4，此时用铬黑 T 检验应无阳离子。

（2）阴柱再生（以下操作均不可将柱中水放至树脂层以下）

1）逆洗　用阳柱水逆洗，可将阳柱出水口连接至阴柱下端，通入阳柱水。条件同阳柱。

2）加碱　将 5% NaOH 溶液从柱顶部加入，控制一定流速，使碱液在 1~1.5 小时加完。

3）正洗　从柱顶部通入阳柱水，下端放出废水，流速可以是加碱时的 2 倍，开始 15 分钟可慢些，洗至 pH 为 11~12，用硝酸银溶液检验有无氯离子。

## 【实验预期结果与分析】

通过本次实验，以离子交换层析为例学习使用层析柱分离纯化蛋白的原理及一般过程。

## 【要点提示及注意事项】

1. 离子交换树脂内含有一定量的水分，在运输及储存过程中应尽量保持这部分水分。如树脂不慎失水，应先用 10% 浓盐水浸泡，再逐渐稀释，以免树脂急剧膨胀而破碎。

2. 树脂在储存或运输过程中，应保持 5~40℃ 的温度环境，避免过冷或过热。若冬季没有防冻措施，可将树脂存放在食盐水中，食盐水浓度视温度而定。树脂一旦受冻，不要突然转到高温环境中，宜放置于 5~10℃ 的低温环境中，让其缓慢自然解冻。

3. 当原水水质发生波动（如潮汛、雨季、气候等因素影响）或周围环境温度（相当于化学反应温度）变化时，出水水质也会发生波动，比较理想的交换温度是 30℃。

## 【思考题】

1. 在离子交换层析实验中，如果洗脱过程中发现目标蛋白质与杂质无法有效分离，可能是哪些因素导致的？应如何调整实验条件来改善分离效果？

2. 疏水作用层析和离子交换层析都可用于蛋白质分离，在实际应用中，当面对一个未知蛋白质混合样品时，如何根据蛋白质的性质和实验目的选择合适的层析方法？请举例说明。

## 实验 26　蛋白质纯化系统的原理及使用

## 【实验目的】

1. 掌握亲和层析进行蛋白分离纯化的步骤。

2. 熟悉蛋白质纯化系统的组成和工作原理。

3. 了解常用的蛋白质纯化方法。

## 【实验原理】

蛋白质纯化系统的核心在于依据蛋白质的特性、利用不同的物理化学方法进行分离和纯化，整个流程通常划分为两个关键阶段：初步纯化（粗分离阶段）和高度纯化（精细纯化阶段）。

初步纯化本质上是提取过程，其核心目标是去除那些与目标蛋白质在性质上存在显著差异的杂质。在这一阶段常采用沉淀、吸附、萃取及膜分离等技术手段。沉淀法通过改变溶液的离子强度、pH 或添加沉淀剂，使目标蛋白质从溶液中析出，从而与杂质分离；吸附法则利用吸附剂对蛋白质的特异性吸附作用，将目标蛋白质富集，进而去除杂质；萃取是利用目标蛋白质在不同互不相溶的溶剂中溶解度的差异，实现其与杂质的分离；膜分离则是借助具有特定孔径的膜，依据蛋白质分子大小的不同进行筛分，达到初步纯化的目的。

高度纯化即精制过程，以去除与目标产物性质相近的杂质为目的，可采取离子交换层析、凝胶过滤层析、亲和层析、疏水作用层析等操作，其各种层析原理在实验 24 中已有全面且深入的阐述，在此不再重复说明。

蛋白纯化操作步骤一般包括以下四个步骤。

（1）平衡　用平衡液冲洗柱子，确保柱子处于稳定状态，为后续的纯化流程奠定基础。平衡液的选择至关重要，其组成需与后续的样品溶液和洗脱条件相匹配，以保证柱子的性能稳定，避免对样品的分离产生干扰。

（2）吸附　样品添加到柱子后，样品中各组分依据与柱子中吸附剂或者交换剂亲和力差异，开始与吸附剂或交换剂发生相互作用。在此过程中，目标分子凭借较强的亲和力，紧密结合在吸附剂或交换剂上，而杂质由于亲和力较弱，无法被有效吸附，从而随流动相流出柱子，初步实现目标分子与杂质的分离。这一步骤的关键在于选择合适的吸附剂或交换剂，使其对目标分子具有特异性的吸附能力，同时能够有效地排除杂质。

（3）洗脱　使用洗脱剂对结合在柱子上的目标分子进行洗脱。洗脱剂的作用机制是与目标分子竞争吸附位点，实现洗脱。通常采用梯度洗脱，逐渐提高洗脱剂浓度，依次将不同亲和力的蛋白洗脱下来，从而实现对目标蛋白的高度纯化。洗脱剂的种类和浓度梯度的设置需要根据目标蛋白的性质和实验要求进行优化，以确保能够获得高纯度的目标蛋白。

（4）再生　在完成洗脱步骤后，使用洗脱剂冲柱，使吸附剂或交换剂恢复到初始的吸附能力或者交换能力。这一步骤对于柱子的重复使用至关重要，能够保证柱子在后续的纯化实验中保持稳定的性能。再生过程中，需要确保洗脱剂能够充分去除吸附在柱子上的杂质和残留的目标分子，同时不影响吸附剂或交换剂的活性。

蛋白纯化系统是目前较为常用的蛋白纯化工具，它具有模块式组成，装卸方便，可任意搭配不同分离原理的各种分离柱或所需的检测器，扩大了使用范围，能满足多种实验需要；能做出不同盐浓度的缓冲液，进行多样品分析及工艺探索，配合电磁阀和分部收集器进行活性组分收集；流速最高可达 100ml/min；能够结合某些制备层析介质，可以进行各类蛋白质、核酸和天然产物分离纯化工艺的开拓以及中试放大工作的特点。因此，蛋白纯化系统已广泛应用到蛋白纯化领域中。蛋白质纯化系统作为蛋白质纯化技术的全自动解决方案，可以自动执行亲和层析、离子交换层析、疏水层析、凝胶层析等多个纯化步骤，能完整、方便地完成蛋白质的纯化和脱盐，操作简单，是自动、快速、高效的层析仪器，无需复杂的纯化知识和丰富经验即可迅速获得高纯度的目标蛋白。

　　蛋白质纯化系统的组成一般包括梯度泵系统、进样系统、层析柱系统、检测系统、自动收集系统、数据处理系统等组成。

　　（1）梯度泵系统主要提供连续、稳定而精确的液体流量，并且能进行梯度混合和洗脱，可完成缓冲液自动配制。系统压力检测器连接在系统泵上，连续测定系统压力，并能够自动调整流速以避免超过任何设定的压力上限，从而保护层析柱。

　　（2）进样系统主要是引入待分离纯化的样品，包括样品泵（进样泵）和上样环。样品泵可以直接把样品上样到层析柱或间接通过毛细管样品环上样。此外，样品泵有压力控制模式，确保压力不变的情况，自动调节流速，防止过大压力对层析柱造成损坏。

　　（3）层析柱系统主要由多柱位阀以及与其连接的不同类型层析柱组成。多柱位阀功能强大，可同时连接5根以上的层析柱，并实现自由切换以及流向控制，这一特性能实现层析柱探索与填料筛选自动化。

　　（4）检测系统包含紫外检测、电导检测、pH 检测和温度等检测器，可根据实际需要进行单独配置。

　　（5）自动收集系统的收集器可按时间、体积、滴数和峰收集，并可延迟收集，组分收集器还具有冷却功能以防止样品过热并保护纯化的样品，可放置多种容量的管架和不同类型的深孔板。

　　（6）数据收集和处理系统可对分离纯化的样品进行详细的分析，具有层析柱 logbook，可记录层析柱的使用次数、柱效等历史信息，并配备在位清洗和柱效测定提醒功能。同时，该系统能够直接展示常见的实验流程和每一步实验条件，用户即可直接调用模板，删除添加步骤，也可自行修改每一步的参数。

　　此外，还可以根据实验要求给出实验设计方案，通过改变多个变量，以较少的实验次数得到系统信息便于条件优化。蛋白质纯化系统流程示意图如图 4-4 所示。

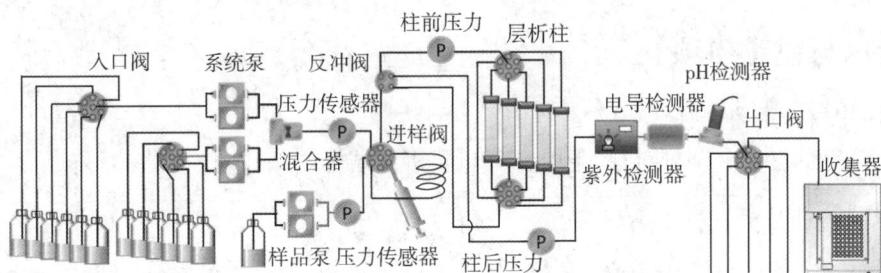

图 4-4　蛋白质纯化系统流程示意图

　　本实验以镍柱亲和层析为例，演示蛋白纯化系统的使用，实验装置如图 4-5 所示。镍柱亲和层析原理是利用蛋白质表面特定氨基酸的性质，如组氨酸这类氨基酸能与多种过渡金属离子如 $Cu^{2+}$、$Zn^{2+}$、$Ni^{2+}$、$Co^{2+}$、$Fe^{3+}$ 发生特殊的相互作用，能够吸附富含这类氨基酸的蛋白质，从而达到分离纯化的目的。因此，偶联这些金属离子的琼脂糖凝胶就能够选择性地分离出这些含有多个组氨酸的蛋白以及对金属离子有吸附作用的多肽、蛋白和核苷酸。

## 【实验器材】

**1. 实验材料**　表达可溶性 His-α 干扰素蛋白的大肠埃希菌、平衡缓冲液、结合缓冲液、洗脱缓冲液、去离子水、20% 乙醇溶液。

**2. 实验仪器**　层析柱、超声破碎仪、蛋白纯化仪、垂直电泳仪、

图 4-5　AKTA pure 层析系统

摇床、水浴锅、5ml 注射器、5ml 样品环、离心管。

## 【实验步骤】

**1. 大肠埃希菌破碎**　大肠埃希菌培养液倒入 50ml 离心管中，4℃，12000g 离心 15 分钟，收集菌体。沉淀加入适量的 PBS（pH7.0）缓冲液，冰浴条件下，300W，超声 5 秒，间隔 5 秒，共超声波破碎 10 分钟。然后离心，4℃，1000g 离心 15 分钟，去掉大碎片，收集上清液。

**2. 样品纯化**　将镍柱连接在蛋白纯化系统上，用 5 倍柱体积以上平衡缓冲液对镍柱平衡后，将过滤后的样品通过上样环或样品泵上样，流速为 0.5～1ml/min，上样结束后再用结合缓冲液冲洗 2 倍柱体积，使目的蛋白与层析柱充分结合。用自动收集器收集穿透液，之后用低浓度洗脱缓冲液洗脱，洗去杂蛋白，流速为 2ml/min，并收集洗脱峰，接着用高浓度的洗脱缓冲液洗脱，洗脱目的蛋白，流速为 1ml/min，收集洗脱峰。

**3. 镍柱再保存**　分离纯化结束后，用超纯水进行泵清洗，再用已脱气的 20% 乙醇对系统泵和镍柱进行冲洗，然后将镍柱两段密封，保存在 4℃环境中。

**4. SDS–PAGE 电泳检测**　分别取过柱前样品、穿透液、洗杂液、洗脱液各 1ml，加入上样缓冲液，沸水浴 5 分钟，进行 SDS–PAGE 检测，分析分离纯化效果。

## 【实验预期结果与分析】

通过 SDS 电泳，可观察到过柱前样品应有大量目标蛋白质条带和杂蛋白条带；穿透液（是指在蛋白质纯化过程中，样品通过层析柱时，未被柱子吸附而直接穿过柱子流出来的液体）通常显示出较多的杂蛋白条带，目标蛋白的条带较弱或缺失；洗杂液中杂蛋白条带较多，而无目标蛋白；洗脱液样品应观察到高纯度目标蛋白条带，而杂蛋白条带较少。

## 【要点提示与注意事项】

1. 层析柱使用后一定要保存在 20% 乙醇中。
2. 上样时流速不应过高，要使目的蛋白充分与层析柱结合。

## 【思考题】

1. 若分离纯化之后目的蛋白的纯度不高该如何解决？
2. 若分离纯化之后目的蛋白的收率不高该如何解决？

---

### 实验 27　喷雾干燥器的基本结构和使用

## 【实验目的】

1. 掌握喷雾干燥器的工作原理和使用方法。
2. 熟悉喷雾干燥的基本结构、工艺流程和工艺参数选择。
3. 了解雾化器类型及适用范围。

## 【实验原理】

**1. 喷雾干燥器的干燥原理和基本结构**　喷雾干燥技术是一种将溶液、乳浊液或悬浊液通过雾化器分散成微小的雾状液滴，并在干燥热气流的作用下进行热交换，使雾状液滴中的溶剂迅速蒸发，从而得到粉末状或细小颗粒状成品或半成品的干燥技术。由于物料的干燥在瞬间完成，受热时间非常短，该技术特别适用于热敏性物料。喷雾干燥是通过4个过程来实现的：①液体喷雾；②雾滴与空气混合；③雾滴干燥；④产品的分离和收集。因此，喷雾干燥设备通常由空气加热系统、物料雾化系统、干燥系统、气固分离系统和控制系统等组成，如图4-6所示。

**图4-6　LPG系列高速离心喷雾干燥机组**

经典的喷雾干燥器的工艺流程示意图如图4-7所示。

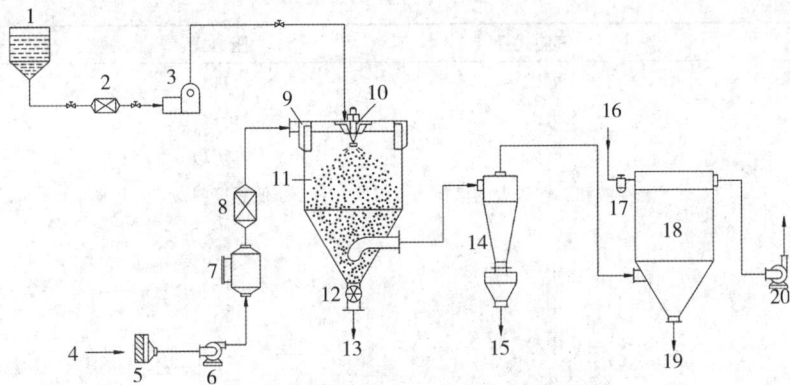

**图4-7　喷雾干燥器的工艺流程示意图**

1. 储液罐；2. 过滤器；3. 高压泵；4. 空气；5. 空气过滤器；6. 引风机；7. 加热器；8. 过滤器；9. 空气分布器；10. 雾化器；11. 喷雾干燥室；12. 卸料器；13. 出料口；14. 旋风分离器；15. 粉尘回收；16. 压缩空气；17. 空气分布器；18. 袋式过滤器；19. 干粉；20. 抽风机

**2. 雾化器的分类及特点**　雾化器（喷嘴）是喷雾干燥器的关键部件。主要作用是将待干燥的料液分散成细小的液滴，增大液滴与热空气的接触面积，加快干燥速度。雾化器合适与否会影响产品质量和能量消耗。理想的雾化器要求喷雾液滴均匀、结构简单、操作方便、产量大、能耗低，并能控制雾滴的大小和数量。不同的雾化器可以产生不同的雾化形式，按照雾化形式可分为气流式雾化器、压力式雾化器和离心式雾化器。

（1）气流式雾化器　则是利用压缩空气或蒸汽的高速气流将料液分散成雾滴。根据喷嘴的流体通道数及其布局，气流式雾化器又可以分为二流体外混式、二流体内混式、三流体内混式、三流体内外混式以及四流体外混式、四流体二内一外混式等。气流式雾化器的结构简单，处理对象广泛，但能耗大，中小型生产规模采用较多。

（2）压力式雾化器　通过高压泵使料液在压力作用下从喷嘴喷出形成雾滴。压力式雾化器生产能力大，耗能小，细粉生成少，能产生小颗粒，固体物回收率高。

（3）离心式雾化　利用高速旋转的圆盘或叶轮将料液甩出去形成雾滴。离心式雾化器处理量大，操作简单、适用范围广、产品粒径均匀，动力消耗小，多用于大型喷雾干燥。三种雾化器的结构示意图和特点分别见图4-8和表4-3。

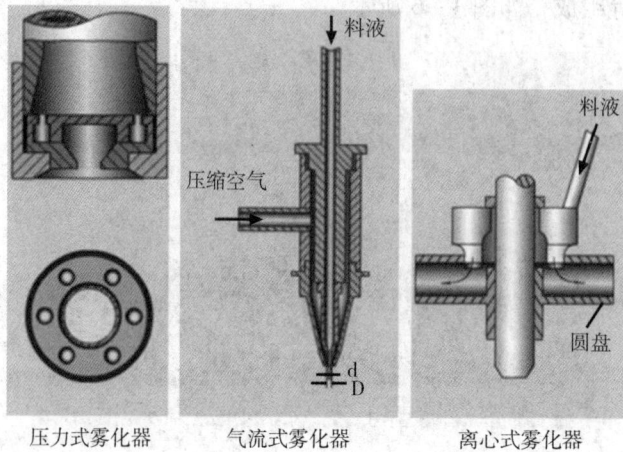

压力式雾化器　　气流式雾化器　　离心式雾化器

**图4-8　三种雾化器的结构示意图**

**表4-3　三种雾化器的比较**

| 比较项目 | 气流式 | 压力式 | 离心式 |
|---|---|---|---|
| 溶液 | 可以 | 可以 | 可以 |
| 悬浮液 | 可以 | 可以 | 可以 |
| 膏糊状 | 可以 | 不可以 | 不可以 |
| 适用性 | 悬浮液和黏性较大的液体 | 低黏度料液 | 高黏度、高浓度物料 |
| 进料变化影响 | 中等 | 大 | 小 |
| 喷雾过程控制 | 中等 | 难 | 易 |
| 雾化器磨蚀情况 | 中等 | 大 | 小 |
| 雾化器堵塞情况 | 中等 | 大 | 小 |
| 相对成本 | 低 | 中等 | 高 |
| 动力消耗 | 很大 | 小 | 较小 |
| 进料压力（MPa） | 0.1～0.5 | 2～40 | 0 |
| 原料颗粒粒径（μm） | 200～400 | 100～200 | 50～1000 |

三种雾化原理的理论研究，主要是围绕喷雾器的关键参数与雾化性能展开。这不仅有助于喷雾器性能的改进，也有利于应用过程中根据喷雾料液及其产品要求对雾化器进行选择。实际上，压力式雾化需要高压泵以及较大的雾化空间，气流式雾化能耗又很高，这些都限制了它们的应用。相对而言，离心式雾化器技术要求相对较低，是最容易实现的。如中药提取液的喷雾干燥，基本上是以离心式雾化和气流式雾化形式进行的。

**3. 喷雾干燥的过程阶段**　喷雾干燥可分为三个基本阶段：①料液雾化成雾滴；②雾滴和干燥介质接触、混合及流动，即进行干燥；③干燥产品与空气分离。

（1）喷雾干燥的第一阶段——料液的雾化　料液雾化为雾滴，且雾滴与热空气的接触、混合，是喷雾干燥独有的特征。雾化的目的在于将料液分散成微细的雾滴，使其具有较大的表面积，当其与热空气接触时，雾滴中的水分迅速汽化而被干燥成粉末或颗粒状产品。雾滴的大小及其均匀程度对产品质量和技术经济指标影响很大。如果喷出的雾滴大小不均匀，则易出现大颗粒还没达到干燥要求、小颗粒却已干燥过度而变质的现象。

（2）喷雾干燥的第二阶段——雾滴和空气的接触　雾滴和空气的接触、混合及流动是同时进行的传热传质过程，即干燥过程，此过程在干燥塔内进行。雾滴和空气的接触方式、混合与流动状态决定于热风分布器的结构型式、雾化器在塔内的安装位置及废气排出方式等。

在干燥塔内，雾滴－空气的流向有并流、逆流及混合流。雾滴与空气的接触方式不同，对干燥塔内的温度分布、雾滴（或颗粒）的运动轨迹、颗粒在塔内的停留时间及产品性质等均有很大影响。

雾滴的干燥过程也经历着恒速干燥阶段和降速干燥阶段。研究雾滴的运动及干燥过程，主要是确定干燥时间及干燥塔的主要尺寸。

（3）喷雾干燥的第三阶段——干燥产品与空气分离　喷雾干燥的产品大多采用塔底出料，部分细粉会被排出的废气所夹带，因此废气在排放前必须将这些细粉收集下来，以提高产品收率，降低生产成本，同时还能确保排放的废气符合环境保护的排放标准，防止污染环境。

（4）喷雾干燥器的优缺点

1）优点　①干燥速率快，时间短：能够在短时间内完成干燥过程，特别适合热敏性物料的干燥，避免物料在高温下长时间暴露而变质。②产品形态良好：干燥后所得产品多为蓬松的空心颗粒或粉末，溶解性能好。③操作稳定，自动化程度高：能实现连续自动化生产，改善了劳动条件；提高生产效率。④简化工艺流程：可以直接从低浓度料液中获得干燥产品，省去了蒸发、结晶分离等步骤，简化了工艺流程。

2）缺点　喷雾干燥设备投资费用比较高；热效率比较低（除非利用非常高的干燥温度），一般为30%～40%。

## 【实验器材】

**1. 实验材料**　大枣、糊精、乙醇、纯净水。

**2. 实验仪器**　离心式喷雾干燥器、磁力搅拌机。

## 【实验步骤】

**1. 大枣多糖的提取**　称取100g洗净大枣于4L蒸馏水中煮沸4小时，过滤，滤渣用同法水提4次，合并水提液，减压浓缩，加浓度为80%的乙醇，静置过夜，收集多糖沉淀。

**2. 喷雾干燥**　将上述收集的多糖沉淀和糊精用磁力搅拌机搅拌1小时，配成相对密度为1.1的溶液，进行喷雾干燥。喷雾干燥条件：进风温度180℃，出风温度95℃，雾化器转速18000r/min，糊精与浸膏的比例为30%。

## 【实验预期结果与分析】

通过本次实验，掌握喷雾干燥的原理及一般操作过程。

## 【要点提示与注意事项】

1. 喷雾干燥器进风温度选用180℃左右，出口温度95℃左右为宜，在该条件下，可提高干燥效率且保证粉末的含水量较少。若温度过高会使粉末焦化，影响产品的质量，温度过低会使粉末含水量较人而容易产生黏壁现象。

2. 雾化器的转速以18000r/min为宜，转速太高得到的粉末过细不利收集，转速太低则粉末过粗，水分含量高且容易形成较大的颗粒并黏结成块。

3. 糊精与浸膏的比例选用30%为宜，糊精太少喷雾干燥器的黏壁现象较为严重，而糊精太多会使能耗增加不适合工业化生产，同时也不利于大枣多糖浸膏粉的应用。

## 【思考题】

1. 若需制备缓释微囊（要求颗粒表面致密、粒径均一），喷雾干燥器的结构或操作参数需如何优化？
2. 喷雾干燥器的雾化方式及各自特点？
3. 喷雾干燥的优缺点是什么？
4. 喷雾干燥的条件如何确定？

## 实验28 超临界流体萃取设备的原理及使用

## 【实验目的】

1. 掌握超临界二氧化碳流体萃取的工作原理和操作技术。
2. 熟悉超临界流体萃取装置的构造和工艺参数选择。
3. 了解影响超临界 $CO_2$ 流体溶解性能的因素。

## 【实验原理】

**1. 超临界流体萃取原理** 超临界流体萃取是一种高效、环保的分离技术，利用超临界流体的独特性质，能够从复杂基质中提取目标成分。其核心优势在于结合了气体和液体的优点，具有高效、选择性好、操作温度低、溶剂可回收、环保等特点，因此在食品、医药、化妆品等领域有广泛应用。

具体地讲，超临界流体萃取是利用高压、高密度的超临界流体具有类似气体的强穿透力及类似于液体的大密度和溶解度的性质，将超临界流体作为溶剂，从液体或固体中萃取所需组分，然后升温、降压，将所萃取组分与超临界流体分开的方法。

（1）临界状态与气体等温线 纯气体加压液化所允许的最高温度称临界温度 $t_c$，临界温度条件下发生液化所需的最小压力称临界压力 $p_c$。超临界流体（supercritical fluid）是指温度和压力超过临界温度和临界压力时的流体。此时的流体进入临界状态，气体和液体的分界面消失，体系的性质均一，不再分为气相和液相。为避免与通常的气体及液体混淆，称其为超临界流体。超临界状态在相图中的状况如图4-9所示。

不同的气体其临界温度和临界压力各不相同。一般而言，分子极性较强的气体，容易液化，临界温度高，临界压力低，如氨气、二氧化硫等气体；相反，一些极性弱的气体不易液化，临界温度低，临界压力高，如氢气、氦气等。临界状态是气态向液态过渡的一种中间状态，即气、液两相共存的状态。任何物质在临界状态时，温度、压力、摩尔体积都有某一确定值，在临界温度和临界压力下，该物质的摩尔体积称为临界体积。把物质临界状态时的温度、压力和摩尔体积等热力学性质统称为临界参数，分别用符号 $t_c$、$p_c$ 和 $V_c$ 等表示。

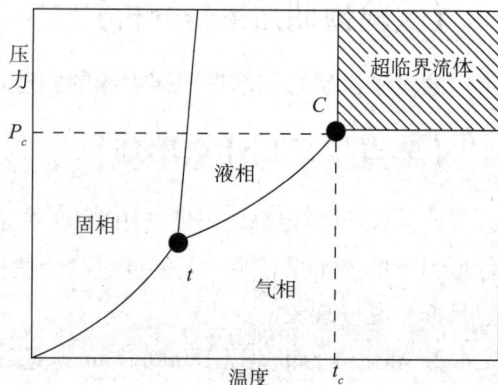

图4-9 物质超临界状态的相图

（2）超临界流体的基本性质

1）溶剂性质　超临界流体的溶剂性质主要表现在对溶质的溶解能力和选择性两方面。超临界流体作为一种溶剂，其溶解能力和温度、压力、密度等有关。密度是影响溶解能力的重要参数，在超临界状态下，其密度随压力增高而急剧上升，在高压下密度接近于液体，可以使溶解能力大大提高。超临界流体的介电常数会随压力增加而增大，因此可以通过改变压力来改变超临界流体的极性，以满足对不同极性溶质的分离的需要。

2）传递性质　是指影响流体分子运动的性质，即密度、黏度、扩散系数和导热系数。超临界流体在不同于常态流体的状态下操作，其传递性质会发生很大变化。超临界流体的黏度接近于气体，比液体小近 2 个数量级，因此流动性要比液体好得多；它的扩散系数介于气体和液体之间，溶质在超临界流体中的扩散系数比在液体中大几百倍；从导热系数来看，在超临界流体中的传热也比在液体中好的多。因而，超临界流体既具有液体对溶质有较大溶解度的特点，又具有气体易于扩散和运动的特点，传质速度大大高于液相过程。

3）其他性质　在临界点附近，超临界流体的许多物理性质都会发生变化，如表面张力为零，音速最小，热容、导热系数发生突变等。

由以上特性可以看出，超临界流体兼有液体和气体的双重特性，扩散系数大，黏度小，渗透性好（表 4-4）。与液体溶剂萃取相比，可以更快地完成传质达到平衡，促进高效分离过程的实现。因此，超临界流体对萃取效果起到了关键作用，在选择上通常遵循两个原则：一是具有良好的溶解性；二是具有良好的选择性。

表 4-4　常用超临界流体的特性常数

| 气体种类 | 沸点（℃） | 临界压力（MPa） | 临界温度（℃） | 临界密度（g/ml） |
| --- | --- | --- | --- | --- |
| 二氧化碳 | -78.5 | 7.39 | 31.06 | 0.469 |
| 氧化亚氮 | -88.5 | 7.10 | 35.5 | 0.457 |
| 乙烯 | -103.7 | 5.07 | 9.6 | 0.215 |
| 三氯甲烷 | 61.3 | 4.60 | 29.50 | 0.516 |
| 氮气 | -195.8 | 3.4 | -147.0 | 0.310 |
| 氩气 | -185.7 | 4.8 | -122.3 | 0.434 |

表 4-4 中各物质以 $CO_2$ 最受瞩目。它的超临界流体密度大，临界压力适中，临界温度较低，而且 $CO_2$ 无毒、易挥发，在萃取物或萃余物料中无有毒溶剂残留，也不会造成环境污染，比一般有机溶剂成本低，是首选的超临界流体。但 $CO_2$ 不是对所有的有效成分提取都适用，它主要适用于亲脂性或低沸点成分，如挥发油、内酯、烃、酯、醚类、环氧化物等；而对水溶性大、沸点高或分子质量大的成分，效果则不理想。因此，必须根据实际情况选择适宜的溶剂。

**2. 超临界流体萃取设备构造及萃取流程**　超临界流体萃取设备主要由萃取釜、分离釜、压缩机、冷凝器和换热器等构成。此外，因控制和测量的需要，还配套有数据采集系统、处理系统和控制系统。在超临界流体萃取技术中，萃取装置是关键。中小型萃取设备结构简单、体积小，便于操作与使用，适合一般科研机构。而大型工业化装置要求能连续进料，并具有连续萃取的功能，在溶剂的使用方面还要求能将其回收。

超临界流体萃取技术具有条件温和、选择性好、收率高、快速高效及成本低等特点，在中药有效成分提取和研究方面具有巨大的优越性。目前，国内外研究人员多采用超临界 $CO_2$ 萃取技术来提取中草药中不同种类的药用成分，如挥发油、生物碱、萜类、丙素酚类、醌类及蒽衍生物及其他成分等，其中提取挥发油和精油的研究最为广泛。以 $CO_2$ 为溶剂进行超临界萃取，基本原理就是控制 $CO_2$ 在高于临界温度和临界压力（31.06℃、7.39MPa）条件下，以其为溶剂从原料中萃取有效成分。当压力和温度恢复常压和常温时，溶解在 $CO_2$ 流体中的成分立刻以液体或固体状态与气态的 $CO_2$ 分离。

根据萃取物料的聚集状态不同（液态或固态），可采用不同的工艺流程。超临界流体萃取方法主要有三种：等温法、等压法和吸附法。等温法是指萃取釜和分离釜的温度相等，而萃取釜的压力高于分离釜，即高压萃取，低压分离；等压法是指萃取釜和分离釜的压力相等，而两者温度不同，即低温萃取，高温分离；吸附法，即分离器中的吸附剂选择性吸附目标组分。通常，超临界 $CO_2$ 萃取大多采用等温法，其基本操作流程如图 4-10 所示。

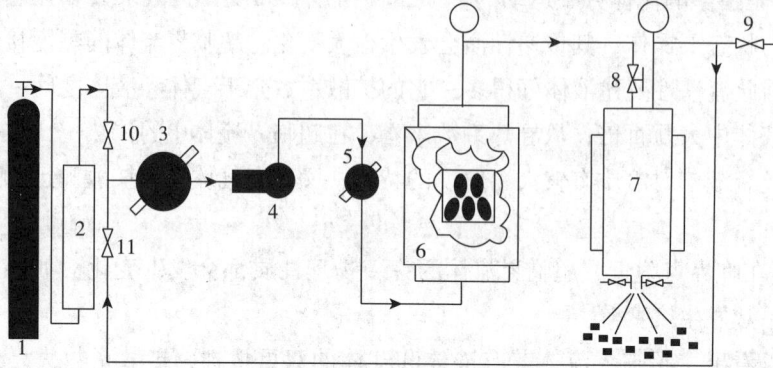

**图 4-10 超临界 $CO_2$ 萃取流程示意图**

1. $CO_2$ 钢瓶；2. 空气净化器；3. 冷凝器；4. 高压泵；5. 加热器；

6. 萃取釜；7. 分离釜；8. 减压阀；9、10、11. 阀门

超临界二氧化碳流体萃取设备如图 4-11 所示，其中设备 A 为实验室小型装置，设备 B 单位时间处理能力相对较大，可以作为中试设备使用。

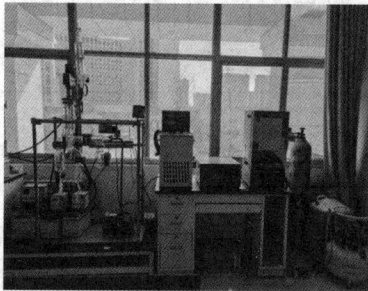

设备A

设备B

**图 4-11 超临界 $CO_2$ 萃取设备**

## 【实验器材】

1. **实验材料** 核桃仁（松子、葵花籽）、二氧化碳气体（纯度 ≥99.9%）。

2. **实验仪器** 超临界 $CO_2$ 萃取设备、天平、水浴锅、筛子、烘箱、粉碎机、索氏提取器。

## 【实验步骤】

1. **原料预处理** 取 700g 核桃仁（松子、葵花籽）用多功能粉碎机破碎成 4~10 瓣，利用木辊将预

备好的颗粒状料轧成薄片（0.5~1mm 厚）。在 105℃下分别加热 10、20、30、40 分钟，将其粉碎，过 20 目筛。

**2. 萃取**　取过筛后的核桃仁（松子、葵花籽）600g，进入萃取釜，$CO_2$ 由高压泵加压至 30MPa，经过换热器加热至 35℃左右，使其成为既具有气体的扩散性，又有液体密度的超临界流体，该流体通过萃取釜萃取出植物油料后，进入第一级分离柱，经减压至 4~6MPa，升温至 45℃，由于压力降低，$CO_2$ 流体密度减小，溶解能力降低，植物油便被分离出来。$CO_2$ 流体在第二级分离釜进一步减压，植物油料中的水分，游离脂肪酸全部析出，纯 $CO_2$ 由冷凝器冷凝，再由高压泵加压，如此循环使用。

## 【实验预期结果与分析】

计算出油率：　　　　　　　出油率 = 萃取物重量/原料重量

## 【要点提示与注意事项】

**1. 高压操作安全**　整个萃取过程中，由于设备在高压运行，学生不得离开操作现场，发现问题及时断电，然后协同指导老师解决。

**2. 紧急情况应对**　为防止意外发生，操作过程中，若发现超压、超温、异常声音等，要立刻关闭电源，然后协同老师处理。

**3. 气路堵塞判断与处理**　若实验中分离釜内压力高于储罐压力，则表明气路堵塞，必须及时进行处理。

**4. 漏气处理**　若系统发生漏气现象，及时向指导老师汇报，并进行处理，防止 $CO_2$ 的大量泄漏。

## 【思考题】

1. 简述超临界流体的性质。
2. 简述超临界流体萃取装置的主要组成。
3. 为什么以 $CO_2$ 作为最常用超临界流体萃取剂？
4. 影响超临界 $CO_2$ 提取效率的主要因素有哪些？如何得到最佳工艺条件？

# 第五章 发酵工程实验

## ✅ 实验29 L-谷氨酸的发酵与提取

### 【实验目的】

1. 掌握 L-谷氨酸发酵和提取的操作技能和基本原理。
2. 熟悉发酵工业菌种的制备工艺和质量控制，为发酵实验做准备。
3. 了解发酵罐的操作过程。

### 【实验原理】

采用发酵法生产的 L-谷氨酸，发酵原理主要涉及微生物的代谢过程以及相关的生物化学反应。通常选用谷氨酸棒状杆菌、黄色短杆菌等作为生产 L-谷氨酸的菌种，这些微生物具有特定的代谢途径和酶系，能够将原料中的营养物质转化为 L-谷氨酸。它们在合适的培养条件下，可以高效地进行 L-谷氨酸的合成。

谷氨酸发酵为有氧发酵，其代谢机制为：葡萄糖先经糖酵解（EMP）途径生成丙酮酸，丙酮酸经氧化脱羧生成乙酰辅酶 A，乙酰辅酶 A（CoA）进入三羧酸循环生成 $\alpha$-酮戊二酸。在谷氨酸脱氢酶等酶的作用下，$\alpha$-酮戊二酸再经氨基化作用生成谷氨酸。此外，细胞内还存在其他与谷氨酸合成相关的代谢途径和酶系，如转氨酶催化的转氨基反应等，也可以参与谷氨酸的合成。例如，谷丙转氨酶可以催化丙氨酸和 $\alpha$-酮戊二酸之间的转氨基反应，生成谷氨酸和丙酮酸。

在发酵生产中产物的积累主要取决于微生物本身的代谢调节（主要指酶调节），在谷氨酸代谢中存在明显的产物反馈抑制调节，因此如何及时将细胞内积累的谷氨酸分泌到细胞外是提高发酵产物产量的关键。实际生产中主要通过增加细胞膜的通透性实现：生物素是脂肪酸生物合成中乙酰 CoA 羧化酶的辅基，该酶催化乙酰 CoA 的羧化生成丙二酸单酰 CoA，进而合成细胞膜磷脂的主要成分脂肪酸。因此，只要控制生物素的含量就可以改变细胞膜的成分，进而改变膜的通透性，最终影响代谢产物的分泌过程。在谷氨酸发酵工艺里，生物素的浓度对谷氨酸的积累有明显的影响，只有把生物素的浓度控制在亚适量的情况下，菌体才能大量地将谷氨酸分泌到细胞外。若生物素过量，即便菌体内有大量谷氨酸积累，却无法顺利分泌到体外。研究表明，当生物素含量为 2.5mg/ml 时，谷氨酸的产量最高。

"亚适量生物素"是指在微生物培养中，生物素的添加量略低于最适量，以调控微生物代谢，促进目标产物的积累。在 L-谷氨酸生产中，这一策略常用于谷氨酸棒状杆菌的培养。亚适量生物素策略通过调控生物素浓度，改变微生物代谢，显著提高 L-谷氨酸产量，并降低生产成本。这一策略在工业发酵中具有重要应用价值。

L-谷氨酸提取有多种方法，如等电点法、离子交换法、等电点离子交换法、金属盐法、膜分离法等。本实验主要是利用等电点离子交换的方法提取发酵液中的谷氨酸。实验是根据谷氨酸在等电点时溶解度最小的原理设计，首先将发酵液加入一定量的硫酸，调节 pH 到谷氨酸等电点，使谷氨酸晶体析出。由于谷氨酸含有两个酸性的羧基和一个碱性的氨基，所以，原则上我们既可以选择阴离子交换树脂也可以用阳离子交换树脂进行提取，但是因为弱碱性的阴离子交换树脂价格昂贵且机械强度差，因此，一般采用强酸性阳离子交换树脂来提取谷氨酸。

每种氨基酸对阳离子交换树脂的亲和力大小，都可以根据氨基酸的等电点值的大小来判断，pI 越大，则表示它与阳离子交换树脂的交换能力越强；反之，则越弱。因此，强酸性阳离子交换树脂对谷氨酸发酵液中各种离子的亲和能力的大小如下所示。

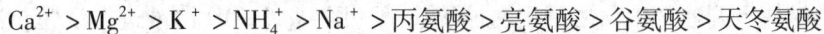

$$Ca^{2+} > Mg^{2+} > K^+ > NH_4^+ > Na^+ > 丙氨酸 > 亮氨酸 > 谷氨酸 > 天冬氨酸$$

## 【实验器材】

**1. 实验材料**　谷氨酸棒状杆菌、发酵培养基、谷氨酸发酵液、牛肉膏、蛋白胨、酵母浸出粉、氯化钠、琼脂、玉米浆、硫酸镁、磷酸二氢钾、硫酸锰、硫酸亚铁、氯化钾、磷酸氢二钠、糖蜜、去离子水、葡萄糖、尿素、消泡剂、L-谷氨酸（分析纯）、茚三酮等。

**2. 实验仪器**　高压灭菌锅、培养箱、恒温水浴锅、分光光度计、发酵罐及控制系统、高速离心机、pH计、往复式振荡摇床、干燥箱、732#磺酸型阳离子交换树脂、锥形瓶、容量瓶、漏斗、滤纸等。

## 【实验步骤】

### 1. 培养基的准备

（1）斜面培养基（g/L）　葡萄糖1、蛋白胨10、酵母浸出粉10、氯化钠0.25、牛肉膏10、琼脂20~25，pH7.0~7.2。

（2）种子培养基（g/L）　葡萄糖25、玉米浆30、硫酸镁0.5、尿素5、磷酸氢二钾1.2、硫酸锰和硫酸亚铁各0.002，pH7.0。

（3）发酵培养基（g/L）　葡萄糖80、玉米浆0.5、氯化钾1.6、磷酸氢二钠1.6、硫酸镁0.5、硫酸亚铁和硫酸锰各0.002、糖蜜0.1、消泡剂0.3，pH7.2。

### 2. 培养过程

（1）斜面菌种活化培养　按照斜面培养基配方配置试管斜面培养基，将菌种接种在斜面培养基上，32℃，培养15小时。对每一批斜面培养的菌种进行仔细的观察，了解菌苔生长的情况，观察其颜色和边缘特征是否正常，以及有无感染其他杂菌和噬菌体等。

（2）摇瓶种子培养　将斜面活化的菌株接种到装有30ml无菌培养基的500ml锥形瓶中，放置在转速为200r/min的摇床上，32℃条件下培养至对数生长后期，使菌液$OD_{600}$值净增0.6以上。

（3）发酵罐发酵　采用亚适量生物素流加糖发酵工艺，将摇瓶中培养的种子液接种到发酵罐中，接种量为10%。0~4小时是菌体发酵前期，是菌体生长的主要阶段，温度应为32~34℃，而中后期温度应控制在36~38℃。

实验过程中用氨水来调节pH，同时也可以补充氮源，通过调节加入量来控制发酵前期的pH为7.0，中期为7.2，放罐时6.7~6.8为好。

采用葡萄糖溶液作为可发酵性糖，浓度为55%~75%，当发酵罐发酵7小时左右时，残留的糖达到1.5%以下时，开始加葡萄糖，一直加至发酵时间为26小时左右结束，葡萄糖含量达到总糖量的60%~70%。

### 3. 提取

（1）利用等电点提取回收部分谷氨酸　将发酵液倒入含有搅拌器的烧杯中，置于恒温水浴槽内，边倒入边搅拌，当达到烧杯容量的80%时，加入盐酸（或硫酸）调节pH，刚开始加入的量可以人点，但要保持均匀，防止局部偏酸。当溶液的pH为5时，放小流量，并仔细观察晶核的形成情况。一旦观察到晶核形成，立刻停止加酸，育晶2小时。

（2）2小时过后，调节pH至3.2，继续育晶2小时，降低温度搅拌16~20小时，作用是使晶体充分长大，静置4~6小时，通过虹吸的方法获得上清液和分离晶体的母液，并将其合并到一个新的烧杯中，搅拌均匀，加入 10% 的 NaOH 溶液使 pH 升高到 5.5，上离子交换柱，保证上柱料液的浓度为 10g/L 左右，流速定为 1BV/h。同时需用茚三酮溶液对流出液进行检测，一旦发现颜色变化应立刻停止上柱，并且压出柱中残留液体至调酸杯中。之后用水冲洗柱子，用 4% NaOH 溶液进行洗脱，流速设为 1BV/h。

（3）对获得的离子交换收集液进行处理　将样品流出液再次上离子交换柱进行再交换，而洗脱液则收集起来通过等电点的方法提取谷氨酸。

## 【实验预期结果与分析】

1. 通过本次实验，绘制出 L-谷氨酸发酵过程中 L-谷氨酸产量-时间曲线，谷氨酸产量-pH 曲线、L-谷氨酸产量-菌体量曲线图。

2. 通过谷氨酸发酵实验，绘制出谷氨酸发酵中温度及还原糖随时间变化的曲线图。

3. 记录谷氨酸发酵的 36 小时中各项指标的变化，列表分析。

## 【要点提示与注意事项】

1. 斜面培养时，一定要保证无菌环境，并实时观察菌苔的生长情况等。

2. 发酵罐进行灭菌时，由于蒸汽的温度较高，应注意防止烫伤。

3. 菌体生长繁殖期对于氧的需求量要高于谷氨酸生成期，因此实验过程中要注意氧气的供应量的改变，即通风量的变化。

4. 在提取谷氨酸过程中，加酸调节 pH 时，一定要保证充分的搅拌均匀，避免局部偏酸。

5. 观测到有晶核产生时，应立刻停止搅拌，否则将无沉淀产生。

6. 已知谷氨酸棒状杆菌的最适生长温度为 31~32℃，针对不同的生长时期注意温度的调节。

## 【思考题】

1. 用简洁的语言复述 L-谷氨酸的发酵工艺流程；发酵产生谷氨酸的过程中菌体的形态会有何变化，为什么？

2. 等电点沉淀法中，存在哪些因素可以影响到谷氨酸的沉淀？

3. 获得谷氨酸晶体的过程中，除了 pH，还存在哪些因素会影响谷氨酸的结晶？

## 实验 30　乙醇发酵

## 【实验目的】

1. 掌握酵母菌的筛选方法；酵母菌发酵糖产生乙醇的工艺原理和工艺流程。

2. 熟悉乙醇发酵成熟醪的检测分析方法。

## 【实验原理】

乙醇发酵作为一种历史悠久且应用广泛的微生物发酵技术，在食品、饮料、能源等多个领域都发挥着关键作用。乙醇是一种无色透明、易燃、易挥发的液体，学名是乙醇，分子式为 $C_2H_5OH$，相对密度低于水。由于其具有易燃的特性，因此可代替汽油作为燃料，是一种可再生能源。乙醇的生产主要是利用酵母菌独特的新陈代谢活动，实现单糖向乙醇的转化。在无氧环境这一关键条件下，酵母菌能够以葡萄糖为底物，通过一系列复杂的酶促反应，将葡萄糖发酵生成乙醇和二氧化碳，这一过程的化学反应式为：

$$C_2H_{12}O_6 \xrightarrow{\text{酵母}} 2C_2H_5OH + 2CO_2$$

在实际生产中，通常以淀粉为基础原料来进行发酵，然而，酵母菌无法直接利用淀粉进行发酵，因此需要对原料进行预处理，将淀粉水解为葡萄糖后才能供发酵使用。预处理过程主要包括淀粉的液化和糖化。液化是利用液化酶使糊化淀粉水解转化成糊精和低聚糖，使其黏性大大降低，可溶性增加。液化的方法主要有酸法、酶酸法、酶法；按照生产工艺的不同又可分为间歇法、半连续和连续式。不同的方法和工艺各有优劣，生产者会根据实际需求和生产条件进行选择。淀粉进一步水解为葡萄糖等可发酵性糖的过程称为淀粉的糖化，所得的糖液被称为淀粉的水解液。经过糖化后的水解液，就可以为酵母菌的发酵提供"食物"。

当发酵完成后，需要对发酵醪中乙醇含量进行测定。发酵醪中乙醇含量的测定方法很多，如常规蒸馏法、碘量滴定法、比色法及改良康维法等，本实验主要采用蒸馏法和改良康维法。

蒸馏法原理：乙醇的沸点低于水的沸点，因此利用高于乙醇沸点的温度对乙醇发酵醪进行加热蒸发，挥发出高浓度的乙醇蒸气，经过冷却处理，即可获得乙醇溶液。

改良康维法测定乙醇浓度的操作及原理：在康维皿内圈加入重铬酸钾溶液，外圈则加入发酵液。外圈的边比较厚，可通过涂甘油将其与皿密封。挥发出来的乙醇即与重铬酸钾发生反应，生成绿色的硫酸铬，反应的方程式如下所示。

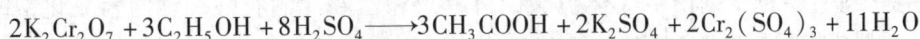

$$2K_2Cr_2O_7 + 3C_2H_5OH + 8H_2SO_4 \longrightarrow 3CH_3COOH + 2K_2SO_4 + 2Cr_2(SO_4)_3 + 11H_2O$$

颜色的深浅在一定范围内与乙醇的浓度成正比，因此可以通过测定醪液的 OD 值便可在已经标定好的标准曲线上确定乙醇的实际浓度。改良康维法结合了微量扩散法和比色法的优点，具有简便、快速、准确等特点，特别适合工厂发酵液的测定要求。这些测定方法对于把控乙醇发酵的质量和效率至关重要，能帮助生产者更好地调整发酵工艺。

## 【实验器材】

**1. 实验材料** 玉米粉、高温 $\alpha$ - 淀粉酶、活性干酵母、糖化酶、酸性蛋白酶、青霉素、0.1% 标准葡萄糖液、2% 盐酸溶液、20% 浓盐酸溶液、20% NaOH 溶液、碘液、斐林试剂、4% $K_2Cr_2O_7$ 溶液、饱和 $K_2Cr_2O_7$ 溶液、甘油。

**2. 实验仪器** 天平、水浴锅、吸管、烧杯（50ml、500ml 和 1000ml）、100ml 量筒、漏斗、pH 试纸、电炉、温度计、康维皿、分光光度计、电热鼓风干燥箱、酒精比重计。

## 【实验步骤】

**1. 淀粉的液化** 本实验采用间歇液化法液化淀粉，其工艺流程为：配制 30% 的淀粉乳，pH6.5，加入 0.2% 的 $CaCl_2$ 固体粉末，加入液化酶（酶量见说明书），在剧烈的搅拌下，加热至 72℃，保温 15 分钟，持续加热至 90℃，维持 30 分钟，直到达到液化所需要程度：DE 值（淀粉水解程度）为 15% ~ 18%。碘反应呈棕红色，最好在液化之后，再将温度升至 120℃，维持 5 ~ 8 分钟，使蛋白质凝聚沉淀到底部，有助于后期过滤。

**2. 淀粉的糖化** 液化结束以后，立刻加入酸将料液的 pH 调至 4.2 ~ 4.5，同时迅速降温至 60℃，之后加入糖化酶，在 60℃保温数小时后，用无水乙醇检验确定无糊精存在时，将料液 pH 调节至 4.5 ~ 5.0，同时，将料液的温度加热升温至 80℃，维持 20 分钟，然后再次将料液温度降低至 60 ~ 70℃，开始过滤，即可得到糖化醪。

**3. 乙醇发酵** 糖化结束以后，冷却使醪液温度降低到30℃左右。醪液要求：糖度在16~17°Bx（糖度是表示糖液中固形物浓度的单位，工业上一般用白利度°Bx表示糖度，指的是100克糖溶液中所含固体物质的溶解克数），还原糖4%~6%，pH为2~3。加入0.1%~0.2%活化后的干酵母，温度30℃发酵68~72小时，发酵结束。

**4. 分析与检测**

（1）蒸馏法测定发酵液中乙醇含量 装好全套蒸馏装置，用容量瓶量取100ml发酵液，放入500ml的蒸馏瓶中，加100ml水。迅速安装到冷凝管上进行蒸馏，将此容量瓶用水洗净后，置冷凝管下端收集馏出液100ml，停止蒸馏，摇匀备用。

将酒精比重计慢慢放入乙醇发酵液的蒸馏液中，手持温度计插在比重计杆旁，待温度稳定后，乙醇停稳时读数，读数应以弯月面下缘为准，观察视线要与弯月面下缘相平。

校正：根据所量的酒精度和温度，查表校正为20℃时酒精度。

（2）改良康维法测定发酵液中乙醇含量 标准曲线的制作。发酵液中乙醇含量的测定，此过程与制定标准曲线时步骤相同，只是将标准溶液换成0.2ml的发酵液。最终将测得的发酵液的OD值与标准曲线进行对照，计算获得发酵液中的乙醇含量。

（3）斐林测定法测定蒸馏残液中还原糖 当发酵完成后，不仅需要对发酵醪中乙醇含量进行测定，还需关注蒸馏残液中还原糖的情况，这对于评估发酵效率和原料利用率有着重要意义。

斐林测定法原理：斐林试剂由甲液（硫酸铜溶液）和乙液（酒石酸钾钠与氢氧化钠的混合溶液）组成。在碱性条件下，还原糖中的醛基（或酮基）能将斐林试剂中的二价铜离子还原为氧化亚铜沉淀，而还原糖自身被氧化。通过观察沉淀的生成量或者根据反应前后溶液颜色的变化，借助标准曲线，就能够计算出蒸馏残液中还原糖的含量。

## 【实验预期结果与分析】

1. 详细阐述乙醇发酵的工艺原理。
2. 观察实验现象，尤其是淀粉糖化和乙醇发酵过程的现象，记录并分析原因。
3. 检测并记录下发酵前后的糖度，计算出乙醇的理论生成量。
4. 记录实验过程中测得的OD值，根据制定的标准曲线，获得对应的乙醇浓度。

## 【要点提示与注意事项】

1. 在淀粉糖化的过程中，应当注意糖化酶的用量及其糖化时间。
2. 在用蒸馏法测定乙醇的含量时，用来做蒸馏的发酵液，一定要保证体积为100ml，同时，实验过程中收集到的流出液体体积不能超过100ml，否则实验结果会存在很大的误差。
3. 在用改良康维法测定乙醇含量时，要保证康维皿不漏气。

## 【思考题】

1. 阐述乙醇蒸馏的实验原理。
2. 淀粉液化时，液化酶用量及液化时间会对液化效果产生怎样的影响？
3. 详述乙醇发酵的整个流程中，影响乙醇发酵的因素有哪些？它们又是如何作用的？

## 实验 31　啤酒酿造

### 【实验目的】

1. 掌握啤酒发酵的主发酵和后发酵的工艺；啤酒发酵过程中的质量监控及成品检测的方法。
2. 熟悉无氧发酵的工艺流程。
3. 了解发酵各阶段的变化特征。

### 【实验原理】

啤酒是一种以麦芽（包括特种麦芽）和水为主要原料，加入啤酒花（包括酒花制品），借助酵母菌的发酵作用酿制而成，其独特的清爽口感与细腻泡沫主要来源于发酵过程中产生的二氧化碳。啤酒酿造的核心工艺包括糖化、过滤、煮沸、冷却、发酵、熟化及包装等步骤。

首先，利用麦芽汁所含的酶使原料中的大分子物质如淀粉、蛋白质等逐步降解，使可溶性物质如糖类、糊精、氨基酸、肽类等溶出，经过原料糖化、麦醪过滤和麦汁煮沸等手段获得可用于发酵啤酒的麦芽汁；麦芽汁经制备、冷却后，加入酵母菌，输送到发酵罐中，发酵。传统工艺分为前发酵和后发酵，啤酒主发酵是静止培养的典型代表，是将酵母接种至盛有麦芽汁的容器中，在一定温度下培养的过程；但是主发酵结束后的啤酒尚未成熟，被称为嫩啤酒，必须经过后发酵（熟化）过程才能饮用。后发酵是在 0~2℃ 下利用酵母菌本身的特性去除嫩啤酒的异味，使啤酒成熟的过程。

啤酒酿造是一项复杂的生物化学工程，涉及酶解、发酵、熟化等多个关键步骤。通过精确控制原料、温度、时间及工艺参数，可以生产出风格各异、风味独特的啤酒。酵母的代谢活动是啤酒风味形成的核心，而糖化、煮沸及后发酵等工艺则进一步优化了啤酒的感官品质和稳定性。

### 【实验器材】

**1. 实验材料**　麦芽、市售啤酒活性干酵母、酒花、成品啤酒、0.5% 碘液、4mol/L 和 6mol/L 盐酸溶液、有机硅消泡剂。

（1）邻苯二胺溶液　10g/L，称量 0.1g 邻苯二胺用盐酸溶液将其溶解并定容至 10ml 摇匀，放在阴暗处。注意此试剂要现配现用。

（2）异辛烷　将异辛烷加入 NaOH，蒸馏，馏出液在 275nm 波长下，用 1cm 石英皿，以水作空白对照，测其光密度，其值应小于 0.01。

**2. 实验仪器**　啤酒发酵容器、小型粉碎机、乙醇蒸馏装置、酒精密度计、温度计、糖度计、糖化容器、白瓷板、滤布、pH 计、量筒、锥形瓶、容量瓶、紫外分光光度计。

### 【实验步骤】

**1. 麦芽汁的制备**

（1）麦芽粉碎　称取 200g 大麦芽，用谷物粉碎机粉碎，使粗细比例控制在 1·2.5，同时使表皮破而不碎。必要时可稍稍回潮后再粉碎。

（2）糖化　采用浸出糖化法（纯粹利用酶的生化作用进行糖化的方法），每组称 200g 麦芽加入 1000ml 水，分入两个烧杯中，水浴锅上加热，使水浴锅中的液面高于烧杯中的液面。

（3）糖化流程 55℃，保温 40 分钟→63℃，20~40 分钟糖化完全（碘液反应完全）→78℃，10 分钟，糖化结束。

（4）麦汁过滤　糖化完全的麦汁首先用 4~6 层纱布进行过滤，然后把糟用 500ml 的 70℃ 的水冲洗出来，充分利用原料。

（5）麦汁煮沸　收集全部滤液，加足量水（总体积约 1L）。麦汁加热煮沸后加入 0.1g 酒花，持续煮沸 40 分钟；然后加入 0.5g 酒花，再持续煮沸 40 分钟；最后加入 0.4g 酒花，然后煮沸 10 分钟，获得成型麦芽汁。其间要经常搅拌。停火后，沿着锅壁顺着一个方向搅拌，锅底中间会出现沉淀物。静置，把热麦汁趁热缓缓倒入灭过菌的封口容器（容量大且带盖），尽量减少沉淀物进入。将上述制备麦芽汁冷却，备用。

**2. 啤酒的发酵**

（1）主发酵　称取 250g 白糖加水 500ml，加热煮沸备用；用此糖水调整麦芽汁的浓度为 12°P，测定其 pH。称取适量酵母（调整后麦芽汁的体积 ×0.4%）放入 2% 的糖水（酵母质量的 25 倍）中，27℃ 保温 30 分钟。将活化好的酵母倒入发酵液，搅拌均匀，盖好瓶盖，发酵 5~7 天。

（2）后发酵　将主发酵结束后的酒装进干净的瓶子，每瓶再加入 5ml 浓度为 30% 的糖水，总液体量为瓶子的 85%~90%。在室温的条件下放置 2 天，转入 1℃ 的冷藏柜中，后发酵 7 天以上，即可获得成品啤酒。

**3. 产品检测**

（1）发酵过程的监测　从开始啤酒发酵算起，每 24 小时取一次样品，检测糖浓度、pH 和温度，等到糖浓度下降到 4.5°Bx 时，表示主发酵结束。采用的检测方法是：量取 100ml 样品，使用糖度计测定并记录其糖浓度及温度；并用 pH 计测定发酵液的 pH，做好记录。

（2）成品啤酒的检测　乙醇含量的测定　取 100ml 除气啤酒，50ml 蒸馏水于 500ml 烧瓶内，安装好蒸馏装置，用量筒接收蒸馏液。当馏出液接近 100ml 时，停止蒸馏，并加水定容到 100ml，摇匀。使用酒精密度计测定酒精度，同时做温度校正，做好记录。

（3）啤酒苦味质含量的测定　麦芽汁、啤酒的苦味物质主要来自酒花中的 $\alpha$-酸、$\beta$-酸及其氧化降解、重排产物。在麦汁煮沸过程中最大的变化是 $\alpha$-酸受热异构化，生成异 $\alpha$-酸，异 $\alpha$-酸更易溶于水，是啤酒和麦芽汁苦味的主要来源。异 $\alpha$-酸是啤酒花的重要指标。取 10℃ 未脱气啤酒（浑浊样品先离心澄清）10ml，放入 35ml 离心管中。加入 0.5ml 浓度为 6mol/L 的盐酸和 20ml 异辛烷，盖上盖子上下颠倒混匀 15 分钟成乳状。3000r/min 离心 10 分钟，将离心分离后的异辛烷层对照纯品异辛烷，在波长 275nm 处进行吸光度测定，结果计算：$X = 50 \times OD_{275}$（$X$ 为啤酒试样中苦味质含量；$OD_{275}$ 为异 $\alpha$-酸在 275nm 波长下吸光度）。

## 【实验的预期结果与分析】

1. 从啤酒发酵算起，到糖浓度达到 4.5°Bx 主发酵结束，每隔 24 小时取样品，测定并记录糖浓度和 pH。

2. 通过蒸馏 - 密度法测定啤酒中的乙醇含量。

3. 列表记录对成品啤酒的感官评价。

## 【要点提示与注意事项】

1. 在制备麦芽汁时，在煮沸的过程中要保证一定的蒸发强度和适当的煮沸时间，以便麦芽汁中的高分子多肽、部分可溶性蛋白充分的絮凝，这样才能使得啤酒具有良好的生物稳定性。

2. 在后发酵过程中，因后发酵会产生大量气体，不能选用不耐压的玻璃瓶，以免发生危险。并且不能吸入太多氧气，瓶子上端也不要留有太多空气，通常液体占瓶子总体积的90%，如果瓶子空气太多，啤酒会带严重氧化味。

3. 在测定乙醇浓度时，一定要保证不多加发酵液和不多接馏出液。

## 【思考题】

1. 在使用粉碎机将麦芽粉碎时，为什么要求麦芽不能太碎？
2. 啤酒发酵工艺流程中，为什么要对麦芽汁进行煮沸处理？
3. 在啤酒发酵过程中，为什么要分批加入酒花而不是一次性加入？
4. 后发酵时为什么要在瓶中补加糖分？

## 实验 32　酸乳制作

## 【实验目的】

1. 掌握酸乳制作的基本工艺与方法。
2. 熟悉影响酸乳质量的因素和控制方法。
3. 了解酸乳制作的基本原理。

## 【实验原理】

酸乳是以牛乳等为主要原料，经过高温灭菌之后，经乳酸发酵生产的一种具有较高营养价值和特殊风味的饮料，并可作为具有一定疗效的发酵型乳制品。其核心制作原理是基于乳酸菌的发酵作用。在乳酸菌发酵过程中，乳酸菌将牛乳中的乳糖代谢转化为乳酸，随着乳酸含量的增加，牛乳的 pH 逐渐降低。当 pH 降至酪蛋白的等电点（约 pH4.6）附近时，酪蛋白的电荷被中和，蛋白质分子之间的斥力减小，从而发生凝固，使得酸乳呈现出乳白的色泽与半固体状的质地。同时，乳酸菌在代谢过程中会产生包括乙醛在内的多种挥发性风味物质，乙醛是赋予酸乳独特香味的关键成分之一。

在实际生产中，用于酸乳发酵的乳酸菌种类很多。最常用的菌种组合为嗜热乳酸链球菌和德氏乳杆菌保加利亚种，它们在发酵过程中发挥协同作用：嗜热乳酸链球菌能够快速产酸，创造适宜的酸性环境，德氏乳杆菌保加利亚种则对蛋白质的分解和风味物质的形成贡献突出。此外，嗜酸乳杆菌、酪乳杆菌和瑞士乳杆菌等也常被应用于酸乳制作，不同菌种各自具有独特的代谢特性，会对酸乳的风味、质地等产生不同影响。

根据发酵工艺的不同，酸乳主要分为凝固型酸乳和搅拌型酸乳两大类。凝固型酸乳是在包装容器中直接进行发酵，发酵过程中保持静止状态，从而形成质地均匀、凝固良好的凝胶状结构；搅拌型酸乳则是先在大罐中进行发酵，发酵结束后再进行搅拌、添加辅料并分装，其质地相对更为均匀细腻，口感也更为柔和。

## 【实验器材】

**1. 实验材料**　鲜牛乳、白砂糖、乳酸菌发酵剂、稳定剂、香精、果酱、冰水。

**2. 实验仪器**　不锈钢锅、恒温培养箱、高压蒸汽灭菌锅、均质机、搅拌器、冰箱、天平、pH 计、滴定管、试管、玻璃棒。

## 【实验步骤】

### 1. 发酵剂的制备

（1）乳酸菌纯培养物　先将11%的脱脂乳分装于已灭菌的试管中，115℃，灭菌15分钟，然后冷却至40℃，将已被活化的菌种按照1%~2%的量接种，43℃培养3~6小时，凝固，冷却到4℃，置冰箱冷藏备用。

（2）母发酵剂的制备　将11%脱脂乳分装于已灭菌的锥形瓶中（300~400ml），115℃灭菌15分钟，冷却至43℃，取乳酸菌纯培养物2%~3%接种，45℃培养3~6小时，凝固，冷却至4℃，放冰箱备用。

（3）工作发酵剂的制备　11%的脱脂乳在85℃灭菌15分钟，冷却至43℃，取母发酵剂，接种量为2%~3%进行接种，在43~45℃下培养2.5~3.5小时，凝固，冷却至4℃，冷藏备用。

### 2. 配料
鲜牛乳要求不含抗生素或其他抑菌物质，干物质的量在11.5%以上，酸度不大于20°T（吉尔涅尔度°T指滴定100ml牛乳样品，消耗0.1mol/L NaOH溶液的毫升数）；采用鲜乳来溶解白砂糖、变性淀粉、果胶或明胶等制成的复配稳定剂和糖按照1：10混合后加入。

### 3. 均质
在均质器内，将混合好的料在压力为15~18MPa下均质。

### 4. 灭菌
使用不锈钢锅将牛乳混合液加热到90~95℃，灭菌5分钟。

### 5. 冷却、接种
将灭菌后的混合液冷却至43℃，依照3%比例加入发酵剂，搅拌均匀。

### 6. 发酵
接种后，凝固型酸乳立即装进已消毒的容器内发酵、成熟；而搅拌型酸乳需在恒温培养箱内进行发酵。当乳液凝固，酸度可达到85°T，凝固型酸乳移入冷藏柜，结束发酵；而搅拌型酸乳则需要用冰水冷却至15℃后，停止发酵。

### 7. 搅拌
加入果酱，采用搅拌器进行破乳搅拌。一般情况，速度很慢，且力度要小，时间不能超过1.5分钟。应当注意在搅拌器搅拌的同时一定要用冷水冷却降温。

### 8. 灌装
搅拌型酸乳灌装后，需在冷藏柜内冷却至4℃，完成酸乳的后熟。

## 【实验预期结果与分析】

1. 在酸乳发酵的过程中，列表记录在不同的发酵时间下，酸度检测和风味评价的结果。

2. 对制作好的酸乳产品进行感官评定，请列表呈现。

3. 请对酸乳制品进行品尝，并与市场上出售的酸乳制品进行比较，若发现有很大不同，分析下原因。

## 【要点提示与注意事项】

1. 在分离乳酸菌时，一定要保证无菌环境。

2. 对鲜牛乳进行灭菌消毒时，一定要把握好温度和时间，否则长时间或高温度消毒都会影响酸乳的风味。

## 【思考题】

1. 简述酸乳的制作原理。

2. 凝固型酸乳和搅拌型酸乳在工艺流程上有何区别？

3. 酸乳制品的营养与保健作用主要体现在哪些方面？

## 实验 33 农家干酪制作

### 【实验目的】

1. 掌握农家干酪的凝乳原理及其加工方法。
2. 熟悉农家干酪的制作技术。

### 【实验原理】

农家干酪属于未经成熟即可直接食用的新鲜软质干酪，其独特之处在于凝乳颗粒外包裹着一层加盐的稀奶油，风味清爽、新鲜，具有柔和的酸味和香味，在欧洲是非常受欢迎的干酪品种。因其具有较高的水分含量（约80%），因此与硬质干酪相比（如 Cheddar 奶酪的水分含量＜39%，保质期在冷藏条件下可达数年），农家干酪保质期相对较短。

本实验以脱脂乳为原料，通过酸凝乳，切割，加热，排乳清，最后与稀奶油混合而制成。制作工艺按凝乳时间不同，可以分为短时凝乳和长时凝乳两种。凝乳酶的添加并非强制要求，可根据实际情况和预期产品特性进行选择。

### 【实验器材】

1. **实验材料** 脱脂乳粉、奶油、牛乳、干酪发酵剂、凝乳酶、食盐。
2. **实验仪器** 乳脂分离机、干酪布、干酪刀、均质机、pH 计、干酪槽等。

### 【实验步骤】

1. 首先对原料乳进行感官评定、乙醇试验及酸度测定实验，特殊情况下还要做抗生素残留测定。

（1）感官检测标准

| 项目 | 指标 |
| --- | --- |
| 色泽 | 呈乳白色或微黄色，不得有红色或绿色等异色 |
| 组织状态 | 呈均匀的胶装流体，无沉淀，无凝块，无肉眼可见杂质和其他异物 |
| 滋味与气味 | 具有鲜牛乳固有的香味，无异味，不能有苦、涩、咸的滋味和饲料、青贮、霉等异味 |

（2）乙醇试验 由于滴定法测酸度在现场收购时受到实验室条件限制，故常采用乙醇试验。乙醇试验原理：特定浓度的乙醇能使高于一定阈值的牛乳蛋白产生沉淀。当牛乳的酸度增高时，酪蛋白胶粒带有的负电荷被溶液中的 $[H^+]$ 中和，与此同时，乙醇具有脱水作用，浓度越大，脱水作用越强。酪蛋白胶粒周围的结合水层易被乙醇脱去而发生凝固。因此，乙醇试验可检测出鲜乳的酸度变化，例如盐类平衡失调的牛乳、初乳、末乳及因细菌作用而产生凝乳酶的乳和患有乳腺炎乳，这些微生物引起的乳中酸度变化，以此鉴别原料奶的新鲜度。

（3）酸度测定实验 用标准碱液滴定食品中的酸，中和生成盐，用酚酞做指示剂。当滴定至终点（pH＝8.2，指示剂显红色）时，根据耗用的标准碱液体积，计算出总酸的含量。

化学反应式： $RCOOH + NaOH \rightarrow RCOONa + H_2O$

（4）抗生素残留检测 氯化三苯四氮唑法又称 TTC 法，TTC 指的是氯化三苯基四氮唑（2，3，5 - triphenyltetrazolium chloride），作为指示剂用于检测抗生素残留。TTC 法的原理是在检品中加入菌液和 TTC 指示剂，若检品中有抗生素存在，则会抑制细菌繁殖，TTC 指示剂不被还原，不显色；若检品中无抗生素残留，则细菌会大量繁殖，指示剂被还原而呈红色。在具体检测过程中，对不显色的检品，可再继续保温 30 分钟进行第 2 次观察。如果仍不显色，说明检品中确有抗生素残留，即结果为阳性；若显色，则表明无抗生素残留，如图 5-1 所示。

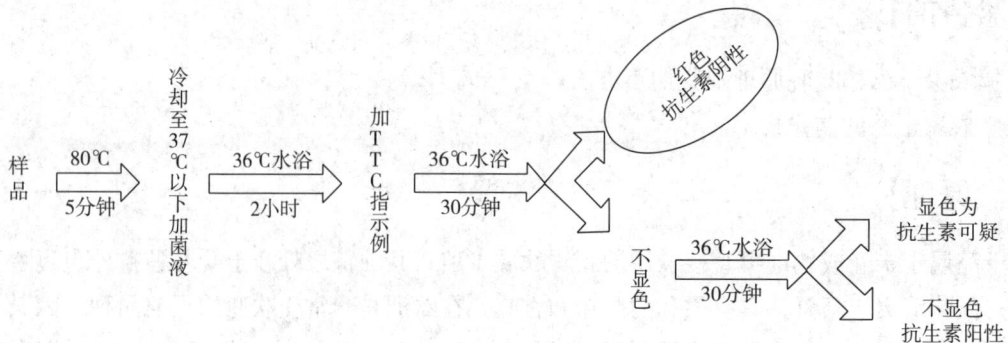

**图 5-1 抗生素检测 TTC 法示意图**

**2. 标准化** 称取适量脱脂原料乳，并对脱脂原料乳的固形物含量进行测定，最终将脱脂乳粉加到原料乳内，使得干酪乳的乳固体量达到 11%。

**3. 灭菌和冷却** 63℃ 水浴灭菌 30 分钟，之后冷却至 32℃。

**4. 添加干酪发酵剂** 将乳酸链球菌和乳脂链球菌组合成的干酪发酵剂以 3%~5% 的剂量加入干酪乳中，发酵温度设为 30~32℃。

**5. 凝乳** 发酵 1 小时后加入凝乳酶。添加时，先用无氯水（不含氯气）稀释凝乳酶，随后立即加入。凝乳酶可以增强凝乳性能并提高获得率。如果不加凝乳酶，则应在稍高 pH 时就开始切割。如果等到凝乳过于结实后再切割，可能会导致最终产品过于碎裂。

**6. 切割** 当 pH 达到 4.6 时，一般按照 6~10mm 尺寸进行切割，切割要尽可能均匀。凝块尺寸越小，乳清排出速度越快，但是过小的凝块会使产品产生沙砾感。切割后，将凝乳颗粒静置 15~20 分钟，使切面愈合。在此期间，凝乳块脱水收缩，强度增加，从而能够耐受后续升温过程中的搅拌。

**7. 搅拌和升温** 逐渐升温至 43℃，然后加速升温至 51~57℃。开始升温要缓慢，以免凝块表面硬化（表皮形成）。表面硬化会减慢脱水收缩，因此需要更高的温度才能达到预期的硬度。可根据下列升温方式。

第一阶段：31~38℃，15~30 分钟；

第二阶段：38~43℃，10~30 分钟；

第三阶段：43~57℃，30 分钟或更少。

**8. 水洗** 在经过搅拌和升温之后，排掉凝乳块上的乳清，然后用凉水清洗凝乳块。需水洗两次，水温分别是 15℃ 和 1.5~5℃。每次加水清洗时，都需要浸泡 15~20 分钟，并且搅拌要充分。

**9. 沥干** 排除部分凉水后，需在凝乳块上挖个小沟，以使水分能充分排出，此过程需 30~60 分钟。

**10. 拌盐** 按照凝乳块质量的 1% 加入食盐，可加到调味的稀奶油中，也可直接加到凝乳块中。

**11. 添加稀奶油** 加入稀奶油后农家干酪的典型脂肪含量为 5%~10%（全脂）或 2%（低脂），稀奶油与凝乳的添加比率约为 1:1。通常向稀奶油混合物中加入盐，最终产品中的盐含量为 0.75%~1%。

## 【实验预期结果与分析】

1. 列表记录农家干酪的工艺流程及参数。

2. 制作的农家干酪进行感官评定，并做记录。

## 【要点提示与注意事项】

1. 对脱脂乳进行灭菌处理时，要把握好温度和时间。注意避免热处理过度，因为过热会使牛奶的等电点升高，清蛋白变性使其持水能力增强，从而导致凝乳过软过弱，不易切割。

2. 在将脱脂乳注入干酪槽内时，注意避免牛奶起沫。空气会导致凝块浮起，凝乳强度降低，最终可能导致产品碎裂。

3. 加入发酵剂时，一定要避免选择能产生 $CO_2$ 的菌种。

## 【思考题】

1. 阐述农家干酪制作的工艺流程。

2. 在干酪制作的过程中，如何控制农家干酪的发酵过程？

3. 凝乳切割过程会对产品的质量造成什么影响？

## 实验 34　红霉素发酵

## 【实验目的】

1. 掌握红霉素发酵的工艺原理及工艺流程。

2. 熟悉红霉素发酵的相关技术。

3. 了解萃取原理及操作技术。

## 【实验原理】

红霉素最早于 1952 年由 J. M. McGuire 等人在菲律宾群岛土样中分离到的红霉素链霉菌经发酵制得，美国礼莱公司和 Abbott 公司率先实现生产并将产品推向市场。

红霉素是由红霉素链霉菌（*Streptomyces erythreus*）产生的大环内酯类抗生素。具有广谱抗菌作用，其抗菌谱与青霉素相似，对革兰阳性菌尤其敏感，对葡萄球菌、化脓性链球菌、绿色链球菌、肺炎链球菌、梭状芽孢杆菌、白喉杆菌、李斯特菌等均有较强的抑制作用。在临床上，红霉素主要用于治疗扁桃体炎、猩红热、白喉、淋病、李斯特菌病、梅毒、肠道阿米巴病、皮肤软组织感染等疾病。对于军团菌肺炎和支原体肺炎，红霉素可以作为首选药物。上、下呼吸道感染也可选用红霉素。需要特别注意的是，红霉素对于不能耐受青霉素的患者也适用。红霉素不仅收录于《中国药典》，还被收入美国、英国、日本等许多国家的药典中。近年来，在竞争激烈的抗生素市场上，红霉素及其衍生物产量逐年增长，销售额不断上升。

本实验采用硫酸水解法测定红霉素效价，原理是红霉素经硫酸水解呈黄色，在 483nm 处有最大吸收，该特性可用于测定发酵液中红霉素效价。具体操作先用乙酸丁酯在 pH9.5 条件下抽提，然后用 0.1mol/L HCl 萃取，所获盐酸萃取液加入 8mol/L $H_2SO_4$ 水解比色，通过与生物效价对比，该方法的误差控制在 0.3% 以内，能够较为准确地测定红霉素效价。

## 【实验器材】

1. **实验材料**　在冻干管中保存的红霉素链霉菌、乙酸丁酯、乙醇、红霉素碱、无水 $Na_2SO_3$、亚铁氰化钾、硫酸锌、碱式氧化铝、pH10 的碳酸盐缓冲液、0.1mol/L HCl 溶液、0.35% $K_2CO_3$ 溶液、8mol/L $H_2SO_4$。培养基包含以下几种。

（1）斜面培养基（g/L）　淀粉 10、氯化钠 3、硫酸铵 3、玉米浆 10、碳酸钙 2.5、琼脂 20，pH7.0~7.2。

（2）种子培养基（g/L）　　淀粉 40、蛋白胨 5、黄豆饼粉 15、糊精 20、葡萄糖 10、氯化钠 4、硫酸铵 2.5、$MgSO_4 \cdot 7H_2O$ 0.5、$CaCO_3$ 6、$KH_2PO_4$ 0.2，pH7.0。

（3）发酵培养基（g/L）　淀粉 40、葡萄糖 50、黄豆饼粉 45、$KH_2PO_4$ 0.5、$CaCO_3$ 6、硫酸铵 1，pH7.0。

**2. 实验仪器**　锥形瓶、培养皿、试管、试管架、烧杯、涂布棒、高压灭菌锅、恒温培养箱、恒温摇床、发酵罐、恒温水浴锅、pH 计、分析天平、温度计、量筒、刻度吸管、玻璃棒、纱布、超净工作台、分液漏斗、陶瓦圆盖、吸耳球。

## 【实验步骤】

**1. 菌种平板分离**

（1）准备工作　培养皿每 8 个为一组用报纸包好，涂布棒也用报纸包好。在试管中各加入 9ml 蒸馏水，塞上硅胶塞，用报纸包好，用来制备无菌水。按照斜面培养基的配方配制培养基，将一部分培养基装到锥形瓶中，用封瓶膜加两层报纸包好，121℃湿热灭菌 30 分钟。灭菌完成后，将上述所有灭菌物品转移至超净工作台中，备用。

（2）倒平板　在超净工作台中，将灭菌后的培养基冷却至不烫手的温度（50~60℃），开始倒平板，每皿倒入量约 25ml，盖上盖子，轻轻晃动，使培养基均匀的分布在皿底部，凝固后备用。

（3）梯度稀释　在超净工作台中，将红霉素链霉菌冻干管封口放在酒精灯火焰上灼烧后，用无菌水滴到灼烧处，使冻干管受凉破裂，加入 2ml 无菌水，使孢子迅速扩散形成悬浮液。

（4）涂布分离　将准备好的无菌水试管按照 $10^{-1}$、$10^{-2}$、$10^{-3}$…$10^{-7}$ 标上序列号，吸取 1ml 孢子悬浮液，按照 10 倍量梯度逐级稀释至 $10^{-7}$，之后吸取 3 个梯度的稀释液各 0.1ml，分别接种到预先倒好的平板上，每个稀释梯度做 3 个平板，用无菌涂布棒均匀在平板上涂布。

（5）培养　将涂布好的平板按照接种菌种的浓度标上序号，封口后倒置放在 28℃恒温培养箱内，在湿度为 50%左右条件下避光培养 7~10 天。

**2. 斜面菌种培养**

（1）每组（8 个人）按照斜面培养基配方配制 100ml 培养基，同时包好 10 个平板，121℃灭菌 30分钟，备用。

（2）灭菌完毕，冷却至 60℃左右，倒平板。

（3）挑选不同类型的单菌落，依次接种到新的固体平板上，封口后倒置放在 28℃恒温培养箱内，在湿度为 50%左右条件下避光培养 7~10 天。

**3. 摇瓶种子培养**

（1）培养基的制备　根据种子培养基的配方配制 50ml 培养基，依次分装于 250ml 的锥形瓶，用封口膜封好，121℃灭菌 30 分钟。

（2）接种　已灭菌好的液体培养基冷却至室温。在超净工作台中，挑选色泽明亮、籽粒饱满、无黑点、灰白色且背面有红色及棕红色色素的斜面菌种，用接种环接入种子培养基。

（3）摇瓶培养　将接种好的液体种子锥形瓶放置在恒温摇床，28℃、200r/min，培养 48~52 小时。

**4. 种子扩大培养**

（1）发酵培养基的制备　按照上述的培养基配方配制 300ml 培养基，分装于 1000ml 锥形瓶中，封口膜封好后，121℃灭菌 30 分钟。

（2）接种 将发酵培养基冷却至室温，在无菌环境下，按照 10% 的接种量将种子接入发酵培养基中。

（3）培养 将已接种的发酵培养基锥形瓶放置于恒温摇床，200r/min，28℃，培养 166～180 小时。

**5. 发酵罐发酵**

（1）发酵罐发酵 在 10L 的发酵罐加入 6L 发酵培养基，通入蒸汽进行培养基实消处理，完成灭菌后，待温度降低到约 35℃，将种子液按照 10% 的接种量接到发酵罐中，每分钟通入单位体积发酵液的空气体积是 0.8L，搅拌速度是 200～600r/min，34℃，发酵罐的压力设为 0.05MPa，此过程中 pH 维持在 6.8～7.1，DO（溶解氧）维持在 30% 以上。实验采用间歇式补料，培养周期是 185 小时。

（2）补料方法

1）硫酸铵溶液（8%） 依据氨基氮（$NH_2-N$）的水平进行补加，当 $NH_2-N$ 的量低于 0.4g/L 时，开始补加。

2）正丙醇溶液（2%） 24 小时后，根据红霉素的生产情况采用低流速进行添加（参考速率是 0.15ml/h）。

**6. 发酵液的预处理**

（1）量取 50ml 发酵液，采用定性滤纸的方法测定发酵液的滤速，做记录。

（2）按照 50ml 为一个单位体积，分装 5 份，依照下列方式做预处理。

1）用 NaOH 调节 pH 至 8.5～9.0，再加入固体碱式氧化铝 1.5g，搅拌数分钟后观察聚集情况。

2）加盐酸调节 pH 至 2.5～3.0，加入固体的碱式氧化铝 0.8g，搅拌几分钟后观察聚集情况。

3）调节 pH 至 2.5～3.0，加入固体硫酸锌 1.5g，再加入 1.6g 亚铁氰化钾，搅拌数分钟后观测聚集情况。

4）将发酵液的 pH 调至 9，加入固体碱式氧化铝 0.8g，搅拌几分钟后，加入 2ml 高分子絮凝剂。

5）加固体硫酸锌 1.5g，搅拌数分钟后调节 pH 至 8～8.5，加 2ml 高分子絮凝剂。

（3）将上述预处理好的发酵液进行如下测定。

1）絮体沉降速率测定 沉降 10 分钟，检测发酵液中固液相界面向下移动的距离，由此计算出絮体沉降速率。

2）絮凝发酵液过滤速率的测定 量取相同体积的絮凝后发酵液，采用滤纸进行过滤，检测每 5 分钟通过漏斗的滤液量，计算出絮凝发酵液的过滤速率。

3）滤液透光度的测量 通过分光光度计测定滤液的透光度，吸收波长为 610nm，用水做空白对照。

4）详细且准确记录上述测定的结果 对比不同的凝聚剂、絮凝剂对发酵液絮体的沉降速率、过滤速率及滤液的透光度的影响。

**7. 溶媒萃取法抽提红霉素**

（1）首先将经过预处理的发酵液进行过滤。量取 50ml 的发酵罐发酵液滤液和 50ml 锥形瓶发酵液滤液，用 0.35% $K_2CO_3$ 溶液，分别稀释 2 倍和 4 倍的浓度梯度。

（2）取 20ml 稀释液于分液漏斗中，加入 20ml 乙酸丁酯，振荡 30 秒，静置分层，除去下层液；再加入约 1g 无水 $Na_2SO_3$ 于乙酸丁酯中，振荡 30 秒，以液体透明为准。

（3）吸取上述脱水液 10ml，加到另一个干燥的分液漏斗中，加入 10ml 的 0.1mol/L HCl，振荡 30 秒，静置分层，将下层溶液缓慢吸入试管中，此溶液即为红霉素提取液。

**8. 红霉素效价测定** 标准曲线：

（1）倒平板 将 LB 琼脂培养基融化后，倒平板，每个约 25ml。

（2）涂平板 吸取 37℃ 培养了 18 小时的金黄色葡萄球菌液 0.1ml，加入上述平板中，用无菌涂棒涂布均匀。

（3）标记　将上述平板皿底用记号笔分成 5 等份，分别标明红霉素标准浓度（$1.5 \times 10^{-4}$、$1.5 \times 10^{-5}$、$1.5 \times 10^{-6}$、$1.5 \times 10^{-7}$、$1.5 \times 10^{-8}$ mg/ml）。

（4）贴滤纸片　用镊子取无菌滤纸片分别浸入 5 种不同浓度（$1.5 \times 10^{-4}$、$1.5 \times 10^{-5}$、$1.5 \times 10^{-6}$、$1.5 \times 10^{-7}$、$1.5 \times 10^{-8}$ mg/ml）的红霉素溶液中，沥干，再将滤纸片分别贴在平板相应位置上，在平板中央贴上浸有发酵滤液的滤纸。平行做 3 个培养面。

（5）培养、观察　将上述平板倒置放置于 37℃ 恒温培养箱中，培养 24 小时，观察并记录抑菌圈的大小，并计算红霉素发酵液的浓度。

## 【实验预期结果与分析】

1. 在分离菌落时，注意观察平板上菌落的分布和特征。根据红色链霉菌菌种的特征来鉴定分离菌落，看是否符合标准。如不理想，请分析原因。

2. 观察种子液状态，初步判断是否染真菌；闻种子液气味，判断是否染细菌。

3. 采用费林氏定糖法测定发酵液中的总糖和还原糖含量。

4. 根据上述方法，计算出发酵液中红霉素的效价。

## 【要点提示与注意事项】

1. 在制备固体培养基的过程中，一定要保证琼脂完全溶解之后再进行分装。

2. 发酵罐培养时，前期一定要确定发酵罐及相关装置运作正常。

3. 红霉素萃取过程中，分液漏斗振荡之后，一定要保证两液相分界线非常清晰，否则静置的时间不够，应继续静置。

## 【思考题】

1. 是什么原因使得培养红色链霉菌的固体培养基背面呈红色？

2. 详细阐述红霉素发酵的操作流程。

3. 叙述溶媒萃取法的基本原理。

## 实验 35　平菇生产菌的制作

## 【实验目的】

1. 掌握食用菌孢子的分离方法和操作技术。

2. 熟悉食用菌菌种的一级种、二级种及三级种的制作流程，并掌握其技术要点。

## 【实验原理】

平菇（*Pleurotus ostreatus*），又名侧耳、糙皮侧耳、蚝菇、黑牡丹菇、秀珍菇，隶属担子菌门下伞菌目侧耳科，是一种极为常见的灰色食用菇。平菇属木腐菌，适应性强，凡是适合木生食用菌的培养基，均能满足平菇菌丝的生长需求。在实际生产中，根据菌种的来源、繁殖代数及生产目的，把菌种分为母种（一级种）、原种（二级种）和栽培种（三级种）。

为了获得相对纯的菌种，必须从混杂的微生物群体中分离出平菇菌种。孢子分离法即是在无菌操作条件下，使孢子在适宜的培养基上萌发，进而长成菌丝体，以此获得纯菌种。该方法具有菌丝菌龄短、生命力强的优势，因为它是有性繁殖产物。孢子分离的方法又可分为菌褶上涂抹法、孢子印分离法、单孢子分离法和孢子弹射分离法。在常规菌种分离时，为了避免异族接合的菌类如香菇、平菇产生单孢子不孕现象，通常都采用多孢分离的方法，而单孢分离法主要用于食用菌的杂交育种。

分离获得孢子后，依次接种到一级培养基、二级培养基和三级培养基进行培养，在各级培养过程中，通过精准控制营养成分、温度、湿度、酸碱度等条件，促使孢子逐渐发育成具有旺盛活力的菌丝体，最终获得可用于平菇批量生产的优质生产菌种。

## 【实验器材】

**1. 实验材料** 平菇子实体。

（1）一级培养基 ①马铃薯葡萄糖琼脂培养基（PDA培养基）：马铃薯（去皮）200g、葡萄糖20g、琼脂20g、水1000ml。②马铃薯葡萄糖蛋白胨培养基：马铃薯200g、葡萄糖20g、蛋白胨2g、硫酸镁0.5g、磷酸氢二钾1g、维生素$B_1$ 0.5mg、琼脂20g、水1000ml。

（2）二级培养基 原种选用玉米粒作培养基，以750ml玻璃瓶或250ml锥形瓶作容器，按每瓶装干玉米0.1~0.3kg计算。培养基配方：玉米粒98%、石膏1%、碳酸钙1%。

（3）三级培养基 栽培种以棉籽壳为培养料，聚丙烯塑料袋（17cm×34cm×0.05cm）为容器。培养基配方：石膏1%、棉籽壳99%［棉籽壳按（1∶1.1）~（1∶1.2）的料水比加入清水，使之用手捏料指缝间见水但不滴下为宜，此时即为65%的含水量］。

**2. 实验仪器** 孢子收集器、试管、酒精灯、培养皿、接种针、高压灭菌锅、载玻片、试纸或黑布、漏斗、乳胶管、纱布、接种箱、恒温培养箱等。

## 【实验步骤】

**1. 平菇的选择** 选择个体健壮、菇形正常、外表清洁、无病虫害，八、九分成熟的平菇进行孢子分离。

**2. 孢子采集方法**

（1）菌褶上涂抹法 将伞菌子实体用75%乙醇表面消毒，在无菌操作条件下用接种环直接插入两片菌褶之间，轻轻地抹过褶片表面，然后用划线法涂抹于试管培养基上。

（2）孢子印分离法 取成熟子实体经表面消毒后，切去菌柄，将菌褶向下放置于灭菌的有色纸上，在20~24℃静置1天，大量孢子落下形成孢子印，然后移少量孢子在试管培养基上培养。

（3）单孢子分离法 进行单孢子分离后，在人工控制的条件下，使两个优良品系的单孢子进行杂交，从而培育出新品种。

1）连续稀释法 挑取一定量孢子，经连续稀释后，直到每滴稀释液中只有一个孢子，然后滴入试管中保温培养。当发现单个菌落时，转到新试管中继续培养，并通过镜检以确定是否为单孢菌落。

2）平板稀释法 挑取少许孢子在无菌水中形成孢子悬浮液，取几滴涂于培养基上，用无菌玻璃三角架推平。经48~72小时后，镜检孢子萌发情况。在单个孢子旁边做好标记，然后将其转接到斜面培养基上，待菌落长到1cm左右时进行镜检，观察有无锁状联合，初步确定是否是单核菌丝。

3）孢子弹射分离法 利用孢子能自动弹射出子实体层的特性来收集孢子。收集有几种不同的装置。

4）整菇插种法 需用一套孢子收集器来收集孢子，将钟罩上的孔加上棉塞或包上6~8层纱布，放在垫有4~6层纱布（浸过0.1%升汞液）的搪瓷盘上，纱布上放一培养器，内放一个不锈钢支架。把收集器包装好，灭菌备用。将菌幕未破裂的成熟子实体洗干净，用0.1%升汞溶液或0.25%的苯扎溴铵浸泡 2 ~ 3 分钟，以杀死表面的杂菌。对于菌幕破裂、籽实层已外露的子实体或无菌幕包裹的子实体，可用棉花蘸 75% 乙醇涂擦子实体表面消毒。按无菌操作要求移入孢子收集器，插在支架上，在适宜的温度中培养。2 ~ 3 天后孢子散落在培养皿中，加入无菌水，用针筒吸取孢子液，接种在斜面培养基中央，置于 22 ~ 26℃ 恒温培养箱中培养。

5）钩悬法 在生产上，采集木耳、银耳孢子常用此法，伞菌也可采用此法。先将新鲜成熟的耳片用无菌水冲洗，然后用无菌纱布将水吸干，取一小片挂在灭菌的钩子上（伞菌则消毒后挂上），钩子的另一端挂在锥形瓶口，瓶内装有培养基，在 25℃ 下培养 24 小时，孢子落到培养基上后，取出耳片，塞上棉塞继续培养。

6）贴附法 取一小块成熟的菌褶或小块菌盖，用溶化的琼脂或胶水、浆糊（需先灭菌）贴附在试管斜面的上方或培养皿盖上，经 6 ~ 12 小时，待孢子落下后，立即将试管或培养皿中的培养基移到另一消毒过的空试管或培养皿中进行培养。

**3. 生产菌的一级种制作**

（1）一级培养基的制备 根据一级培养基的配方配制培养基，并依次分装到玻璃试管内，装入培养基的量不能超过试管体积的 1/5，塞上棉塞。灭菌时将试管扎成捆，用牛皮纸或其他防潮纸将整捆试管包好，放入高压灭菌锅，121℃ 灭菌 30 分钟。灭菌完成后，趁热取出试管，待试管温度降到 60℃ 左右，斜卧放置，冷却凝固成斜面，斜面为试管长的 1/2，即成斜面培养基。

（2）一级种的接种培养 将待接种的斜面试管以及一级种、接种针等放入已消毒的接种箱内，双手消毒后，左手持住空白斜面试管和一级种，右手夹持棉塞，火焰封口，将接种针顶端烧红，并将整支接种棒在火焰上过火，挑取黄豆大小的菌丝琼脂块，迅速接种到空白斜面中央，然后将棉塞塞回试管，将已接种好的试管放入恒温培养箱，在 22 ~ 26℃ 培养，长满试管便可作为一级种（母种）使用。

**4. 生产菌的二级种制作**

（1）二级种培养基的制备 根据二级种培养基的配方配制。将玉米粒浸泡数小时，再煮软，但不能过软（即玉米粒中央还有一点白色），然后捞出晾干，加入石膏和碳酸钙，装瓶，加棉塞，用牛皮纸将瓶口包扎，以免消毒时将棉塞弄湿。消毒在高压蒸汽消毒锅内进行。当压力达 0.5kg/cm² 时，排去冷空气。压力升至 1.5kg/cm² 时开始计时，消毒 50 分钟。

（2）二级种的接种培养 将灭菌完全的二级种培养基放入接种箱内进行接种，采用低温型平菇菌种，一支试管母种（一级种）接四瓶原种，母种试管培养基中央的老菌块除去不用。

**5. 生产菌的三级种制作**

（1）三级种培养基的制备 根据三级种培养基的配方，塑料袋以每袋 0.3kg 干棉籽壳计算配料，装料。装袋后将袋口套上塑料环，并加棉塞，环口用牛皮纸覆盖，用胶圈或绳子将牛皮纸捆紧。然后将塑料袋装入常压消毒锅中进行消毒。消毒时间为上汽后（即水开有蒸汽冒出）10 ~ 12 小时，冷却后在塑料袋上贴上标签，做好记录。

（2）三级种的接种培养 将塑料袋放入接种箱内消毒接种。每瓶玉米原种接种 30 袋左右。接种后放入 22 ~ 26℃ 条件下进行培养。

## 【实验预期结果与分析】

1. 比较和分析不同的孢子分离方法所获得的菌种是否存在差异性。

2. 记录各个阶段平菇菌种的外观形态有何差异，并分析其原因。

3. 论述平菇生产菌制作的操作流程。

## 【要点提示与注意事项】

1. 平菇选择时，一定要挑选优质的平菇做材料，否则会影响到后期栽培种的质量。

2. 培养基配制好之后一定要按照规范操作流程进行杀菌，保证灭菌充分。

3. 在进行生产菌制作时，在接种环节一定要注意消毒并保持无菌环境，以防培养基被污染，长出杂菌。

## 【思考题】

1. 如何鉴定平菇的母种培养基已灭菌充分？

2. 一级种接种培养时所需的斜面培养基如何制作？

3. 在制作斜面培养基的过程中，灭菌之后为什么不立刻将试管斜卧放置，而要等温度降低到60℃左右时才斜卧放置？

# 第六章　药物分离纯化技术实验

☑ 实验 36　牛乳中酪蛋白的分离、鉴定

## 【实验目的】

掌握等电点沉析法从牛乳中制备酪蛋白的原理和方法。

## 【实验原理】

酪蛋白是乳蛋白质中含量最高的一种蛋白质，占乳蛋白的 80%~82%，它在牛乳中的含量约为 35g/L，且性质较为稳定，基于这一特性，可以检测牛乳中是否掺假。例如，若牛乳中酪蛋白含量明显偏离正常范围，就有可能是被掺假了。

蛋白质属于两性电解质，当所处环境的 pH 处于其等电点时，分子表面净电荷为 0，分子表面水化膜和双电层破坏，分子间引力增大，溶解度降低，此时极易沉淀析出。等电点沉析法正是利用不同蛋白质等电点差异，通过调节 pH，将混合物中不同蛋白分级沉淀析出来。酪蛋白不溶于水、醇以及其他有机溶剂，其等电点约为 4.7。根据等电点沉析原理，将牛乳的 pH 调至 4.7 时，酪蛋白可沉淀出来。随后用乙醇、乙醚等有机试剂洗涤沉淀物，能够有效除去脂质杂质，从而得到纯净的酪蛋白。称取酪蛋白的质量，计算它在牛奶中的含量即可判断牛奶质量优劣。优质牛奶的酪蛋白含量应在正常范围内，若含量过低则表明牛奶质量不佳。

## 【实验器材】

**1. 实验材料**　鲜牛奶、0.2mol/L 的醋酸 – 醋酸钠缓冲液（pH4.7）、95% 乙醇、无水乙醚、乙醇 – 乙醚混合液（乙醇：乙醚 =1：1）、去离子水、滤纸等。

**2. 实验仪器**　恒温水浴锅、台式离心机、抽滤装置、布氏漏斗、烧杯、量筒、离心管、胶头滴管、玻璃棒、表面皿、精密天平、酸度计等。

## 【实验步骤】

1. 将 5ml 鲜牛奶置烧杯中，水浴缓慢加热至 40℃，加入预加热到 40℃ 的 pH4.7 的醋酸 – 醋酸钠缓冲液 5ml，不断搅拌。可观察到牛奶开始有絮状沉淀出现，继续保温一定时间使沉淀完全。

2. 将上述沉淀液冷却至室温，然后转移到离心管中，3000r/min 离心 15 分钟，弃上清，沉淀即为酪蛋白粗制品。

3. 用 4ml 去离子水洗涤沉淀，将沉淀颗粒用干净枪头或吸管吹打，使其充分洗涤。然后转移到离心管中，12000r/min 离心 5 分钟，弃上清。重复上述步骤，再洗涤二次。

4. 用 20ml 95% 乙醇洗涤沉淀，具体操作为，在沉淀中加入 20ml 95% 乙醇并搅拌片刻后，将全部悬浊液转移至布氏漏斗中进行抽滤。用 20ml 乙醇 – 乙醚混合液（乙醇、乙醚各 10ml）洗涤沉淀 2 次，最后用 20ml 乙醚洗涤沉淀 2 次，抽干。

5. 将沉淀置于表面皿上，60℃烘干 5~10 分钟，得酪蛋白精制品。

6. 精确称取所获酪蛋白的质量，计算出每 100ml 牛乳所制备出的酪蛋白含量（g/100ml），并与理论产量（3.5g/100ml）相比较，求出实际获得百分率。

## 【实验预期结果与分析】

1. 采用等电点沉析法从牛奶中提取酪蛋白，观察等电点沉析现象。
2. 精确称取酪蛋白质量，并计算从牛奶中制备的酪蛋白的获得百分数，判断牛奶质量。

## 【要点提示及注意事项】

1. 离心管中装入样品后必须严格配平，否则会损坏离心机。
2. 离心管装入样品后必须盖严，并擦干表面的水分和污物后方可放入离心机。
3. 第 1 步沉淀尽可能完全，否则计算得率偏小。
4. 第 3 步与第 4 步尽量洗涤完全，否则得到的酪蛋白颜色偏黄，计算得率数值偏大。
5. 沉淀置于表面皿后尽量烘干，否则计算得率数值偏大。

## 【思考题】

1. 为什么将 pH 调到 4.7，可以将酪蛋白沉淀出来？
2. 利用其他性质能否将某种蛋白分离出来，为什么？

## 实验 37　香菇总糖的提取分离及含量测定

## 【实验目的】

1. 掌握超声波破碎法提取糖类物质的方法。
2. 熟悉苯酚 - 硫酸比色法测定糖含量的方法。

## 【实验原理】

　　本实验采用超声破碎提取法提取香菇总糖。超声破碎提取法是利用超声波（15～25kHz）在液体介质中传播所产生的多种效应（如剪切力等）而实现细胞破碎的目的。目前，超声破碎提取法逐渐被广泛应用于天然产物的提取，如超声破碎提取皂苷、生物碱、黄酮等中药有效成分。超声对细胞的作用主要有空化效应、机械效应和热效应。空化效应是指超声照射下，液体介质及生物体内形成空泡，随着空泡振动和其猛烈的聚爆而产生机械剪切压力和动荡，从而破碎细胞。机械效应是超声的原发效应，超声波在传播过程中介质质点交替地压缩与伸张构成了压力变化，引起细胞结构破坏。热效应是当超声在介质中传播时，摩擦力阻碍了由超声引起的分子振动，使部分能量转化为局部高热（42～43℃）。因此，超声提取过程产热大，需间歇冷却（破碎数秒冷却数秒）。

　　细胞破碎的强弱与超声的频率和强度密切相关。另外，超声波破碎过程是一个物理过程，浸提过程中无化学反应发生，糖的结构和性质也不会发生变化。所以用超声破碎提取法提取香菇总糖可大大地缩短提取时间，减少料液比和降低提取液的黏度，而提取液黏度的降低，有利于超滤分离时降低浓差极化的影响，从而提高得率。本实验采用超声破碎提取法提取香菇总糖，实验过程中应注意超声时间、超声温度、超声功率的选择：一般超声时间为 20～40 分钟，超声温度为 65～70℃，而最佳超声功率为 80W 左右。提取到香菇总糖后，利用多糖与杂质的溶解性差异，通过有机溶剂洗涤去除蛋白质、脂类等杂质，再采用有机溶剂沉淀法使多糖从提取液中析出，从而得到纯化的香菇总糖。

## 【实验器材】

**1. 实验材料**　香菇、无水乙醇、三氯甲烷、正丁醇、苯酚、浓硫酸、1mg/ml 葡萄糖标准液、氢氧化钠、3,5 - 二硝基水杨酸（DNS）、去离子水、医用纱布等。

**2. 实验仪器**　超声波细胞破碎仪、匀浆机、台式高速离心机、分光光度计、分液漏斗、容量瓶、烧杯、离心管等。

## 【实验步骤】

1. 称取 40g 香菇切成小块，加入 200ml 去离子水，用匀浆机进行均质。

2. 取 100ml 匀质液置于烧杯中，设定超声功率为 80W，每超声 20 秒，间隔 5 秒，共超声 15 分钟。

3. 超声破碎完成后，将杯内液体用 8 层纱布过滤，除去残渣。滤液转入离心管中，10000×g 离心 5 分钟，将上清液转入烧杯，弃沉淀。

4. 上清液中加入等体积的三氯甲烷 - 正丁醇混合溶液（三氯甲烷与正丁醇体积比为 4 : 1），分液漏斗中充分振荡 10 分钟，静置 5 分钟分层，将下层的三氯甲烷和正丁醇放出，取上清液。

5. 上清液中加入 4 倍体积的无水乙醇，搅拌均匀，静置 10 分钟，5000×g 离心 10 分钟，弃上清，沉淀即为香菇总糖。

6. 沉淀用 200ml 去离子水定容，取定容液 2ml 加入 6% 苯酚 1ml，混匀，再加入浓硫酸 5ml，混匀，放置 20 分钟后，于 490nm 测吸光度。

7. 葡萄糖标准曲线的制定：1mg/ml 葡萄糖标准液，稀释 10 倍作为母液。分别取 0.4、0.6、0.8、1.0、1.2、1.4、1.6 及 1.8ml，补水至 2ml，依步骤 6 分别制备反应液，并测定吸光度，根据葡萄糖浓度和吸光度绘制标准曲线。

8. 根据样品吸光度和葡萄糖标准曲线，计算总糖含量。公式如下：

$$香菇总糖含量 = \rho \times V \times n \times 100\%$$

式中，$\rho$ 为根据标准曲线计算的香菇总糖浓度；$V$ 为定容后的体积；$n$ 为稀释倍数。

## 【实验预期结果与分析】

1. 采用超声破碎提取法提取香菇中糖类物质。

2. 计算香菇中总糖的含量。

## 【要点提示及注意事项】

1. 苯酚须现配现用；样品检测时，向样品中加了苯酚溶液需要迅速摇匀。

2. 加入硫酸基本操作：硫酸沿壁加，最好能旋转比色管，让硫酸能均匀的沿壁流下，且加完硫酸需要立即摇匀。

3. 测定时根据吸光度确定取样的量，吸光度最好在 0.1～0.6，若测定数值较大则需稀释一定倍数后重新测定。

## 【思考题】

水溶性多糖与脂溶性多糖有什么区别？

---

### ☑ 实验 38　纳豆激酶的分离纯化

## 【实验目的】

1. 掌握盐析法和离子交换层析法分离蛋白质的实验原理和方法。

2. 了解常见的蛋白质分离方法和使用介质。

## 【实验原理】

纳豆激酶是一种丝氨酸蛋白酶，分子量为 28kD，等电点为 pH8.6。本实验通过硫酸铵盐析法从纳豆中初步提取纳豆激酶，然后运用 GE 蛋白质纯化系统，通过 Sephadex G-25 凝胶层析，阳离子交换层析等方法进行逐步纯化。层析过程中收集洗脱液分别进行检测，分析各个峰值，最后对整个纯化方案进行评价。

盐析是蛋白质等生物大分子物质在高浓度中性盐中，由于中性盐夺走水分子，破坏水化膜，同时中和电荷，破坏亲水胶体，使蛋白质分子溶解度降低，沉淀析出的过程。利用蛋白质等生物大分子物质在高浓度中性盐溶液中溶解度的差异，通过向处理溶液中引入一定浓度的中性盐，使不同溶解度的生物分子先后凝聚析出，从而可以达到不同蛋白质分离的目的。盐析法中应用最广泛的盐类是硫酸铵，因为它具有温度系数小而溶解度大的优点，并且在其溶解度范围内，许多蛋白质和酶类都可以盐析出来，而且硫酸铵廉价易得，分级沉淀效果比其他盐类好，不容易引起蛋白变性。

采用硫酸铵进行盐析时，硫酸铵的加入方法有 3 种。

方法一：直接加入硫酸铵固体。此法常用于工业生产。加入速度不能太快，分批加入，充分搅拌，防止局部浓度过高。

方法二：加入硫酸铵饱和溶液。此法常用于实验室和小规模生产，或硫酸铵浓度不需太高时使用。可防止局部浓度过高，但是加入量多时溶液会被稀释。

方法三：透析法。此法是将盛有蛋白质溶液的透析袋放入一定浓度的大体积盐溶液中，通过透析作用改变蛋白质溶液中的盐浓度。但仅用于精确，小规模实验中。

分级盐析，每次加入硫酸铵后需要放置一段时间（0.5~1 小时）待沉淀完全后才能过滤或离心。

本实验采用直接加入硫酸铵固体的方法进行分级盐析。此法的硫酸铵饱和度配制如表 6-1 所示。

**表 6-1　硫酸铵饱和度配制表（0℃）**

| | | 在 0℃ 硫酸铵终浓度（% 饱和度） | | | | | | | | | | | | | | | |
|---|---|---|---|---|---|---|---|---|---|---|---|---|---|---|---|---|---|
| | | 20 | 25 | 30 | 35 | 40 | 45 | 50 | 55 | 60 | 65 | 70 | 75 | 80 | 85 | 90 | 95 | 100 |
| | | 每 100ml 溶液加固体硫酸铵的克数 | | | | | | | | | | | | | | | |
| | 0 | 10.6 | 13.4 | 16.4 | 19.4 | 22.6 | 25.8 | 29.1 | 32.6 | 36.1 | 39.8 | 43.6 | 47.6 | 51.6 | 55.9 | 60.3 | 65.0 | 69.7 |
| | 5 | 7.9 | 10.8 | 13.7 | 16.6 | 19.7 | 22.9 | 26.2 | 29.6 | 33.1 | 36.8 | 40.5 | 44.4 | 48.4 | 52.6 | 57.0 | 61.5 | 66.2 |
| | 10 | 5.3 | 8.1 | 10.9 | 13.9 | 16.9 | 20.0 | 23.3 | 26.6 | 30.1 | 33.7 | 37.4 | 41.2 | 45.2 | 49.3 | 53.6 | 58.1 | 62.7 |
| | 15 | 2.6 | 5.4 | 8.2 | 11.1 | 14.1 | 17.2 | 20.4 | 23.7 | 27.1 | 30.6 | 34.3 | 38.1 | 42.0 | 46.0 | 50.3 | 54.7 | 59.2 |
| | 20 | 0 | 2.7 | 5.5 | 8.3 | 11.3 | 14.3 | 17.5 | 20.7 | 24.1 | 27.6 | 31.2 | 34.9 | 38.7 | 42.7 | 46.9 | 51.2 | 55.7 |
| 硫酸铵初浓度（% 饱和度） | 25 | | 0 | 2.7 | 5.6 | 8.4 | 11.5 | 14.6 | 17.9 | 21.1 | 24.5 | 28.0 | 31.7 | 35.5 | 39.5 | 43.6 | 47.8 | 52.2 |
| | 30 | | | 0 | 2.8 | 5.6 | 8.6 | 11.7 | 14.8 | 18.1 | 21.4 | 24.9 | 28.5 | 32.3 | 36.2 | 40.2 | 44.5 | 48.8 |
| | 35 | | | | 0 | 2.8 | 5.7 | 8.7 | 11.8 | 15.1 | 18.4 | 21.8 | 25.4 | 29.1 | 32.9 | 36.9 | 41.0 | 45.3 |
| | 40 | | | | | 0 | 2.9 | 5.8 | 8.9 | 12.0 | 15.3 | 18.7 | 22.2 | 25.8 | 29.5 | 33.5 | 37.6 | 41.8 |
| | 45 | | | | | | 0 | 2.9 | 5.9 | 9.0 | 12.3 | 15.6 | 19.0 | 22.6 | 26.3 | 30.2 | 34.2 | 38.3 |
| | 50 | | | | | | | 0 | 3.0 | 6.0 | 9.2 | 12.5 | 15.9 | 19.4 | 23.0 | 26.8 | 30.8 | 34.8 |
| | 55 | | | | | | | | 0 | 3.0 | 6.1 | 9.3 | 12.7 | 16.1 | 19.7 | 23.5 | 27.3 | 31.3 |
| | 60 | | | | | | | | | 0 | 3.1 | 6.2 | 9.5 | 12.9 | 16.4 | 20.1 | 23.1 | 27.9 |
| | 65 | | | | | | | | | | 0 | 3.1 | 6.3 | 9.7 | 13.2 | 16.8 | 20.5 | 24.4 |
| | 70 | | | | | | | | | | | 0 | 3.2 | 6.5 | 9.9 | 13.4 | 17.1 | 20.9 |
| | 75 | | | | | | | | | | | | 0 | 3/2 | 6.6 | 10.1 | 13.7 | 17.4 |
| | 80 | | | | | | | | | | | | | 0 | 3.3 | 6.7 | 10.3 | 13.9 |
| | 85 | | | | | | | | | | | | | | 0 | 3.4 | 6.8 | 10.5 |
| | 90 | | | | | | | | | | | | | | | 0 | 3.4 | 7.0 |
| | 95 | | | | | | | | | | | | | | | | 0 | 3.5 |
| | 100 | | | | | | | | | | | | | | | | | 0 |

表 6 – 2　硫酸铵饱和度配制表（25℃）

在25℃硫酸铵终浓度（％饱和度）

| | 10 | 20 | 25 | 30 | 33 | 35 | 40 | 45 | 50 | 55 | 60 | 65 | 70 | 75 | 80 | 90 | 100 |
|---|---|---|---|---|---|---|---|---|---|---|---|---|---|---|---|---|---|
| | 每1000ml溶液加固体硫酸铵的克数 | | | | | | | | | | | | | | | | |
| 0 | 56 | 114 | 144 | 176 | 196 | 209 | 243 | 277 | 313 | 351 | 390 | 430 | 472 | 516 | 561 | 662 | 767 |
| 10 | | 57 | 86 | 118 | 137 | 150 | 183 | 216 | 251 | 288 | 326 | 365 | 406 | 449 | 494 | 592 | 694 |
| 20 | | | 29 | 59 | 78 | 91 | 123 | 155 | 189 | 225 | 262 | 300 | 340 | 382 | 424 | 520 | 619 |
| 25 | | | | 30 | 49 | 61 | 93 | 125 | 158 | 193 | 230 | 267 | 307 | 348 | 390 | 485 | 583 |
| 30 | | | | | 19 | 30 | 62 | 94 | 127 | 162 | 198 | 235 | 273 | 314 | 356 | 449 | 546 |
| 33 | | | | | | 12 | 43 | 74 | 107 | 142 | 177 | 214 | 252 | 292 | 333 | 426 | 522 |
| 35 | | | | | | | 31 | 63 | 94 | 129 | 164 | 200 | 238 | 278 | 319 | 411 | 506 |
| 40 | | | | | | | | 31 | 63 | 97 | 132 | 168 | 205 | 245 | 285 | 375 | 469 |
| 45 | | | | | | | | | 32 | 65 | 99 | 134 | 171 | 210 | 250 | 339 | 431 |
| 50 | | | | | | | | | | 33 | 66 | 101 | 137 | 176 | 214 | 302 | 392 |
| 55 | | | | | | | | | | | 33 | 67 | 103 | 141 | 179 | 264 | 353 |
| 60 | | | | | | | | | | | | 34 | 69 | 105 | 143 | 227 | 314 |
| 65 | | | | | | | | | | | | | 34 | 70 | 107 | 190 | 275 |
| 70 | | | | | | | | | | | | | | 35 | 72 | 153 | 237 |
| 75 | | | | | | | | | | | | | | | 36 | 115 | 198 |
| 80 | | | | | | | | | | | | | | | | 77 | 157 |
| 90 | | | | | | | | | | | | | | | | | 79 |

（左侧纵列标题：硫酸铵初浓度（％饱和度）

由于使用盐析法提取的纳豆激酶粗品中残存大量的盐分，在后续离子交换层析时，对离子交换柱的交换容量和交换效率有影响，因此，本实验在离子交换层析实验前，预先使用凝胶层析对纳豆激酶粗品进行脱盐和除杂处理。

凝胶层析（见实验24）是分离纯化实验中一种常用的分离手段，它具有设备简单、操作方便、样品回收率高、实验重复性好、特别是不改变样品生物学活性等优点，被广泛用于蛋白质（包括酶）、核酸、多糖等生物分子的分离纯化。

目前已商品化的凝胶过滤介质有很多种类，按基质组成可分为葡聚糖凝胶、琼脂糖凝胶、聚丙烯酰胺凝胶等。其中，葡聚糖凝胶（Sephadex G）是最早研制成功且至今仍被广泛使用的凝胶过滤介质，它是由平均分子量一定的葡聚糖及交联剂（如环氧氯丙烷）交联聚合而成。生成的凝胶颗粒网孔大小取决于所用交联剂的数量及反应条件。葡聚糖凝胶按交联度大小可分为 8 种不同型号，以 Sephadex G – $n$（$n = 10$、15、25、50、75、100、150、200）命名。$n$ 为每 10g 干胶的吸水值。$n$ 越大则交联度越小，凝胶孔径越大；$n$ 越小则交联度越大，凝胶孔径越小。此型号凝胶只适用于在水中应用，且不同规格适合分离不同分子量的物质（表 6 – 3）。

表 6 – 3　Sephadex G 系列凝胶特性

| Sephadex 型号 | 分级范围（球蛋白）（kD） | 溶胀系数（ml/g 干胶） | 湿胶颗粒（μm） | 用途 |
|---|---|---|---|---|
| Sephadex G – 10 | <0.7 | 2～3 | 55～165 | 除盐、肽、其他小分子 |
| Sephadex G – 15 | <1.5 | 2.5～3.5 | 60～181 | 除盐、肽、其他小分子 |
| Sephadex G – 25 | 1～5 | 4～6 | 17～520 | 除盐、肽、其他小分子 |
| Sephadex G – 50 | 1.5～30 | 9～11 | 20～606 | 分离小蛋白质 |

续表

| Sephadex 型号 | 分级范围（球蛋白）（kD） | 溶胀系数（ml/g 干胶） | 湿胶颗粒（μm） | 用途 |
|---|---|---|---|---|
| Sephadex G-75 | 3~80 | 12~15 | 23~277 | 分离小蛋白质 |
| Sephadex G-100 | 4~150 | 15~20 | 26~310 | 分离大蛋白质 |
| Sephadex G-150 | 5~300 | 15~20 | 29~340 | 分离大蛋白质 |
| Sephadex G-200 | 5~600 | 15~20 | 32~388 | 分离大蛋白质 |

Sephadex G-10/15/25 特别适用于脱盐、肽与其他小分子的分离，本实验使用 Sephadex G-25 对硫酸铵盐析后的纳豆激酶粗品进行脱盐和除杂处理，以免影响后续离子交换层析时的交换容量和交换效率。

离子交换树脂是一种不溶于酸、碱、有机溶剂的固态高分子聚合物，它具有立体网状结构并含有活性基团，能与溶剂中其他带电粒子进行离子交换或者吸附，并且离子交换反应是可逆的，可以通过一定溶剂将吸附在离子交换树脂上的物质洗脱下来。离子交换法由于所用介质无毒，可反复再生，少用或不用有机溶剂，已广泛应用到生物分离过程中。目前为止，离子交换层析在蛋白质的分离纯化领域应用极为广泛。

在离子交换层析技术中，基质是由带电荷的树脂或纤维素组成。其中，带有正电荷的称之阳离子交换树脂；而带有负电荷的称之阴离子交换树脂。按活性基团性质（交换基或官能团）又分为强酸型与弱酸型阳离子交换树脂，以及强碱型与弱碱型阴离子交换树脂。蛋白质的带电状况会随所处 pH 条件的变化而改变。阴离子交换基质结合带正电荷的蛋白质，所以这类蛋白质被留在柱子上，通常通过提高洗脱液中的盐浓度等手段，将吸附在柱子上的蛋白质洗脱下来。但也存在其他可改变洗脱条件的方法，比如改变洗脱液的 pH、加入竞争性抑制剂等。提高盐浓度是较为常用的手段，因为盐离子会与蛋白质竞争结合位点，促使蛋白质从离子交换树脂上脱离。在洗脱过程中，与基质结合较弱的蛋白质会首先被洗脱下来。反之阳离子交换基质结合带负电荷的蛋白质，结合的蛋白可以通过逐步增加洗脱液中的盐浓度或提高洗脱液的 pH 洗脱下来，提高 pH 时，蛋白质所带负电荷发生变化，与基质结合力减弱从而被洗脱。纳豆激酶的纯化步骤使用离子交换法。纳豆激酶的等电点为 8.7，且在 pH6~12 的范围性质稳定，因此，本实验选择阳离子交换介质 SP Sepharose Fast Flow，以 10mmol/L pH6.4 的磷酸缓冲液作为平衡液，用含 1mol/L NaCl 的磷酸盐缓冲液进行线性洗脱。

## 【实验器材】

**1. 实验材料** 新鲜纳豆、生理盐水、(NH₄)₂SO₄、10mmol/L pH6.4 磷酸缓冲液、含 1mol/L NaCl 的 10mmol/L pH6.4 磷酸盐缓冲液、凝胶层析介质 Sephadex G-25、离子交换介质 SP Sepharose Fast Flow 等。

**2. 实验仪器** GE 蛋白质纯化系统、高速冷冻离心机等。

## 【实验步骤】

1. 取新鲜纳豆 100g，加 300ml 无菌生理盐水，充分搅拌后浸提过夜。将浸提液以 4℃、7000r/min 离心 10 分钟，弃沉淀。上清即为纳豆激酶粗提液。

2. 一边搅拌一边将研细的 (NH₄)₂SO₄ 按照 30% 饱和度加入上述上清液中，充分盐析 1 小时，温度 4℃、7000r/min 离心 10 分钟，弃沉淀（沉淀为初步分离的杂蛋白）。取上清液，继续一边搅拌一边加入研细的 (NH₄)₂SO₄ 至 60% 的饱和度，静置 1 小时，温度 4℃、7000r/min 离心 10 分钟，弃上清液。沉淀用 10mmol/L pH6.4 的磷酸缓冲液溶解。

3. 在 ÄKTA Pure 25 系统上，以 1ml/min 的流速进行 Sephadex G-25 凝胶层析，以 10mmol/L pH6.4 磷酸缓冲液平衡后，用 10mmol/L pH6.4 磷酸缓冲液进行等度洗脱，分步收集洗脱液，除去含盐洗脱液，合并不含盐洗脱液。

4. 在 ÄKTA Pure 25 系统上，将 Sephadex G-25 凝胶层析得到的蛋白洗脱液，以 2.5ml/min 的流速进行 SP Sepharose Fast Flow 离子交换层析，以 10mmol/L pH6.4 磷酸缓冲液平衡后，用含 1mol/L NaCl 的 10mmol/L pH6.4 磷酸盐缓冲液进行线性洗脱，分步收集洗脱液，进行电泳检测。

## 【实验预期结果与分析】

1. 采用分级盐析法结合离子交换层析法提取纯化纳豆激酶。
2. 电泳检测纯化前后蛋白的纯度。

## 【要点提示及注意事项】

1. 样品上样前需要进行过滤，以免堵塞层析柱。
2. 最大耐受柱压需按照层析柱说明书中数值设置，以免损坏柱子。

## 【思考题】

1. 凝胶层析和离子交换层析步骤可否交换先后顺序，为什么？
2. 有什么方法可以进一步提高纳豆激酶的纯度？

---

## 实验 39　纳豆激酶的含量测定与电泳

## 【实验目的】

1. 掌握 SDS-PAGE 电泳的方法。
2. 熟悉考马斯亮蓝法测定蛋白质含量的方法。

## 【实验原理】

考马斯亮蓝 G250 的磷酸溶液呈棕红色，最大吸收峰在 465nm。考马斯亮蓝 G250 能与蛋白质的疏水区相结合，这种结合具有高敏感性，结合反应只需 2 分钟，此后 1 小时内结合物颜色能够保持稳定。考马斯亮蓝 G250 与蛋白质结合生成复合物呈色后，其最大吸收波长从 465nm 变为 595nm，且在一定范围内吸光度与蛋白质含量呈线性关系。而且该蛋白染料复合物吸光系数很高，检测灵敏度很高，可以测定 $1\mu g/ml$ 的蛋白质，因此被作为常用的蛋白含量测定方法之一。

SDS-PAGE 一般采用的是不连续缓冲系统，与连续缓冲系统相比，有较高的分辨率。不连续系统中由于缓冲液离子成分、pH、凝胶浓度及电位梯度的不连续性，带电颗粒在电场中泳动时不仅有电荷效应，分子筛效应，还具有浓缩效应，因而其分离条带清晰度及分辨率均优于连续系统。由于 SDS-PAGE 过程中使用了 SDS、巯基乙醇等，不同于一般的不连续凝胶系统。SDS 是阴离子去污剂，作为变性剂和助溶剂，它能断裂分子内和分子间的氢键，使分子去折叠，破坏蛋白分子的二、三级结构。此外，强还原剂如巯基乙醇、二硫苏糖醇等能使半胱氨酸残基间的二硫键断裂。因此，在样品和凝胶中加入还原剂和 SDS 后，分子被解聚成多肽链，解聚后的氨基酸侧链和 SDS 结合成蛋白-SDS 胶束，所带的负电荷大大超过了蛋白原有的电荷量，这样就消除了不同分子间的电荷差异和结构差异。因此，SDS-PAGE 中蛋白质的迁移率主要取决于它的相对分子质量，而与所带电荷和分子形状无关。

SDS-PAGE 由电极缓冲液、浓缩胶及分离胶所组成。浓缩胶是由过硫酸铵（AP）催化聚合而成的大孔胶，凝胶缓冲液为 pH6.8 的 Tris-HCl。分离胶是由 AP 催化聚合而成的小孔胶，凝胶缓冲液为

pH8.8 的 Tris – HCl。电极缓冲液是 pH8.3 的 Tris – 甘氨酸缓冲液。浓缩胶的作用是堆积作用，由于凝胶浓度较小，孔径较大，把较稀的样品加在浓缩胶上，经过大孔径凝胶的迁移作用而被浓缩至一个狭窄的区带。分离胶的作用是分离作用，由于分离胶孔径较小，分子量大的蛋白质通过时受的阻力大，泳动慢，分子量小的蛋白通过时受的阻力小，泳动快，最终各种蛋白按分子量大小排列成不同区带。

本实验室对提取的纳豆激酶测定激酶蛋白浓度，利用考马斯亮蓝方法测定蛋白含量，然后通过 SDS – PAGE 电泳测定其纯度。

## 【实验器材】

**1. 实验材料** 实验 37 "纳豆激酶的分离纯化"中提取的纳豆激酶蛋白、丙烯酰胺（Acr）、甲叉双丙烯酰胺（Bis）、氯化钠、牛血清蛋白、过硫酸铵、三羟甲基氨基甲烷（Tris）、甘氨酸、十二烷基硫酸钠（SDS）、四甲基乙二胺（TEMED）、浓盐酸、考马斯亮蓝 G250、无水乙醇、乙酸、溴酚蓝、甘油、$\beta$ – 巯基乙醇、蛋白 marker 等。

**2. 实验仪器** 垂直电泳仪、分光光度计、离心机、摇床、凝胶成像仪、电子天平、水浴锅等。

## 【实验步骤】

**1. 考马斯亮蓝法测定蛋白质含量** 根据表 6 – 4 测定不同浓度标准蛋白吸光度，并制作标准蛋白质溶液标准曲线，其中标准蛋白采用牛血清蛋白（BSA），根据蛋白浓度和 595nm 波长处的吸光值制作标准曲线。

表 6 – 4　标准蛋白质溶浓度

| | 1 | 2 | 3 | 4 | 5 | 6 | 7 |
|---|---|---|---|---|---|---|---|
| 1mg/ml 标准蛋白液（ml） | — | 0.1 | 0.2 | 0.3 | 0.4 | 0.6 | 0.8 |
| 0.15mol/L NaCl（ml） | 1.0 | 0.9 | 0.8 | 0.7 | 0.6 | 0.4 | 0.2 |
| 考马斯亮蓝 G250 染液（ml） | 4.0 | 4.0 | 4.0 | 4.0 | 4.0 | 4.0 | 4.0 |
| $OD_{595}$ | | | | | | | |

（1）以 $OD_{595}$ 为纵坐标，标准蛋白含量为横坐标（七个点），在坐标轴上绘制标准曲线。

（2）用 Excel 作图，计算回归线性方程，相关系数 $R^2$ 大于 0.9 认为合格。

（3）取 0.5ml 纳豆激酶蛋白，加 0.15mol/L 的 NaCl 0.5ml，再加入 4ml 考马斯亮蓝工作液，反应 2 分钟后测定 595nm 处吸光值，利用标准曲线或回归方程求出相当于标准蛋白质的量，从而计算出未知样品蛋白质的浓度。

**2. 配制溶液**

（1）30%（m/V）丙烯酰胺溶液（Acr – Bis）　称丙烯酰胺（Acr）29g，甲叉双丙烯酰胺（Bis）1g，加去离子水至 100ml，过滤后置棕色瓶中，4℃储存可用 1~2 个月。

（2）分离胶缓冲液（1.5mol/L pH8.8 Tris – HCl 缓冲液）　称取 Tris 45.5g 加入 200ml 去离子水，用 6mol/L 的盐酸调 pH8.8，最后用去离子水定容至 250ml。

（3）浓缩胶缓冲液（1mol/L pH6.8 Tris – HCl 缓冲液）　称取 Tris 12.1g 加入 50ml 去离子水，用 1mol/L 的盐酸调 pH6.8，最后用去离子水定容至 100ml。

（4）10%（质量浓度）SDS　10ml。

（5）10% 过硫酸铵（AP）　10ml（使用当天配制）。

（6）5 × Tris – 甘氨酸电泳缓冲液（1L）　称取 Tris 15.1g、甘氨酸 94g、SDS 5.0g，加入约 800ml 的去离子水，搅拌溶解；加去离子水定容至 1L，室温保存。用时稀释 5 倍。

注意：加水时应让水沿着壁缓缓流下，以避免 SDS 产生大量泡沫。

（7）5×SDS－PAGE 上样缓冲液（5ml）　配制用各组分浓度分别为 250mm Tris－HCl（pH6.8）10%（W/V）、0.5% SDS（W/V）、50% BPB（V/V）、5% 甘油（W/V）、β－巯基乙醇。5ml 配制方法为，量取 1mol/L Tris－HCl 1.25ml，SDS 0.5g，BPB 25mg，甘油 2.5ml，加入去离子水溶解后定容至 5ml。小份（500μl/份）分装后，于室温保存，使用前将 25μl 的 2－ME 加到每小份中，加入 2－ME 的上样缓冲液可在室温下保存一个月左右。

（8）考马斯亮蓝染色液（1000ml）　乙醇 500ml、乙酸 100ml、考马斯亮蓝 G250 2.5g，去离子水补至 1000ml。充分混匀后进行过滤，收集滤液备用。当过滤速度变慢时要更换滤纸，快速过滤完，不可隔夜，以免影响染色效果。

（9）脱色液（1000ml）　乙醇 250ml、乙酸 80ml、去离子水补至 1000ml，混匀，备用。

（10）TEMED（四甲基乙二胺）　原液直接使用。

**3. 制作分离胶**

（1）将玻璃板用蒸馏水洗净晾干。

（2）把玻璃板在灌胶支架上固定好，勿用手接触洗净的玻璃表面。

（3）封住长板下口空隙，要避免产生气泡。

（4）按表 6－5 比例配好 10ml，12% 的分离胶。

表 6－5　分离胶配方

| 成分 | 配制不同体积 SDS－PAGE 分离胶所需各成分的体积（ml） | | | | | |
| --- | --- | --- | --- | --- | --- | --- |
| 12% 胶 | 5 | 10 | 15 | 20 | 30 | 50 |
| 蒸馏水 | 1.0 | 2.0 | 3.0 | 4.0 | 6.0 | 10.0 |
| 30% Acr－Bis（29∶1） | 2.0 | 4.0 | 6.0 | 8.0 | 12.0 | 20.0 |
| 分离胶缓冲液 | 1.9 | 3.8 | 5.7 | 7.6 | 11.4 | 19.0 |
| 10% SDS | 0.05 | 0.1 | 0.15 | 0.2 | 0.3 | 0.5 |
| 10% 过硫酸铵 | 0.05 | 0.1 | 0.15 | 0.2 | 0.3 | 0.5 |
| TEMED | 0.002 | 0.004 | 0.006 | 0.008 | 0.012 | 0.02 |

将两块洗净的玻璃板按照说明书装好，将混匀的混合液用移液器快速加入两个玻璃板中间，加到高度约 5cm 为佳（距样品梳下缘大约 1cm），为了保证凝胶表面平整可用注射器通过细针头小心地加一层（高约 1cm）蒸馏水于表面上，勿使与凝胶液混合，室温放置，使液面平整，静置 30 分钟左右，使其充分交联。

**4. 制作浓缩胶**　按表 6－6 的比例配好 4ml 5% 的浓缩胶。

表 6－6　浓缩胶配方

| 成分 | 配制不同体积 SDS－PAGE 浓缩胶所需各成分的体积（ml） | | | | | |
| --- | --- | --- | --- | --- | --- | --- |
| 5% 胶 | 2 | 3 | 4 | 6 | 8 | 10 |
| 蒸馏水 | 1.4 | 2.1 | 2.7 | 4.1 | 5.5 | 6.8 |
| 30% Acr－Bis（29∶1） | 0.33 | 0.5 | 0.67 | 1.0 | 1.3 | 1.7 |
| 浓缩胶缓冲液 | 0.25 | 0.38 | 0.5 | 0.75 | 1.0 | 1.25 |
| 10% SDS | 0.02 | 0.03 | 0.04 | 0.06 | 0.08 | 0.1 |
| 10% 过硫酸铵 | 0.02 | 0.03 | 0.04 | 0.06 | 0.08 | 0.1 |
| TEMED | 0.002 | 0.003 | 0.004 | 0.006 | 0.008 | 0.01 |

5. 将已充分交联的分离胶上层的去离子水吸取干净，然后将制作好的浓缩胶液加入玻璃板中，然

后轻轻地将样品梳插入浓缩胶中，静置 30 分钟左右，使其充分交联。

6. 将蛋白质样品加适量上样缓冲液，然后置于水浴锅中，95℃处理 5 分钟。

7. **上样** 轻轻地拔出样品梳，用滤纸吸去槽中多余液体，用微量进样器针头对加样孔进行校正，然后用微量进样器吸取样品进行加样，最左边样品孔中加入标准蛋白质 $5\mu l$，其余样品孔中加入待测蛋白 $20\mu l$，最后分别在上，下储槽内加入电极缓冲液（内含 0.1% SDS）。

8. **电泳** 分别将正负极电源插头正确插入，接通电源，进行电泳，开始时电流恒定在 40mA，当进入分离胶后改为 80mA，待溴酚蓝距凝胶边缘约 1cm 时，停止电泳。

9. **剥胶** 电泳结束后，用小塑料板撬开玻璃板，将凝胶轻轻剥至含去离子水的培养皿中，用去离子水清洗 1~2 次。

10. **染色** 将去离子水倒掉，加考马斯亮蓝 G250 染色液进行染色，放置在摇床上染色 30 分钟左右。

11. **脱色** 染色后的凝胶用去离子水漂洗 1~2 次，再加脱色液脱色，直到脱去背景色。

12. **拍照或扫描保存** 将脱色过的凝胶进行拍照或扫描仪扫描，保存。通过直观观察可见分离的纳豆激酶的纯度。

## 【实验预期结果与分析】

1. 采用考马斯亮蓝法测定纳豆激酶含量。
2. 电泳法比较纯化前后纯度变化。

## 【要点提示及注意事项】

1. 在标准曲线上，根据测定 OD 值查找相应的浓度，即为待测样品的浓度，如果该浓度超出了标准曲线的线性范围，则必须将待测样品适当稀释后重新测定。

2. 拔梳子要轻，用力需均匀，不能过猛，否则浓缩胶与分离会出现胶断裂、板间有气泡等现象。

3. 剥胶需从紧贴玻璃板的底部开始，然后用水轻轻冲洗后放入染色液中。

4. Acr 和 TEMED 有毒，加入时要小心。

## 【思考题】

1. 哪些物质会干扰蛋白质含量测定的准确性？
2. 哪些因素会影响蛋白质电泳的分离效果和分离速度？
3. 样品中的去污剂、高浓度盐等可能对结果产生什么影响？

---

## 实验 40 大蒜中超氧化物歧化酶的提取、分离及活性测定

## 【实验目的】

掌握超氧化物歧化酶的提取方法。

## 【实验原理】

超氧化物歧化酶（superoxide dismutase，SOD）是植物中普遍存在的一种含金属酶，具有抗氧化、抗衰老、抗辐射和消炎等作用。它与过氧化物酶、过氧化氢酶等协同作用防御活性氧或其他过氧化物自

由基对细胞膜系统的伤害；超氧化物歧化酶可以催化氧自由基的歧化反应，生成过氧化氢，过氧化氢又可以被过氧化氢酶转化成无害的分子氧和水。

大蒜蒜瓣和悬浮培养的大蒜细胞中含有较丰富的SOD，通过组织或细胞破碎后，可用pH7.8的磷酸缓冲溶液提取出来，然后用硫酸铵分级沉淀法进行初步纯化，再用有机溶剂沉淀法将其纯化。盐析法是指在含蛋白质等高分子物质的溶液中加入大量的无机盐，使其溶解度降低，沉淀析出，而与其他成分分离的一种方法。常作盐析的无机盐有硫酸钠、硫酸镁、硫酸铵等。盐析是一个可逆的过程，可用于蛋白质的分离纯化。盐析作用的实质是高浓度的强电解质破坏蛋白质分子表面的水化膜，同时电解质离子中和了蛋白质所带的电荷，蛋白质的稳定因素被消除，使蛋白质分子相互碰撞而凝聚沉淀。蛋白质在水溶液中的溶解度取决于蛋白质分子表面离子周围的水分子数目，亦即主要是由蛋白质分子外周亲水基团与水形成水化膜的程度以及蛋白质分子带有电荷的情况决定的。由于各种蛋白质在不同盐浓度中的溶解度不同，不同饱和度的盐溶液沉淀的蛋白质不同，从而使之从其他蛋白中分离出来。有机溶剂沉淀的原理是，有机溶剂能降低水溶液的介电常数，使蛋白质分子之间的静电引力增大，同时，有机溶剂的亲水性比蛋白质分子的亲水性强，它会抢夺本来与亲水蛋白质结合的自由水，破坏其表面的水化膜，导致蛋白质分子之间的相互作用增大而发生聚集，从而沉淀析出。由于SOD不溶于丙酮，最后可用丙酮将其沉淀析出。

## 【实验器材】

**1. 实验材料**　新鲜蒜瓣、0.05mol/L磷酸缓冲液（pH7.8）、三氯甲烷-乙醇混合液（三氯甲烷：无水乙醇=3：5）、丙酮（用前需预冷至4℃）、硫酸铵、SOD测定试剂盒等。

**2. 实验仪器**　恒温水浴锅、冷冻高速离心机、冰箱、制冰机、高速搅拌机、分光光度计、研钵、玻棒、烧杯、量筒等。

## 【实验步骤】

1. 取新鲜大蒜蒜瓣，去外膜后称取5g（约两瓣），用刀片切碎，转移置于研钵中冰浴研磨。

2. SOD的提取：破碎后的组织中加入2~3倍体积的0.05mol/L预冷磷酸缓冲液（pH7.8），继续研磨10分钟，使SOD充分溶解到缓冲液中，然后4℃、8000r/min离心10分钟，弃沉淀，取上清液。

3. 上清液加入四分之一体积的预冷三氯甲烷-乙醇混合液搅拌10分钟，4℃、8000r/min离心10分钟，上清液即为粗酶液，沉淀为杂蛋白。

4. 将硫酸铵晶体研磨成粉末后，称取一定质量的硫酸铵粉末缓慢加入SOD粗提液，使之达到50%的饱和度，置于4℃冰箱30分钟，10000r/min冷冻离心20分钟，除去杂质蛋白。取上清液，测量体积，在上清液中再加入硫酸铵粉末使之达到90%饱和度，放置于4℃冰箱2小时，10000r/min冷冻离心20分钟，收集沉淀。将沉淀溶于0.05mol/L磷酸缓冲液（pH7.8）。

注：0℃下，硫酸铵起始浓度为0%，终浓度为50%时，每100ml溶液中加固体硫酸铵29.1g；起始浓度为50%，终浓度为90%时，每100ml溶液中加固体硫酸铵26.8g。

5. SOD的沉淀分离：加入等体积的冷丙酮，搅拌10分钟，4℃、8000r/min离心10分钟，得SOD沉淀。将SOD沉淀溶于0.05mol/L磷酸缓冲液（pH7.8）中，即为SOD酶液。

6. SOD活力测定：根据SOD测定试剂盒说明书操作。

## 【实验预期结果与分析】

1. 硫酸铵分级盐析法结合有机溶剂沉析法提取大蒜中SOD。

2. 根据 SOD 测定试剂盒说明书操作步骤测定 SOD 活力。

## 【要点提示及注意事项】

1. 提取酶液时，为了保持酶的活性，尽可能在冰浴中研磨，在低温中离心。
2. 实验中所提取到的提取液、粗酶液、酶液在未使用前最好将其先放在冰箱内，防止酶活损失。

## 【思考题】

提取酶都有哪些方法，原理分别是什么？

---

### 实验 41  大肠埃希菌 α–干扰素的分离纯化

## 【实验目的】

1. 掌握 α–干扰素的分离纯化。
2. 了解常见的蛋白质分离介质。

## 【实验原理】

干扰素是由干扰素诱生剂作用于有关生物细胞后，由这些细胞所产生的一类具有高活性、多功能的蛋白质。从细胞产生和释放出来以后，又作用于相应的其他同种细胞，使其获得抗病毒、抗肿瘤、免疫调节、诱导分化等多方面的生理功能。本实验用具有多聚组氨酸标签（His–Tag）的人 α–干扰素生物工程菌，以 IPTG 诱导其表达 α–干扰素融合蛋白（包涵体），洗涤并溶解后，用生物亲和层析方法进行进一步纯化和复性。

亲和层析技术是基于固定相的配基与生物分子间的特殊生物亲和能力，如酶与底物、受体配体、抗体抗原、核酸的互补连、植物凝集素和糖蛋白、金属离子和蛋白质表面的组氨酸等的特殊亲和能力，利用生物高分子能与配基分子专一识别、可逆结合的特性，来进行分离。亲和层析纯化过程简单、迅速，分离效率高，特别适合分离纯化含量低、稳定性差的生物大分子，而且纯化倍数大，产物纯度高，因此广泛应用于蛋白质纯化。

His–Tag 融合蛋白是目前最常见的表达方式，它的优点是操作方便而且基本不影响蛋白的活性，无论表达的蛋白是可溶性的或包涵体都可以用亲和层析进行纯化。要想得到好的纯化效果，必须选择好纯化条件。通常 His–Tag 蛋白都可以在天然情况下被亲和层析柱吸附，但是如果是包涵体蛋白，标签折叠在蛋白内部不容易暴露，就难纯化。此时可以在样品和平衡缓冲液中加 1~2mol/L 尿素，这样蛋白结构相对松散，也许能吸附而蛋白不会变性。对于本身就是变性的蛋白如果 8mol/L 尿素不能吸附，改用 6mol/L 盐酸胍溶解样品就可以被吸附，因为盐酸胍可以打开尿素打不开的结构使得标签能暴露。当然，如果有二硫键最好加 1~2mmol/L DTT 可以更好解决吸附的问题。本实验使用亲和层析柱 HisTrap HP 来纯化 His–Tag 人 α–干扰素融合蛋白。

## 【实验器材】

**1. 实验材料**  表达 His–tag 人 α–干扰素的大肠埃希菌、牛肉膏、蛋白胨、酵母提取物、Tris、甘油、盐酸胍、DTT、氯化钠、磷酸缓冲液、IPTG、氨苄西林、25mmol/L pH7.5 的 Tris–HCl、HisTrap HP 亲和层析柱、Sephacry 凝胶过滤层析柱等。

**2. 实验仪器** 恒温培养摇床、GE 蛋白质纯化系统、高速冷冻离心机、超声波破碎仪、制冰机等。

## 【实验步骤】

**1. 菌种制备** 取 – 70℃下保存的甘油管菌种，于室温下融化。接入 LB 培养基，37℃，pH7.0，150r/min 活化培养 12 小时。

**2. 接种** 将已活化的菌种接入装有 150ml 培养基（含 100μg/ml 氨苄西林）的锥形瓶中，接种量为 1%，32℃，pH7.0，150r/min，培养 4 小时后加入 IPTG（终浓度 0.01mmol/L），继续培养 20 小时。

**3. 菌体收集** 将已降温的发酵液转入离心管，4℃ 6000×g 离心 20 分钟，弃去上清，沉淀用 20ml 的 25mmol/L pH 7.5 的 Tris – HCl 悬起。

**4. 细胞破碎** 将悬起后的菌体进行冰浴超声破碎提取，超声功率为 120W，超声时间 5 秒，间歇时间 5 秒，共超声 20 分钟。将破碎后的液体 4℃ 12000×g 离心 10 分钟，弃上清。

**5. 包涵体溶解** 将沉淀按重量体积比 1：8 加入 8mol/L 盐酸胍和 DTT 裂解液，超声裂解 10 分钟（超声时间 5 秒，间歇时间 5 秒），4℃ 5000×g 离心 10 分钟，取上清液。

**6. 纯化** 在 ÄKTA Pure 10 蛋白纯化系统上，以 1ml/min 的流速进行 HisTrap HP 亲和层析，收集干扰素峰。

**7. 复性** 将亲和柱收集的干扰素经凝胶过滤色谱 Sephacry 柱层析，用 25mmol/L pH 7.5 磷酸缓冲液洗脱，收集活性峰，进行电泳检测。

## 【实验预期结果与分析】

1. 对生物工程菌进行培养和诱导表达融合蛋白后，破碎细胞，进行包涵体蛋白的提取。
2. 采用亲和层析柱对融合蛋白进行纯化，比较纯化前后蛋白纯度变化。
3. 采用凝胶过滤色谱对融合蛋白进行复性。

## 【要点提示及注意事项】

1. 常温下干扰素半衰期很短，各种操作要在低温下进行，动作要迅速，纯化试剂需要冷处理。
2. 得到的干扰素要及时在低温下存放。
3. 为保持蛋白的活性，所有提取步骤都在冰浴中进行，离心也需在低温下离心。
4. 包涵体蛋白总体物，杂质洗脱液，目标蛋白洗脱液，标记名称与日期，迅速放入 – 20℃保存，下次实验检测。

## 【思考题】

1. 分离纯化过程两次运用层析柱，顺序能否调换，为什么？
2. 简述亲和分离的原理和一般操作方法。

## 实验 42 虎杖中蒽醌类成分的提取、分离及鉴定

## 【实验要求】

1. 掌握中药有效成分回流提取法；中药提取液常压蒸馏浓缩。
2. 熟悉 pH 梯度萃取法。

## 【实验原理】

本实验是根据虎杖中的羟基蒽醌类化合物及二苯乙烯类成分均可溶于乙醇，故采用乙醇将它们提取出来。羟基蒽醌类苷元成分能溶于乙醚等溶剂，采用乙醚或乙酸乙酯使苷元和苷类成分分离，又利用羟基蒽醌类化合物酸性强弱不同，用梯度 pH 萃取法进行分离。

## 【实验器材】

**1. 实验材料**　虎杖药材饮片、乙醇、氨水、醋酸镁、乙酸乙酯、正己烷、冰醋酸、乙醚、氢氧化钠溶液、碳酸钠溶液、碳酸氢钠溶液、醋酸镁、大黄酚标准品、大黄素标准品、石油醚及蒸馏水。

**2. 实验仪器**　电热恒温水浴锅、旋转蒸发仪、电子天平、电热鼓风干燥箱、紫外仪、超声波清洗器、玻璃棒、漏斗、量筒、刻度试管、滴管、烧杯、烧瓶、回流提取装置、常压浓缩装置、抽滤瓶、布氏漏斗、分液漏斗、广口瓶、研钵、展开缸、硅胶柱、薄层硅胶 G－CMC－Na 板、毛细管、蒸发皿、滤纸、洗瓶、纱布、脱脂棉、医用乳胶手套、试管刷、pH 试纸、一次性手套及口罩。

## 【实验步骤】

**1. 虎杖乙醇总提取物的制备**　虎杖饮片打粉后，称取 200g 虎杖粉末，置于 1L 烧瓶中，采用 95% 乙醇回流提取两次（500ml，1 小时；300ml，0.5 小时），四层纱布过滤，得到滤液。常压回收滤液中的乙醇，浓缩至 40ml 左右，转移至烧杯中，用少量乙醇洗涤烧瓶，洗液并入烧杯中，水浴浓缩至膏状，即得。

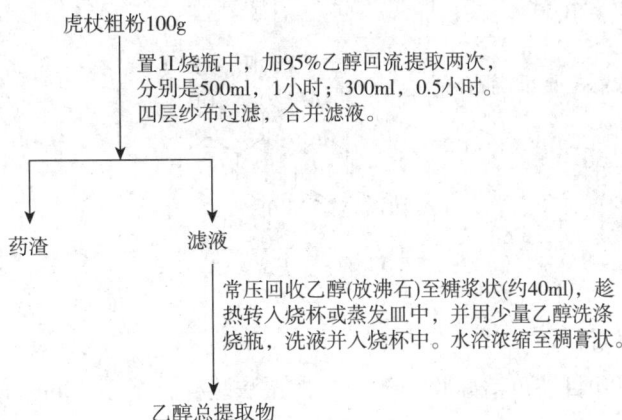

虎杖粗粉100g

置1L烧瓶中，加95%乙醇回流提取两次，
分别是500ml，1小时；300ml，0.5小时。
四层纱布过滤，合并滤液。

药渣　　　滤液

常压回收乙醇(放沸石)至糖浆状(约40ml)，趁
热转入烧杯或蒸发皿中，并用少量乙醇洗涤
烧瓶，洗液并入烧杯中。水浴浓缩至稠膏状。

乙醇总提取物

**2. 总游离蒽醌的制备**

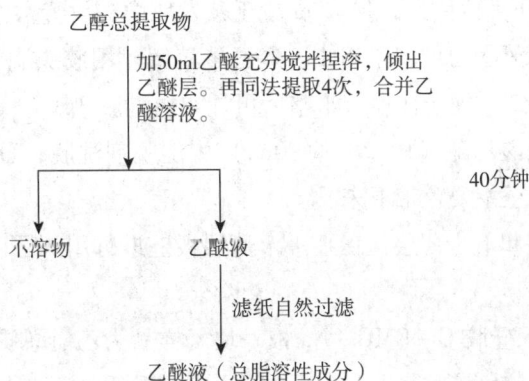

乙醇总提取物

加50ml乙醚充分搅拌捏溶，倾出
乙醚层。再同法提取4次，合并乙
醚溶液。

40分钟

不溶物　　　乙醚液

滤纸自然过滤

乙醚液（总脂溶性成分）

### 3. 各游离蒽醌的分离（pH 梯度萃取法）

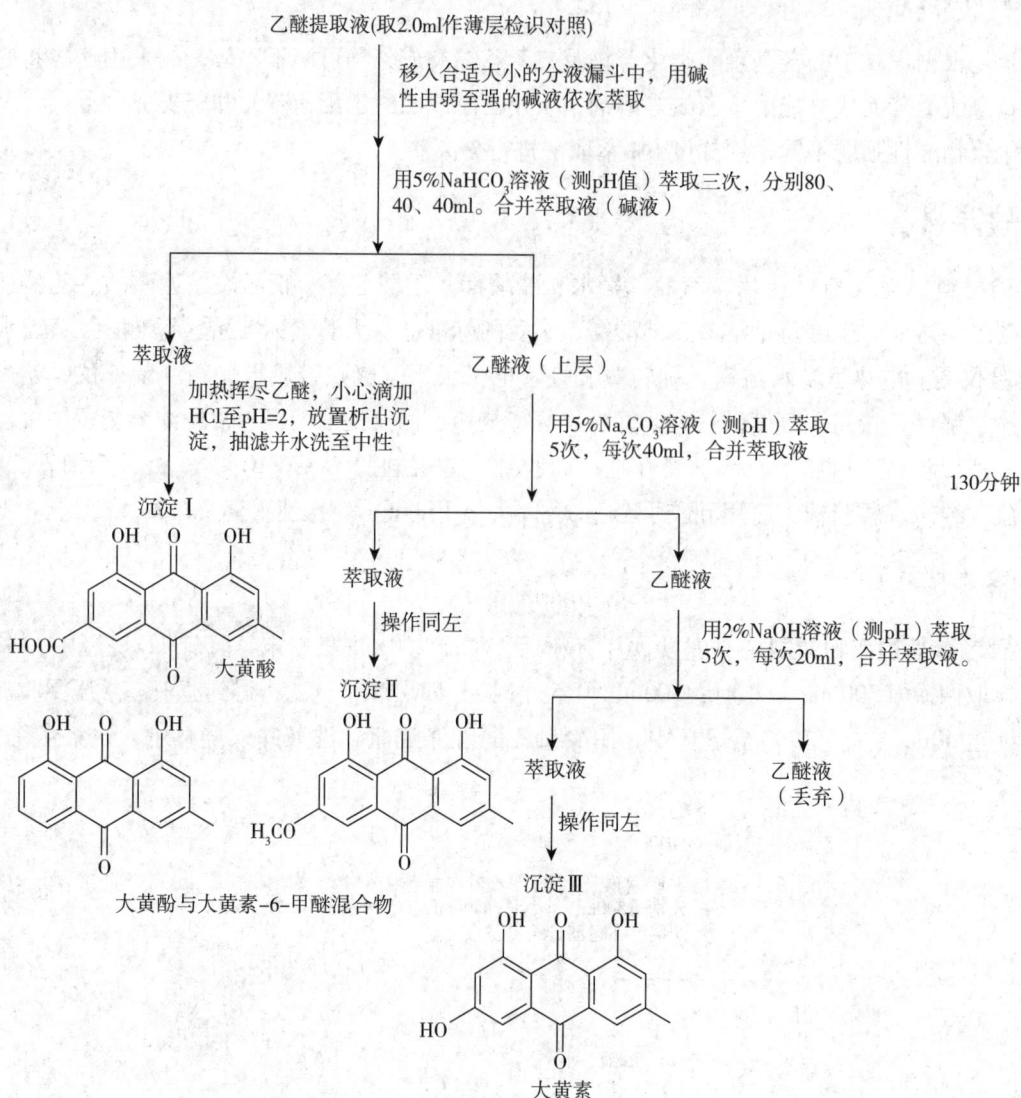

乙醚提取液(取2.0ml作薄层检识对照)

移入合适大小的分液漏斗中，用碱性由弱至强的碱液依次萃取

用5%NaHCO₃溶液（测pH值）萃取三次，分别80、40、40ml。合并萃取液（碱液）

萃取液

加热挥尽乙醚，小心滴加HCl至pH=2，放置析出沉淀，抽滤并水洗至中性

沉淀 I

大黄酸

乙醚液（上层）

用5%Na₂CO₃溶液（测pH）萃取5次，每次40ml，合并萃取液

萃取液

操作同左

沉淀 II

大黄酚与大黄素-6-甲醚混合物

乙醚液

用2%NaOH溶液（测pH）萃取5次，每次20ml，合并萃取液。

萃取液

操作同左

沉淀 III

大黄素

乙醚液（丢弃）

130分钟

### 4. 硅胶柱色谱法分离沉淀 II

（1）装柱　取 200～300 目柱色谱硅胶（30g），按湿法装样，溶于 90ml 石油醚–乙酸乙酯（1∶2）混合溶液中，边搅拌边装柱，打开活塞，待沉降匀实，保持硅胶界面平整，保持溶液至硅胶界面 0.1～0.3cm，关闭活塞，开始上样。

（2）上样　称取 100～200 目柱色谱硅胶 1.5g 置于蒸发皿中，放置水浴锅上（温度约 60℃），将沉淀 II（约 0.1g 或 1cm×1cm 大小）加入 1～2ml 乙酸乙酯溶解，用胶头滴管缓慢加入，边滴加边搅拌，得到拌样硅胶，将拌样硅胶研细，加于柱顶，平整后再加空白硅胶 3g。

（3）洗脱　用石油醚–乙酸乙酯（1∶2，约 90ml）为洗脱剂洗脱，分段收集，每份 10ml，约 3 试管（待颜色下来开始收集，直至主要色带下来）。

（4）检识　取试管收集液和下步薄层检识在一个薄层板上进行用薄层硅胶跟踪检查。

### 5. 蒽醌类化合物的检识

（1）薄层检识　10×10cm 硅胶 G–CMC–Na 板一块。样品为乙醚总提物，沉淀 I、II、III（各取少量，以适量乙醇溶解）以及柱色谱收集馏分。标准品为大黄素和大黄酚甲醇溶液。展开剂为石油醚–

乙酸乙酯（2∶1 $V/V$ 20ml + 2 滴醋酸）。

显色与观察：可见光观察，紫外光观察，NH$_3$熏蒸后观察。

（2）化学检识 沉淀Ⅰ、Ⅱ、Ⅲ的乙醇溶液各取约2ml，分别滴加醋酸镁乙醇溶液数滴，观察颜色变化。

## 【要点提示及注意事项】

1. 实验过程中要注意安全，避免乙醇火灾。
2. 使用回流装置时，确保装置密封良好。
3. 过滤时防止滤液损失，确保全部滤液收集。
4. 浓缩过程中控制水浴温度，避免过度浓缩导致焦糊。

## 【思考题】

1. 在虎杖蒽醌类成分的提取实验中，为何选择乙醇作为提取溶剂？结合实验原理，说明该溶剂相较于水、石油醚或乙酸乙酯的优势。

2. 梯度 pH 萃取法分离蒽醌类成分时，若依次使用碳酸氢钠、碳酸钠和氢氧化钠溶液萃取，各层水相中可能得到哪些酸性不同的蒽醌类化合物？简述其原理。

## 实验 43 芦丁的提取、鉴定及其水解产物的分析

## 【实验要求】

1. 掌握用酸碱法提取芦丁的原理和方法。
2. 熟悉黄酮类化合物的聚酰胺薄膜色谱、糖的纸色谱和黄酮类化合物的化学检识方法。
3. 了解黄酮苷类的一般鉴定程序。

## 【实验原理】

芦丁结构中具有多个酚羟基，显酸性，易溶于碱水，酸化后又析出沉淀，故用碱溶酸沉法提取。芦丁可被稀酸水解，生成苷元和糖，生成的糖可通过纸色谱进行鉴定，生成的苷元槲皮素可通过聚酰胺薄膜色谱进行鉴定。

## 【实验器材】

**1. 实验材料** 槐米药材饮片、槲皮素、芦丁、葡萄糖、鼠李糖、镁粉、氢氧化钡、三氯化铁、邻苯二甲酸、浓盐酸、饱和石灰水、浓硫酸、正丁醇、冰醋酸、乙醇、α-萘酚、二氯甲烷、甲醇、浓氨水、苯胺及蒸馏水。

**2. 实验仪器** 铁架台、展开缸、玻璃棒、布氏漏斗、抽滤瓶、漏斗、量筒、滴管、烧杯、棕色滴瓶、试管刷、试管夹、试管、硅藻土、点样毛细管、聚酰胺薄膜、脱脂棉、广谱 pH 试纸、定性滤纸、洗耳球、护目镜及一次性手套。

## 【实验步骤】

### 1. 提取芦丁粗品

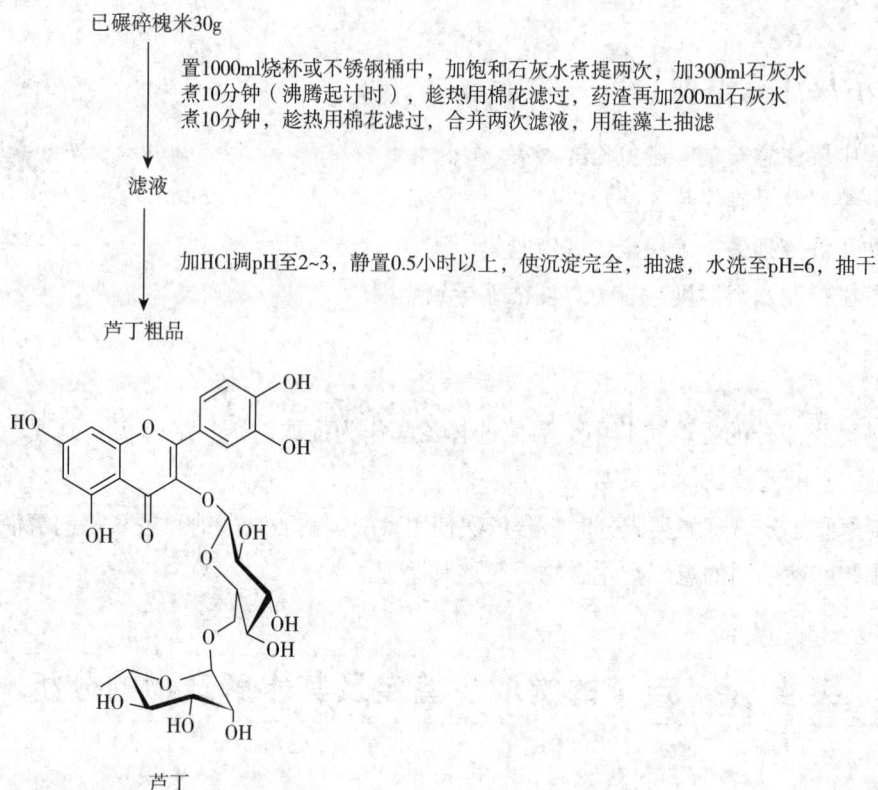

已碾碎槐米30g

置1000ml烧杯或不锈钢桶中，加饱和石灰水煮提两次，加300ml石灰水
煮10分钟（沸腾起计时），趁热用棉花滤过，药渣再加200ml石灰水
煮10分钟，趁热用棉花滤过，合并两次滤液，用硅藻土抽滤

滤液

加HCl调pH至2~3，静置0.5小时以上，使沉淀完全，抽滤，水洗至pH=6，抽干

芦丁粗品

芦丁

### 2. 芦丁的水解

芦丁粗品1.5g

置200ml烧杯中，加1%$H_2SO_4$（$V/V$）100ml，置电炉上隔石棉网加热
30分钟（随时补加水至原体积；也可加热回流）（注意观察澄明度和
颜色的变化），放冷，抽滤

水解母液　苷元（上交，需干燥）

槲皮素

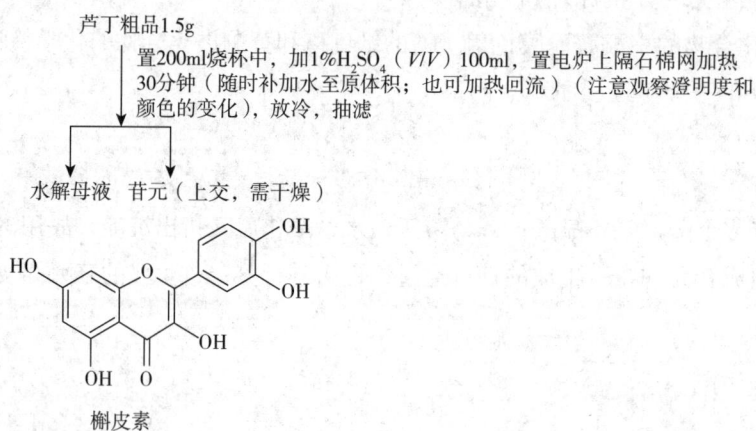

**3. 糖的纸色谱鉴定**　取 20ml 水解母液，缓慢加入 $Ba(OH)_2$ 细粉中和至近中性（pH 为 5 左右），再用 $Ba(OH)_2$ 饱和溶液中和至中性，滤出白色 $BaSO_4$ 沉淀，滤液浓缩至 2~3ml，作为样品液。同时采用葡萄糖及鼠李糖的水溶液作为标品进行比对。展开剂为 BAW（4：1：5）上层 20ml，提前配好，静置，使分层明显。最后采用苯胺–邻苯二甲酸试剂喷后 105℃（电炉）烘 10 分钟，进行显色。

**4. 芦丁、槲皮素的化学检识**　取自制芦丁精品和槲皮素各少许，分别加 10ml 乙醇溶解，取上清液做以下反应。

（1）Molish 反应　取 1ml 上清液置于试管中，加几滴 α–萘酚，摇匀，沿管壁缓缓滴加浓硫酸 1ml

（加酸后不要振摇），观察现象。

（2）HCl – Mg 反应　取样品溶液少量，加镁粉适量，滴加浓盐酸，观察现象。

（3）FeCl₃反应　往样品溶液里滴加 1% FeCl₃ 醇溶液一滴，观察颜色变化。

**5. 芦丁、槲皮素聚酰胺薄膜色谱**　采用自提的芦丁和槲皮素以及芦丁和槲皮素标准品的乙醇液，进行聚酰胺薄膜色谱，展开剂为 10ml 80% 乙醇，上行展开。氨气熏后，喷 AlCl₃ 试剂后，紫外灯下观察荧光。

## 【要点提示及注意事项】

1. 使用浓硫酸、浓盐酸时需佩戴手套和护目镜，避免皮肤或眼睛接触，稀释时需将酸缓慢加入水中，防止剧烈放热。

2. 碱溶酸沉过程中，酸化时需缓慢滴加酸液，避免沉淀过快包裹杂质，影响纯度。

3. 水解母液中和时，Ba(OH)₂ 需少量多次添加并充分搅拌，防止局部过碱破坏糖结构或生成胶状沉淀。

4. 纸色谱点样时，样品量需适中（直径 2 ~ 3mm），避免扩散重叠，展开剂静置分层后仅取上层使用。

5. 聚酰胺薄膜色谱前需预饱和展开缸，展开过程中避免振动，以免影响分离效果。

## 【思考题】

1. 在芦丁的提取中，为何选择"碱溶酸沉法"而非直接水提或醇提？结合芦丁的结构与理化性质说明其原理。

2. 水解产物的纸色谱中，展开剂 BAW（正丁醇：醋酸：水 = 4：1：5）为何能有效分离葡萄糖和鼠李糖？结合糖的极性与展开剂组成说明其原理。

## 实验 44　三颗针中小檗碱的提取、纯化与鉴定

### 【实验要求】

1. 掌握从三颗针中提取小檗碱的原理和方法，加深对小檗碱性质的了解。

2. 熟悉生物碱的一般检识方法及小檗碱的特征检识方法。

3. 了解用酸水提取法提取生物碱的一般工艺。

### 【实验原理】

小檗碱属水溶性季铵碱，其硫酸盐在水中溶解度较大，可以从三颗针中采用稀硫酸水溶液提取小檗碱。得到总生物碱后，采用氧化铝柱色谱分离纯化，得到小檗碱，最后采用化学检识和薄层色谱进行鉴定。

### 【实验器材】

**1. 实验材料**　三颗针药材饮片、氧化铝、石英砂、石灰、氯化钠、盐酸小檗碱、薄层色谱硅胶 GF₂₅₄、柱色谱硅胶、0.5% 羧甲基纤维素钠溶液、碘化汞钾溶液、碘化铋钾溶液、硅钨酸溶液、冰醋酸、浓盐酸、浓硫酸、三氯甲烷、甲醇及蒸馏水。

**2. 实验仪器** 铁架台、温度计、玻璃棒、布氏漏斗、抽滤瓶、漏斗、量筒、滴管、烧杯、棕色滴瓶、试管刷、试管夹、试管、点样毛细管、玻璃板、脱脂棉、广谱 pH 试纸、定性滤纸、纱布、洗耳球、护目镜及耐酸性手套。

## 【实验步骤】

**1. 三颗针总生物碱的制备**

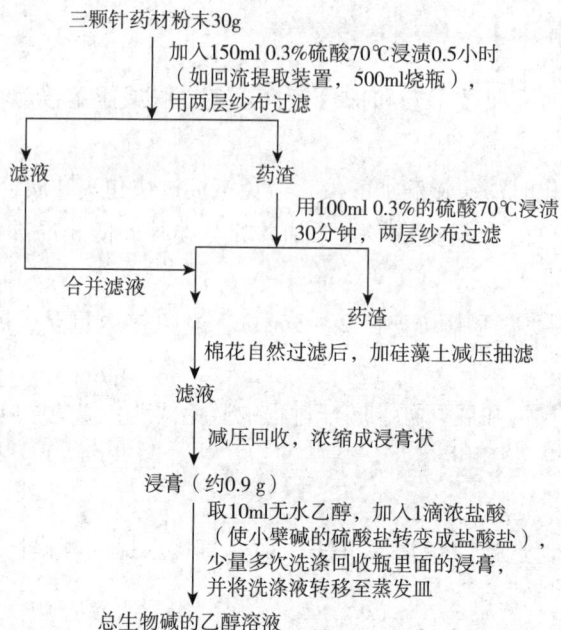

```
              三颗针药材粉末30g
                  │ 加入150ml 0.3%硫酸70℃浸渍0.5小时
                  │ （如回流提取装置，500ml烧瓶），
                  │ 用两层纱布过滤
        ┌─────────┴─────────┐
      滤液                 药渣
        │                   │ 用100ml 0.3%的硫酸70℃浸渍
        │                   │ 30分钟，两层纱布过滤
        │            ┌──────┴──────┐
        └──合并滤液──┤           药渣
                     │
                     │ 棉花自然过滤后，加硅藻土减压抽滤
                   滤液
                     │ 减压回收，浓缩成浸膏状
                  浸膏（约0.9 g）
                     │ 取10ml无水乙醇，加入1滴浓盐酸
                     │ （使小檗碱的硫酸盐转变成盐酸盐），
                     │ 少量多次洗涤回收瓶里面的浸膏，
                     │ 并将洗涤液转移至蒸发皿
              总生物碱的乙醇溶液
```

**2. 硅胶柱色谱分离** 样品为三颗针的乙醇溶液。吸附剂采用中性氧化铝，洗脱剂采用 95% 乙醇。提取物的乙醇溶液，再加 3.5g 中性氧化铝拌匀，90℃ 水浴锅上边挥干边搅拌，直到乙醇挥净，伴有样品的氧化铝呈粉末状，即为拌样氧化铝。

取色谱柱（内径 2cm × 长 43cm），分离氧化铝 20g，保护氧化铝 3g，石英砂少量。在柱子底部铺一层石英砂，然后加入分离氧化铝 20g，用洗耳球不断敲击柱子至界面平整，加入拌样氧化铝，最后加入保护氧化铝 3g。用滴管沿柱子内壁缓缓加入 95% 乙醇，待乙醇从柱子底端流出，开始用试管接收洗脱液，约每 8ml 为 1 试管（共接收 7 试管），用记号笔在管身标注接液顺序，约消耗 70ml 乙醇，盐酸小檗碱主要集中在 1~6 管。共计 7 试管样品，分别标记为样品 1~7。

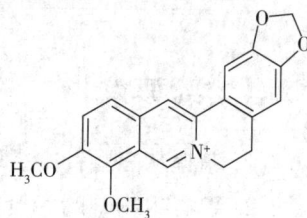

小檗碱

**3. 小檗碱的理化鉴别** 取三支试管，分别加入含有小檗碱的柱洗脱乙醇液 1ml（取 2 号试管样品，加入一滴浓盐酸），分别加入碘化汞钾、碘化铋钾、硅钨酸，观察是否有沉淀产生及颜色变化。

**4. 小檗碱的薄层鉴别**

（1）薄层板制备 取硅胶 GF$_{254}$ 与 0.5% 羧甲基纤维素钠溶液按 1：3（硅胶：溶液）混合，研磨成糊状，均匀涂布于玻璃板上，105~110℃ 活化 30 分钟，冷却备用。

（2）点样与展开

1）样品 依次取洗脱液 1~7 试管的溶液点样，点样直径控制在 2~3mm。

2）对照品 以盐酸小檗碱甲醇溶液作为对照。

3）展开剂 三氯甲烷 – 甲醇 – 冰醋酸（7∶1∶2），展开前预饱和展开缸以平衡溶剂蒸气。

（3）显色与观察

1）荧光检测 展开后先在紫外灯（365nm）下观察荧光斑点，小檗碱在紫外区（呈蓝色荧光）有特征吸收。

2）化学显色 喷改良碘化铋钾试剂，小檗碱与试剂反应生成橙红色络合物。

## 【要点提示及注意事项】

1. 使用浓盐酸时需佩戴护目镜和耐酸碱手套，避免皮肤或眼睛接触；酸化过程中需在通风橱内操作，防止酸性气体吸入。

2. 调节 pH 时用试纸精确控制至酸性（pH 为 2~3），避免过量酸导致小檗碱盐酸盐溶解度过低而损失。

3. 装柱时需均匀敲击柱体使氧化铝填充紧密，避免产生气泡或断层，否则会降低分离效率。

4. 含有机溶剂（如三氯甲烷、甲醇）的废液需单独收集，不可直接倒入下水道；含酸碱的废液需中和后处理。

## 【思考题】

1. 在酸水提取小檗碱的步骤中，为何需先用稀硫酸浸提三颗针，再滴加盐酸？

2. 薄层鉴别中，展开剂三氯甲烷 – 甲醇 – 冰醋酸（7∶1∶2）为何能有效分离小檗碱与其他杂质？试从展开剂极性与小檗碱结构的关系分析其作用机制。

## 实验 45 精馏法分离纯化乙醇水溶液

## 【实验目的】

1. 掌握用作图法和计算法确定精馏塔部分回流时的理论塔板数，并计算出全塔效率。

2. 熟悉精馏塔的正确操作，学会处理各种不正常情况下的调节方法。

3. 了解板式精馏塔的结构、流程及各部件的作用。

## 【实验原理】

在生产工艺及实验中常常涉及互溶液体混合物的分离问题，如有机产物的提纯、溶剂回收等问题，常用的分离方法为蒸馏或精馏。

蒸馏技术是利用液体混合物中各组分的挥发度不同，通过加热使其部分汽化从而实现混合液分离、纯化的一种常用分离技术，广泛应用于石油、化工、制药、食品加工及其他领域。根据料液分离的难易程度和分离的纯度差异，此项技术又可分为一般蒸馏、普通精馏及特殊精馏等。本实验对乙醇 – 水体系进行分离，属于普通精馏实验。精馏操作通常在精馏塔中进行，图 6 – 1 就是一个典型的精馏塔工作原理示意图。

（1）精馏塔塔内测温点分布和三个玻璃视盅位置（表 6 – 7）

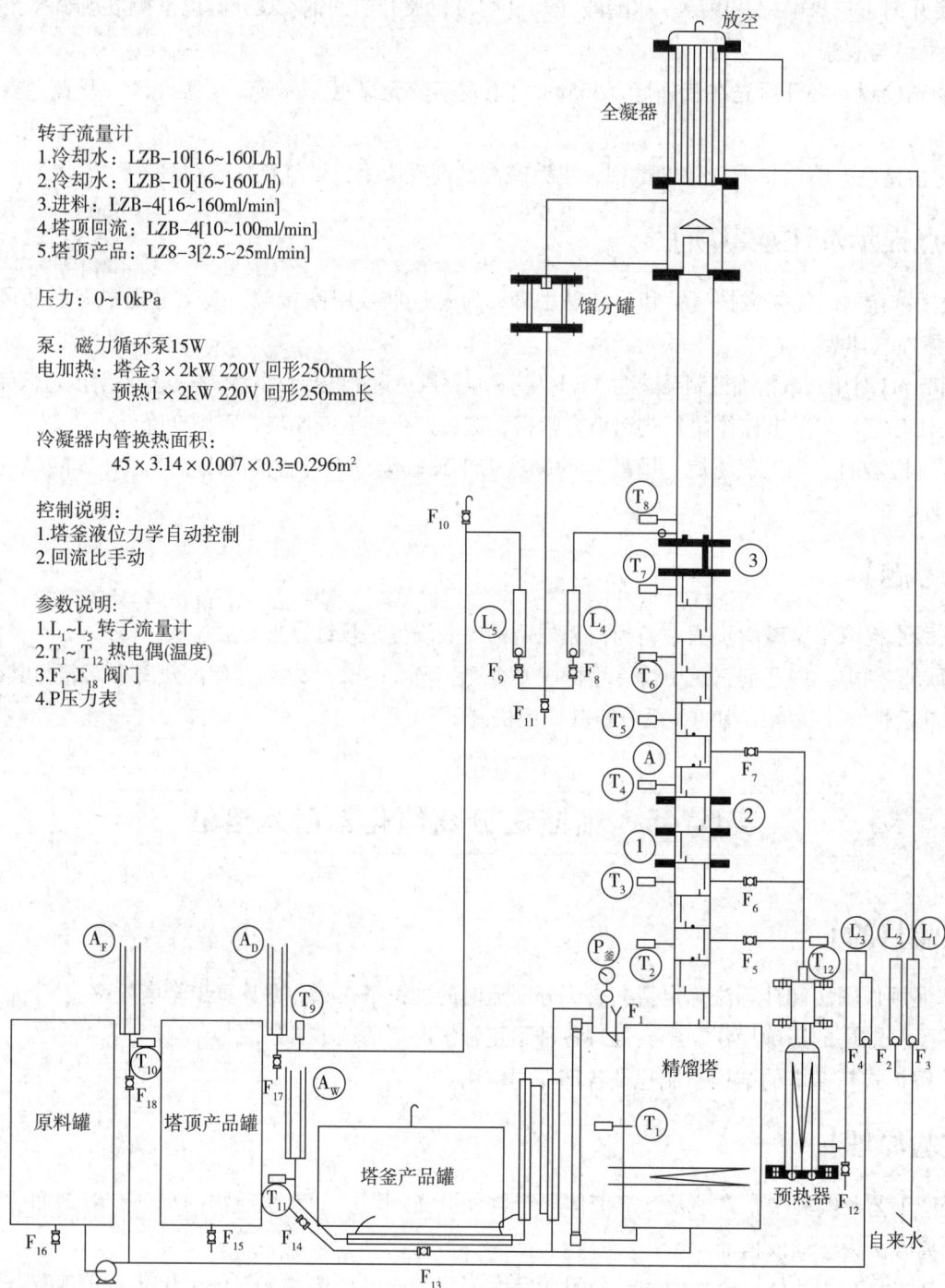

图 6-1 精馏设备原理图

**表 6-7 精馏塔内测温点分布和三个玻璃观察段位置**

| 塔内测温点分布（测点位置，热电偶） | | 塔内三个玻璃视盅位置 |
|---|---|---|
| 塔釜 | $T_1$ | ①第 5~6 板 |
| 第 3 块板上 | $T_2$ | ②第 6~7 板 |
| 加料板第 4 板 | $T_3$ | ③第 14~15 板 |
| 第 7 块板上（灵敏板） | $T_4$ | |

| 塔内测温点分布（测点位置，热电偶） | | 塔内三个玻璃视盅位置 |
| --- | --- | --- |
| 第 9 块板上 | $T_5$ | |
| 第 11 块板上 | $T_6$ | |
| 第 13 块板上 | $T_7$ | |
| 塔顶第 15 板上 | $T_8$ | |

（2）结构参数　塔内径 $D = 68\text{mm}$，塔总高 $H = 3000\text{mm}$，塔内采用筛板及弓形降液管，共有 15 块板，一般用下进料管进料，提馏段为 4 块板，精馏段为 11 块板。板间距 $H_T = 70\text{mm}$，板上孔径 $d = 3\text{mm}$，筛孔数 $N = 50$ 个，开孔率 9.73%。

塔顶为列管式冷凝器，冷却水走管外，蒸汽在管内冷凝。回流比由回流转子流量计与产品转子流量计数值决定。料液由泵从原料罐中经转子流量计计量后加入塔内。

（3）仪表参数

1）转子流量计

$L_1$、$L_2$　冷却水 LZB – 10（16 ~ 160L/h）。

$L_3$ 进料　LZB – 4（16 ~ 160ml/min）。

$L_4$ 塔顶回流　LZB – 4（10 ~ 100ml/min）。

$L_5$ 塔顶产品　LZB – 3（2.5 ~ 25ml/min）。

2）压力表　0 ~ 10kPa。

3）泵　磁力循环泵 15W。

4）电加热　总加热功率为 $2 \times 3 = 6\text{kW}$（1 组可调）

塔釜 $3 \times 2\text{kW}$ 220V 回形 250mm 长

预热 $1 \times 2\text{kW}$ 220V 回形 250mm 长

5）冷凝管内换热面积　$45 \times 3.14 \times 0.007 \times 0.3 = 0.296\text{m}^2$

（4）操作参数

$P_{釜} = 1.5 \sim 3.0\text{kPa}$；$T_{灵} = 77 \sim 83℃$；$T_{顶} = 75 \sim 78℃$；$T_{釜} = 97 \sim 99℃$。

（5）控制说明

1）塔釜液位力学自动控制。

2）回流比手动。

## 【实验器材】

**1. 实验材料**　乙醇水溶液（$20V\% \sim 40V\%$）、蒸馏水、乙醇（$95V\%$）。

**2. 实验仪器**　精馏塔、烧杯（2000、1000、100、50ml）、酒度比重计。

## 【实验步骤】

$F_{13}$ 和 $F_{14}$ 都打开是塔釜放净阀，$F_{14}$ 打开是塔釜残液罐放净阀，平时 $F_{13}$ 和 $F_{14}$ 是关闭的，只有塔釜或塔釜料液罐需要放净时才打开。同理，$F_{11}$、$F_{15}$、$F_{16}$ 均是放净阀。

**1. 开车**

（1）通常先在塔釜加入 $7V\% \sim 8V\%$ 的乙醇水溶液（若开始加纯水也可以，只不过稳定时间更长），釜液位与塔釜出料口持平。

（2）开启两组固定加热电源，再将可调加热电压到最大，以提高加热速度；待塔底有蒸汽产生时，可关闭一组固定加热，并将可调加热电压调到适当值，以维持塔釜压力在 1500～3000Pa 范围内为合适（具体固定加热和可调加热由实验操作者自定）。

（3）打开塔顶冷凝器进水阀 $F_3$（流量 ≥150L/h），打开塔釜出液冷却水阀 $F_2$（流量 ≥120L/h）。（注：这两个流量因共用一进水口，流量互有影响）

（4）关闭出料控制阀 $F_9$，全开回流控制阀 $F_8$，使塔处于全回流状态操作。

（5）配制 $20V\%～40V\%$（体积）的乙醇水溶液作为进料液，并分析出实际浓度。然后将之加入进料罐。（注：不同浓度范围的料液对应不同的加料板位置，若浓度在 $10V\%～20V\%$，则用最下面的进料管；在 $20V\%～30V\%$，用中间进料管；在 $30V\%～40V\%$，用最上面的进料管。对于纯验证性实验，一般配料在 $23V\%～26V\%$ 比较合适）。

**2. 进料稳定阶段**

（1）当塔顶有回流后，关小可调加热电压。电压的调节必须满足维持塔釜压力在 1500～3500Pa（建议操作范围控制 1500～3000Pa）。

（2）打开加料泵，根据进料组成开启某一进料管，以进料浓度 $23V\%～26V\%$ 为例，开启中间进料管进料阀 $F_6$，调节进料流量阀 $F_4$，将加料流量计开至 110～140ml/min。

（3）微微开大加热电压，基本上使精馏段保持原来的釜压。

（4）等待灵敏板温度（第 4 或第 5 板）维持在 80～82℃时不变后操作才算稳定。

此阶段只是为部分回流做准备，也是塔釜合适的加热电压的确定阶段。

**3. 部分回流**

（1）开启塔顶产品流量阀 $F_9$ 控制塔顶产品流量在 10～20ml/min。回流阀 $F_8$ 不变，而回流流量则随产品阀 $F_9$ 的开启而变化，调节 $F_9$ 到合适的塔顶回流比，一般情况下回流比 $R$ 控制范围为 4～8（此可根据自己情况来定）。

（2）分别读取塔顶、塔釜、进料处酒度计的酒度及对应的温度，记录相关数据。

**4. 停车**

（1）实验完毕，关闭塔顶出料阀 $F_9$、加料阀 $F_4$ 和进料泵，维持全回流状态约 5 分钟。

（2）关闭加热电压，等塔板上无气液时再关闭塔顶和塔底冷却水。

## 【实验预期结果与分析】

1. 记录有关实验数据，用逐板计算法和作图法求得理论板数（图 6-2），完成表 6-8。

（1）部分回流下的理论板数 $N_{理论}$ 的计算

回流比 $R$：
$$R = \frac{L}{D}$$

精馏段操作线：
$$y = \frac{R}{R+1}x + \frac{x_D}{R+1}$$

$q$ 线方程：
$$y_q = \frac{q}{q-1}x_q - \frac{x_F}{q-1}$$

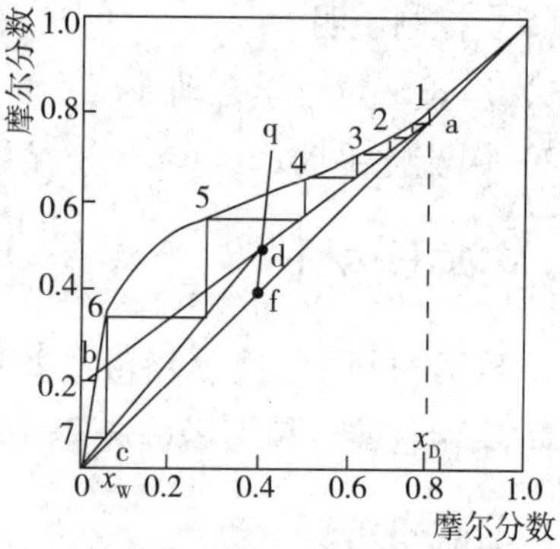

**图 6-2 精馏段操作线与 q 线方程图**

d 点坐标：根据精馏段操作线方程和 $q$ 线方程可解得其交点坐标（$x_D$，$y_D$）。

提馏段操作线方程：

根据（$x_W$，$y_W$）和（$x_D$，$y_D$）这两点的坐标，利用两点式可求得提馏段操作线方程。

$x_D$、$x_W$ 分别为塔顶、塔底产品、组分（摩尔分数），通过实验测得，

根据以上计算结果，作出相图（图 6-2）：

根据作图法或逐板计算法可求算出部分回流下的理论板数 $N_{理论}$。

从而求得部分回流下的全塔效率 $E_T$：$E_T = \dfrac{N_{理论} - 1}{N_{实际}} \times 100\%$

（2）组成分析 分别测出塔顶产品、塔釜残液及进料液在一定温度 $t$ 下的酒度 $V$，可根据下式折算成标准20℃的酒度 $V_{20}$：

$$V_{20} = A \cdot t^2 + B \cdot t + C$$

$A = -1.586 \times 10^{-10}V^4 + 4.545 \times 10^{-8}V^3 - 5.218 \times 10^{-6}V^2 + 2.546 \times 10^{-4}V - 4.482 \times 10^{-3}$

$B = 1.027 \times 10^{-8}V^4 + 3.516 \times 10^{-6}V^3 + 5.035 \times 10^{-4}V^2 - 2.78 \times 10^{-2}V - 0.1205$

$C = -2.659 \times 10^{-3}V^2 + 1.285V + 0.3685$

注：①样品温度在 16~50℃，样品酒度在 2°~99°；本实验条件下均满足。

②上式计算误差 $\not> 1\%$。

根据标准酒度 $V_{20}$ 计算出对应摩尔含量 $x$：

$$x = \frac{\dfrac{V_{20} \cdot \rho_{A20}}{M_A}}{\dfrac{V_{20} \cdot \rho_{A20}}{M_A} + \dfrac{(100 - V_{20}) \cdot \rho_{B20}}{M_B}} = \frac{\dfrac{V_{20} \cdot 789.0}{46.07}}{\dfrac{V_{20} \cdot 789.0}{46.07} + \dfrac{(100 - V_{20}) \cdot 998.2}{18.02}} = \frac{17.126V_{20}}{55.394 - 38.268V_{20}}$$

以上计算可直接采用提供的酒度计算表计算。

表6-8 部分回流时，测定样品温度 $t$、酒度 $V_t$、$V_{20}$ 及组成 $x$ 的数据表

| 塔顶产品 | | | | 进料 | | | | 塔釜残液 | | | |
|---|---|---|---|---|---|---|---|---|---|---|---|
| $t$ | $V_t$ | $V_{20}$ | $x_D$ | $t$ | $V_t$ | $V_{20}$ | $x_F$ | $t$ | $V_t$ | $V_{20}$ | $x_W$ |
| | | | | | | | | | | | |

2. 记录有关实验数据，填入表6-9。

表6-9 部分回流时，数据结果汇总表

| 压力（Pa） | 温度（℃） | | | 流量 | | | $R$ | 热状况 $q$ | | 理论板 $N$ | | $E_T$ |
|---|---|---|---|---|---|---|---|---|---|---|---|---|
| | 顶 | 灵敏板 | 釜 | $F$（L/h） | $L$（ml/min） | $D$（ml/min） | | $t_F$ | $q$ | 计 | 图 | 计 |
| | | | | | | | | | | | | |

说明：

（1）表6-9中计算热状况的进料温度 $t_F$ 与表6-8中测定进料取样样品温度一致。

（2）作部分回流下的图解图（为保证作图的精确，要求在塔底和塔顶进行放大处理）。

（3）在逐板计算或作图求出的总理论板数时，要求精确到0.1块。这就要求在计算到最后一板时，根据塔釜组成 $x_W$ 和 $x_n$、$x_{n-1}$ 数据进行比例计算。在作图时，在塔底放大图中也应作如此比例计算。

（4）对全塔温度分布进行作图，找出规律和灵敏板温度。

3. 附调试参考数据（表6-10）。

表6-10 温度分布

| 测点 | 1 | 2 | 3 | 4 | 5 | 6 | 7 | 8 |
|---|---|---|---|---|---|---|---|---|
| 位置 | 塔釜 | 第2板 | 加料板 | 第7板 | 第9板 | 第11板 | 第13板 | 塔顶 |
| 温度（℃） | 101 | 98 | 88 | 82 | 80 | 78 | 78 | 78 |

从表6-10可以看出全塔温度分布，并可判断出灵敏板约在第7板处（第4测温点）。

## 【要点提示与注意事项】

1. 在开车时，加料量一定要充足，否则电加热容易烧坏。
2. 在开车操作过程中，要先进行全回流操作，等待温度基本恒定后，再开始送料。

## 【思考题】

1. 在实际工业生产中，为什么在精馏塔的开、停车阶段要采用全回流操作？
2. 为提高精馏效率和产品的纯度，如何合理地确定进料位置？

## 实验46 采用反渗透膜技术从自来水制备高纯水

## 【实验目的】

1. 掌握反渗透膜分离方法的操作技能。
2. 熟悉反渗透法制备高纯水的工艺流程。
3. 了解测定反渗透膜分离的主要工艺参数。

## 【实验原理】

在生物、化学化工等领域的工业生产及实验室用水中，对水质的纯度要求非常高，这样才能得到更真实的数据，产品质量也易于控制。因此，制备出高纯度的生物医药用水非常重要。高纯水主要在电子工业、医药工业以及实验室分析中使用。按《电子级水》（GB/T 11446.1—2013）国家标准规定，电子级水（electronic grade water）属于高纯水，共分为四级，即Ⅰ级（EW-Ⅰ）、Ⅱ级（EW-Ⅱ）、Ⅲ级（EW-Ⅲ）和Ⅳ级（EW-Ⅳ），其电阻率（主要指标之一，25℃，MΩ·cm）分别为≥18、≥15、≥12、≥0.5。本实验拟采用反渗透技术将自来水分离纯化得到高纯水。

反渗透（reverse osmosis，RO）技术是20世纪60年代发展起来的以压力为驱动力的膜分离技术。它利用半透膜的选择透过性，借助外加压力，使溶液中的溶剂透过半透膜，而溶质不能透过半透膜而被截留，从而实现溶质与溶剂分离，是一种集分离、提取、纯化和浓缩为一体的手段，且节能有效。反渗透装置所用的膜材可截留0.1~10nm小分子物质，能截留水体中绝大多数的溶质，因此反渗透技术可以广泛应用于糖及氨基酸的浓缩、海水淡化、超纯水制备以及废水处理等领域。其工作原理如图6-3所示。无外加压力时，半透膜将纯水与咸水分开，则水分子将从纯水一侧通过膜向咸水一侧透过，结果使咸水一侧的液位上升，直到某一高度，此所谓渗透过程（图6-3a）。当渗透达到动态平衡状态时，半透膜两侧存在一定的水位差或压力差，此为指定温度下溶液的渗透压 $N$（图6-3b）。当咸水一侧施加的压力 $P$ 大于该溶液的渗透压 $N$，可迫使渗透反向，实现反渗透过程（图6-3c）。此时，在高于渗透压的压力作用下，咸水中水的化学位升高，超过纯水的化学位，水分子从咸水一侧反向地通过膜透过到纯水一侧，使咸水得到淡化，这就是反渗透脱盐的基本原理。

由于反渗透技术具有无相变、组件化、流程简单、操作方便、耗费低等特点，反渗透被认为是目前诸多水处理技术中最先进的方法之一，发展十分迅速，已广泛应用于海水、苦咸水淡化、工业污水处理、纯水和超纯水制备领域。

本实验以自来水为原水，顺序通过预处理（活性炭、精滤）、反渗透脱盐、混床树脂处理及紫外线杀菌等净化单元，能够通过反渗透净水工艺实现自来水的深度处理。其流程示意图如图6-4所示。

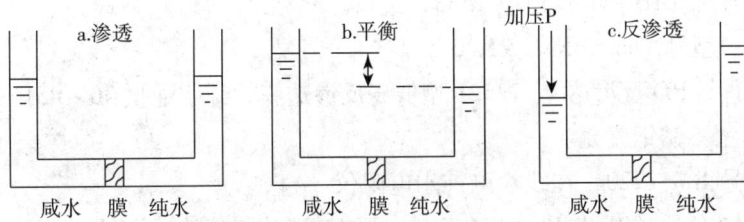

图 6-3 反渗透原理图

a. 初始状态；b. 渗透平衡状态；c. 反渗透状态

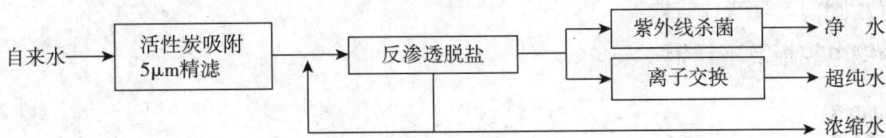

图 6-4 纯水制备工艺流程图

## 【实验器材】

**1. 实验材料** 城市自来水、离子交换树脂、活性炭、1%甲醛水溶液。

**2. 实验仪器** 反渗透膜制备纯水实验装置一套（图 6-5）。该装置采用反渗透膜过滤与离子交换技术相结合，以城市自来水为原料，制备超纯水供实验室特殊分析使用，出水水质可自动检测，装置操作简单，稳定性好，具有很高的实用价值。

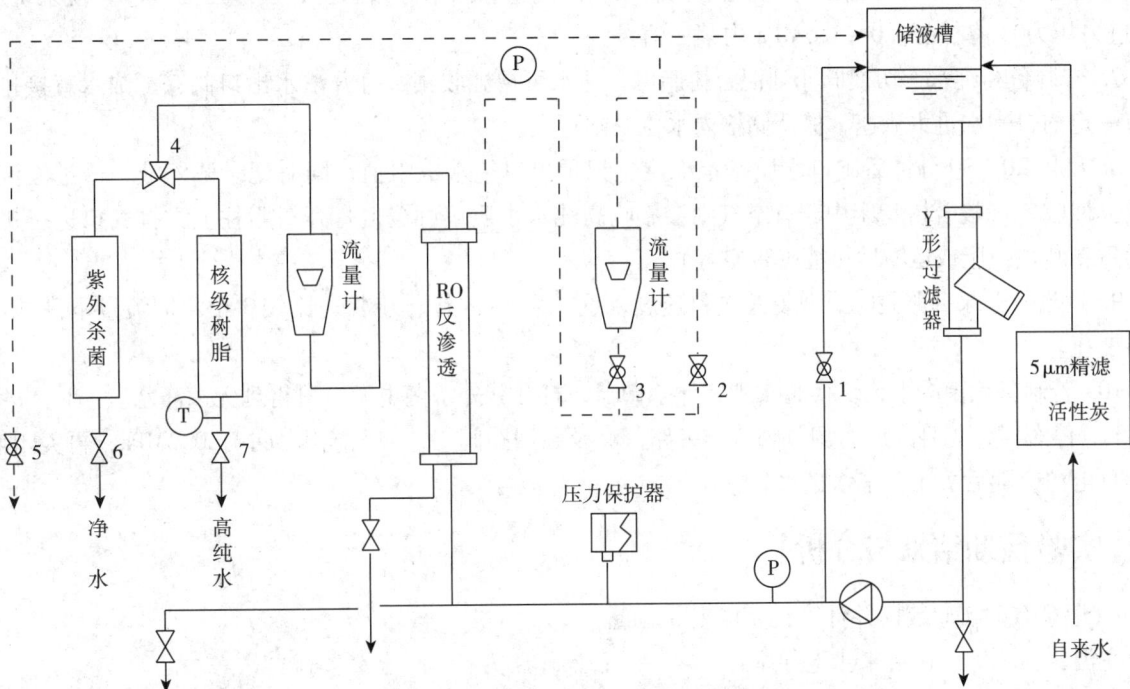

图 6-5 制备纯水的反渗透实验装置

主要设备：

（1）自来水预过滤器 φ250mm 活性炭预过滤和 5μm 精过滤。

（2）原料储槽 容积 50L，材质 ABS 工程塑料。

（3）Y 型过滤器 材质工程塑料，进口。

（4）增压泵　型号 FLUID – O – TECH 1533，进口。

（5）压力保护器　型号 Fannio FNC – K20。

（6）反渗透膜组件（RO 反渗透）　2521 型低压反渗透膜，纯水通量 40～45L/h，脱盐率≥98%。

（7）膜壳　2521 型不锈钢膜壳。

（8）电导仪　型号 RM – 220，在线检测纯水电阻仪。

（9）流量计　规格 10～100L/h 和 1～7L/min，面板式有机玻璃转子流量计。

（10）紫外杀菌器　在线流过式杀菌器。

（11）核级混合树脂床　约 3kg。

（12）管道及阀门　UPVC 管阀。

（13）不锈钢电控柜及不锈钢支架。

## 【实验步骤】

测定不同进料流速对膜分离效率的影响，即在同一操作压力下，改变总进料速度，记录不同的浓缩液流速、透过液流速及出口纯水电阻值（图 6 – 6 中的数字以①～⑦代替）。

1. 关闭系统排空阀，打开净水出口阀⑥、超纯水出口阀⑦。

2. 接通自来水与预过滤系统，过滤水进入储槽。

3. 接通电源，打开总电源开关。

4. 打开泵回路阀①、浓水旁路阀②，将浓水流量阀③调至最大。

5. 储槽中有一定水位高度后再开启输液泵，取储槽中水样，测定其电导率。

6. 水正常循环后（注意排气），逐步关闭泵回路阀①和浓水旁路阀②，调节压力阀③，使系统压力（膜进口压力）控制在 1.0～1.5MPa 内某一值。

7. 若制备高纯水，切换阀④到混合树脂床，纯水可单独收集，打开浓水出口阀⑤，浓水直接排放，调节一定的自来水进水流速，保持储槽内水位基本不变。

8. 稳定 20～30 分钟后出口水质基本稳定，记录出口纯水电阻值，同时记录浓缩液、透过液流量，并计算回收率（混合树脂床中若有空气则会影响高纯水水质，可缓慢打开树脂柱上方排气口进行排气，因为重新装填树脂或运输后可能夹带空气）。

9. 适当打开泵回路阀①，改变总进料速度，重复第 6～8 操作步骤，比较 3 个不同流量下高纯水的水质变化。

10. 若制备无菌净水，切换阀④到紫外杀菌器，打开紫外杀菌电源，可得到无菌净水。

11. 停车时，先打开压力调节阀③、旁路阀②及泵回路阀①，使系统压力小于 0.2MPa，再关闭输液泵及总电源，随后关闭自来水进水。

## 【实验预期结果与分析】

1. 记录有关实验数据并计算，完成表 6 – 11。

室温：　　　　；自来水电导率：　　　　；操作压力：　　　　。

表 6 – 11　实验数据

| 实验序号 | 浓缩液流量（L/h） | 透过液流量（L/h） | 纯水电阻（M·Ω） |
| --- | --- | --- | --- |
| 1 | | | |
| 2 | | | |
| 3 | | | |

2. 用纯水回收率公式计算纯水的回收率。

$$纯水回收率 = \frac{透过液流量}{浓缩液流量 + 透过液流量}$$

3. 在坐标纸上绘制不同回收率–纯水电阻值的关系曲线。

给水流速： $Q_f = Q_b + Q_t$

纯水回收率： $N = \dfrac{Q_t}{Q_b + Q_t}$

式中，$Q_f$ 为平均给水流速；$Q_t$ 为透过液流速；$Q_b$ 为浓缩液流速；$N$ 为纯水回收率。

## 【要点提示及注意事项】

1. 活性炭预过滤芯和聚丙烯预过滤芯在首次使用时应先接通自来水，冲洗 5~8 分钟后方可接入水槽，避免污染系统。

2. 膜组件在首次使用时应先用低压清水（≤0.2MPa）清洗 20~30 分钟，以去除其中的防腐液，同时切换阀④到紫外杀菌，避免清洗液污染混合树脂。

3. 储槽储水量不要过少并保持内壁清洁，较长时间（10 天以上）停用时，需在反渗透组件中充入 1% 甲醛水溶液作为保护液（保护液主要用于膜组件内浓缩液侧），防止系统生菌，保持膜组件润湿，寒冷季节应注意系统防冻。

4. 为确保水质，定期更换预过滤系统的各种滤芯，反渗透膜、树脂、紫外灯管亦为耗材，应根据实际用水情况而更换（一般情况下反渗透膜每天使用 6 小时，可连续使用 150 天；3kg 树脂可满足 3t 处理量，可满足出水水质电阻率≥10MΩ·cm）。

5. 本装置设置了压力控制器，当系统压力大于 1.6MPa 时，会自动切断输液泵电流并停机。

6. 管道如有泄漏，请立即切断电源和进料阀，待更换管件或用专用胶水黏结后（胶水黏结后需固化 4 小时）后方可使用。

7. 增压泵启动时，请注意务必先把泵前管道充满液体，以防泵损坏，如发生上述意外现象，请立即切断电源。

## 【思考题】

1. 试分析超纯水水质随回收率变化的原因。

2. 结合反渗透脱盐与离子交换技术，说明本工艺的优点。

3. 反渗透膜是耗材，膜组件受污染后有哪些特征？

4. 如何实现常规的树脂再生？

## 实验 47　液膜分离法处理醋酸废水

## 【实验目的】

1. 掌握液膜分离技术的操作过程及用液膜分离法脱除废水中的污染物。

2. 熟悉两种不同的液膜传质机制。

3. 了解影响液膜传质速率的因素。

## 【实验原理】

随着水污染情况的加剧以及环保对污水排放的要求不断提高，工业污水和生活污水在排放前的处理方法也越来越多地受到关注。本实验拟采用乳状液膜法脱除醋酸废水中的醋酸。

液膜分离法是利用一种膜状液体将组成不同而又完全互溶的原料液和接受液隔开，原料液中的欲分离组分通过液膜渗透到接受液，从而与原料液分离的方法。其分离机制分为三种：①单纯迁移，即根据溶质在膜中溶解度或者扩散系数不同进行迁移；②促进迁移，即在反萃相发生化学反应，使膜两相保持最大浓度差从而加速迁移；③载体输送，即在膜相中加入"载体"化合物，它能选择性结合外相中的目标物质（可逆反应），透过膜相并将它送入内相，类似"渡船"将溶质从膜的一侧载到另一侧。本实验采用的两种方法为促进迁移与载体输送。

由于欲处理的是醋酸废水溶液（外相），所以可选用与之不互溶的油性物质作为膜相，并选用NaOH水溶液作为内相。实验时，先将膜相与内相在一定条件下乳化使两者形成稳定的油包水（W/O）型乳状液，然后将此乳状液分散于醋酸废水（即外相）中。这样，废水中的醋酸将以一定的速度穿过液膜向内相迁移，并与内相NaOH反应生成NaAc而被保留在内相，从而与废水分离。然后，将乳液与废水分离，对乳液进行破乳，回收内相中高浓度的NaAc，同时使膜相物质再生，以便重复使用。

液膜分离过程实际上是萃取与反萃取同步进行的过程，液膜将原料液中的溶质萃入膜相，然后扩散至内相界面处，被内相试剂反萃至内相。乳状液膜分离的工艺流程如图6-6所示。

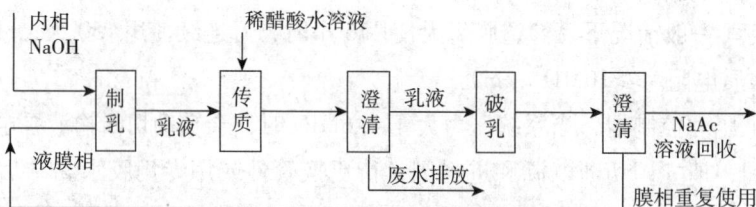

**图6-6 乳状液膜分离流程示意图**

## 【实验器材】

**1. 实验材料** 载体TBP、煤油、乳化剂、NaOH水溶液（2mol/L）、HAc水溶液。

**2. 实验仪器** 调速搅拌器一套、液膜分离实验设备一套、砂芯漏斗过滤装置一套（用于液膜的破乳）、分液装置一套、分析设备一套。

## 【实验步骤】

**1. 液膜的制备** 本实验为乳状液膜法脱除水溶液中的醋酸，首先需制备液膜。本实验选用的两种液膜组成如下。

A型液膜组成：煤油95%、乳化剂5%。

B型液膜组成：煤油90%、乳化剂5%、TBP（载体）5%。

内相用2mol/L的NaOH水溶液。采用HAc水溶液作为原料液进行传质实验，HAc的初始浓度在实验时测定。

**2. 分离的具体步骤**

（1）制乳搅拌釜中先加入A型液膜70ml，然后在1600r/min的转速下滴加内相NaOH水溶液70ml（约1分钟加完），在此转速下搅拌15分钟待成稳定乳状液后停止搅拌，待用。

（2）在液膜分离设备中加入待处理的原料液 450ml，在约 400r/min 的搅拌速度下加入上述乳液 90ml 进行传质实验，每隔一定时间，取样分析一次，测定外相 HAc 浓度随时间的变化（取样时间为 2、5、8、12、16、20、25 分钟），并作出外相 HAc 浓度与时间的关系曲线。待外相中所有 HAc 均进入内相后停止搅拌。放出釜中液体，洗净待用。

（3）在液膜分离设备中加入 50ml 料液，在与（2）同样的搅拌转速下加入 40ml 乳状液，重复步骤（2）。

（4）比较（2）和（3）的实验结果，说明在不同处理比（料液/乳液体积比）下传质速率的差别，并分析其原因。

（5）用 B 型液膜，重复上述步骤（1）~（4），记录实验结果。

（6）分析比较不同液膜组成的传质速率，并分析其原因。

（7）收集经沉降澄清后的上层乳液用砂芯漏斗抽滤破乳，破乳得到的膜相返回至制乳工序，内相 NaAc 进一步精制回收。

## 【实验预期结果与分析】

本实验采用酸碱滴定法测定外相中的 HAc 浓度，以酚酞作为指示剂显示滴定终点。

1. 按以下公式计算外相中 HAc 浓度。

$$c_{HAc} = \frac{c_{NaOH} V_{NaOH}}{V_{HAc}}$$

式中，$c_{NaOH}$ 为标准 NaOH 溶液的浓度，mol/L；$V_{NaOH}$ 为标准 NaOH 溶液滴定体积，ml；$V_{HAc}$ 为外相料液取样量，ml。

2. 按以下公式计算醋酸脱除率。

$$\eta = \frac{c_0 - c_t}{c_0} \times 100\%$$

式中，$c$ 代表外相 HAc 浓度；下标 0、t 分别代表初始值及瞬时值。

## 【要点提示及注意事项】

1. 实验首先要标定醋酸溶液的浓度。

2. 实验中取样要迅速且准确。

## 【思考题】

1. 液膜分离与液液萃取有什么异同？

2. 液膜传质机制有哪几种形式？主要区别是什么？

3. 影响液膜分离效率的主要因素有哪些？

4. 液膜分离中乳化剂的作用是什么？其选择依据是什么？

5. 如何提高乳状液膜的稳定性？

6. 如何提高乳状液膜传质的分离效果？

## 实验48 超临界二氧化碳流体萃取甘草黄酮

### 【实验目的】

1. 掌握超临界 $CO_2$ 流体萃取装置的基本原理和方法。
2. 熟悉超临界二氧化碳流体萃取装置的操作过程。
3. 了解影响超临界 $CO_2$ 流体萃取性能的影响因素。

### 【实验原理】

超临界流体萃取是利用高压、高密度的超临界流体具有类似气体的强穿透力及类似于液体的大密度和溶解度的性质,将超临界流体作为溶剂,从液体或固体中萃取所需组分,然后升温、降压,将所萃取组分与超临界流体分开的方法。超临界流体对萃取效果起到了关键的作用,在选择上通常遵循两点原则:一是具有良好的溶解性能;二是具有良好的选择性。以 $CO_2$ 介质作为超临界萃取剂,则具有以下优势。

1. 操作范围广,便于调节。
2. 选择性好,可通过控制压力和温度,有针对性地萃取所需成分。
3. 操作温度低,在接近室温条件下进行萃取,这对于热敏性成分尤其适宜,萃取过程中排除了遇氧氧化和见光反应的可能性,萃取物能够保持其自然风味。
4. 从萃取到分离一步完成,萃取后的 $CO_2$ 不残留在萃取物上。
5. $CO_2$ 无毒、无味、不燃、价廉易得,且可循环使用。
6. 萃取速度快。

超临界流体萃取方法主要有三种:等温法,即高压萃取、低压分离;等压法,即低温萃取、高温分离;吸附法,即分离器中的吸附剂选择性吸附目标组分。

### 【实验器材】

**1. 实验材料** 烧杯、封口膜、$CO_2$ 气体(纯度 $\geq 99.9\%$)、甘草、无水乙醇(分析纯)、亚硝酸钠(分析纯)、硝酸铝(分析纯)、氢氧化钠(分析纯)。

**2. 实验仪器** 超临界二氧化碳流体萃取装置、粉碎机、筛子、天平、水浴锅、烘箱、索氏提取器。

### 【实验步骤】

**1. 原料预处理** 取 200g 甘草用多功能粉碎机粉碎,过 60 目筛。

**2. 萃取** 取过 60 目筛后 10~15g 甘草粉加入萃取釜,$CO_2$ 由高压泵加压至 30MPa,经过换热器加温至 40℃左右,使其成为既具有气体的扩散性而又有液体密度的超临界流体,该流体通过萃取釜静态萃取 4 小时,由样品收集阀收集萃取物,分析样品甘草黄酮含量。

**3. 甘草黄酮含量测定**

(1) 称取采样瓶采集前后的质量,并记录。

(2) 往采集瓶里加入 85% 乙醇溶液,摇匀,作为待测液。

(3) 分别精密量取 0ml 和 5ml 上述待测液,置于 25ml 容量瓶中(分别编号 1、2),并分别加入 5% 亚硝酸钠溶液 1ml,充分摇匀后静置 6 分钟。之后,往这两个容量瓶中加入 10% 硝酸铝溶液 1ml,充分摇匀后静置 6 分钟。再往这两个容量瓶中加入 1mol/L 氢氧化钠溶液 1ml，分别用蒸馏水定容到刻度，充分摇匀后静置 15 分钟。以 1 号瓶为空白，用紫外－可见分光光度计在 510nm 波长下测定吸光值，由回归方程计算甘草黄酮浓度，得到待测溶液中甘草黄酮的含量。

## 【实验预期结果与分析】

1. 测定萃取后残渣的甘草黄酮含量。

2. 计算甘草黄酮萃取率。

$$萃取率 = \frac{萃取物质量}{原料质量} \times 100\%$$

$$甘草黄酮萃取率 = \frac{萃取物中甘草黄酮质量}{原料质量} \times 100\%$$

3. 测定超临界二氧化碳流体萃取甘草黄酮含量。

采用紫外－可见分光光度计在 510nm 波长下测定吸光度，并由回归方程计算甘草黄酮浓度。

甘草总黄酮浓度计算公式：

$$x = \frac{Y + 0.0321}{10.94}$$

式中，$Y$ 为吸光值；$x$ 为甘草总黄酮浓度，mg/ml。

## 【要点提示及注意事项】

1. 在萃取过程中，由于设备高压运行，实验学生不得离开操作现场，不得随意乱动仪表盘后面的设备、管路、管件等，发现问题及时断电，然后协同指导老师解决。

2. 为防止发生意外事故，在操作过程中，若发现超压、超温、异常声音等，必须立即关闭总电源，然后汇报老师协同处理。

3. 若实验中分离釜内压力高于储罐压力，则表明气路堵塞，必须及时进行处理。

4. 若系统发生漏气现象，及时向指导老师汇报，并进行处理，防止 $CO_2$ 的大量泄漏。

## 【思考题】

1. 超临界流体的特性是什么？为什么选择 $CO_2$ 作为萃取剂？

2. 通过实验，讨论超临界萃取装置还可以应用到哪些方面？

## 实验 49　磺胺醋酰的制备、纯化及鉴定

## 【实验目的】

1. 掌握磺胺醋酰的制备原理及操作方法。

2. 熟悉反应条件（如 pH、温度等）对反应的影响及反应条件的控制方法。

3. 了解如何利用理化性质的差异分离纯化产品。

## 【实验原理】

磺胺醋酰，别名乙酰磺胺，分子式为 $C_8H_{10}N_2O_3S$，分子量为 214.24。磺胺醋酰是一种广谱抑菌剂，它可以通过竞争性抑制细菌二氢叶酸合成酶，阻碍二氢叶酸的合成，减少四氢叶酸的代谢，使嘌呤、嘧

啶核苷及脱氧核糖核酸合成辅助因子减少，从而抑制细菌的生成和繁殖。

本实验使用的原料为对胺基苯磺酰胺，在碱性条件下反应生成对胺基苯磺酰胺钠，然后在碱性条件下与乙酐发生酰化反应生成乙酰化对胺基苯磺酰胺钠，再用盐酸中和得到最终产物磺胺醋酰，反应式如图6-7所示。

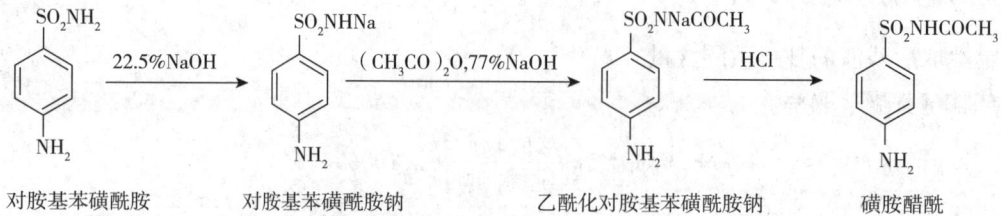

图6-7 磺胺醋酰的合成路线

## 【实验器材】

**1. 实验材料** 磺胺、乙酸酐、22.5%氢氧化钠、77%氢氧化钠、40%氢氧化钠、1∶1（体积比）HCl、冰块。

**2. 实验仪器** 加热套、搅拌子、温度计、回流冷凝管、三颈瓶、抽滤瓶、烧杯、玻璃棒、真空泵。

## 【实验步骤】

1. 在附有搅拌装置、温度计、回流冷凝管的100ml三颈瓶中，加入磺胺8.6g，22.5%的NaOH水溶液11.5ml。搅拌，升温至50～55℃，待物料溶解后，加入77%的NaOH溶液5ml和乙酸酐6.8ml（分四次加入，每隔5分钟交替加入77% NaOH溶液和乙酸酐，以使反应始终保持pH为12～14，因反应为放热反应，加料后温度会上升，加料期间反应温度控制在50～55℃）。

2. 加料完成后，继续保温搅拌30分钟，反应完毕，将反应液倾入50ml的烧杯中，加10ml水稀释，用1∶1 HCl调pH至7（大约3ml），于冷水浴中放置半小时，并不时搅拌析出固体。

3. 过滤，滤饼弃去，滤液用1∶1 HCl调pH至4～5，冰水浴冷却，有固体析出，过滤，滤饼压紧抽干。

4. 用3倍量的10%的盐酸溶解滤饼，并搅拌30分钟，抽滤，去掉不溶物，滤液加少量活性炭室温脱色5分钟，过滤。

5. 滤液再以40% NaOH溶液调整pH至5，析出磺胺醋酰。

6. 抽滤、干燥，称重，计算收率。

7. 结构确证：标准物TLC对照法。

## 【实验预期结果与分析】

通过本实验掌握磺胺醋酰的制备原理及操作方法。

## 【要点提示及注意事项】

1. 本反应是放热反应，氢氧化钠与醋酐交替投料交替加入，目的是避免醋酐和NaOH同时加入时产生大量的中和热而温度急速上升，造成芳伯胺基氧化和已生成的磺胺醋酰水解，导致产量降低，因此反应的温度亦不能过高，需控制在50～55℃。

2. 滴加乙酸酐和氢氧化钠溶液是交替进行的，先氢氧化钠后醋酐，每滴完一种溶液后，反应搅拌5

分钟，再滴入另一种溶液，滴加速度以液滴一滴一滴加入为宜。

3. 实验中使用氢氧化钠溶液浓度有差别，在实验中切勿用错，否则会影响实验结果，保持反应液的最佳碱度是反应成功的关键之一。用 22.5% NaOH 液是作为溶剂溶解磺胺，使其生成钠盐而溶解。用 77% NaOH 液是为了使反应液维持在 pH 为 12~14，避免生成过多双乙酰磺胺。

4. 精制时加入活性炭起脱色之功效，所加入的量为产品量的 1%，不能太多，否则使产品收率下降。

5. 本实验中调节溶液 pH 时应注意，否则实验会失败或收率降低。利用主产物和副产物不同理化性质，在不同的 pH 下纯化得到产物，在提取粗品时用 1∶1 HCl 调 pH 至 7，使乙酰磺胺钠、磺胺钠水解成乙酰磺胺、磺胺而游离析出。再用 1∶1 HCl 调 pH 至 5，磺胺醋酰钠和双乙酰磺胺钠水解生成游离单体而析出，得粗品。因磺胺醋酰溶于 10% HCl 溶液，而双乙酰磺胺不溶过滤除去，调 pH 得磺胺醋酰。但要注意的是，调 pH 时要控制酸或碱的用量。

## 【思考题】

1. 乙酰化有哪些副产物？怎样分离？

2. 反应过程中若碱性过强（pH > 14），磺胺较多，磺胺醋酰次之，磺胺双醋酰较少；若碱度过弱（pH < 12），则双乙酰磺胺生成较多，磺胺醋酰次之，磺胺较少，为什么？

# 第七章　基因工程实验

## 【实验目的】

1. 掌握碱裂解法提取质粒的方法。
2. 了解碱裂解法提取质粒的原理。

## 【实验原理】

　　质粒是独立于染色体 DNA 之外的能够独立复制的 DNA 分子，大部分为环状结构，主要存在于细菌、酵母等细胞中。质粒可以在宿主细胞内复制，并随着宿主细胞的分裂分配到子代细胞中，质粒上携带的基因也能在合适的宿主细胞中表达。基于这些特性，质粒是重组 DNA 技术中最常用的载体。一方面可以用于 DNA 片段在宿主细胞内的复制和保存，另一方面可以通过质粒载体携带的基因片段在宿主细胞内的表达，实现相应蛋白质的合成或赋予宿主细胞新的表型。

　　实验室中常用碱裂解法从大肠埃希菌细胞小量制备质粒 DNA，该方法操作简便，制备的质粒 DNA 纯度较高。提取质粒时首先通过离心收集细菌，然后将溶液Ⅰ、Ⅱ、Ⅲ依次加入菌体，使菌体裂解，蛋白质和细菌染色体 DNA 等杂质形成沉淀，质粒 DNA 则保留在上清液中。离心后将上清液转移至新管中，再经过酚 – 三氯甲烷抽提、乙醇沉淀、TE 缓冲液溶解即可得到纯度较高的质粒 DNA 溶液。

　　目前普遍使用的离心柱型质粒小提试剂盒原理是碱裂解法裂解细菌，再通过离心吸附柱在高盐状态下特异结合溶液中的 DNA，漂洗后再洗脱收集。试剂盒提取质粒 DNA 比传统方法操作更简便，制备的质粒 DNA 纯度和完整性也更好，可以满足常规实验要求。

## 【实验器材】

　　**1. 实验材料**　*E. coli* DH5α 菌株（含有 pET32a – SmPR10 质粒）、LB 液体培养基（含有 100mg/L 氨苄西林）、去离子水、琼脂糖、TAE 电泳缓冲液、GelRed 核酸染料、10×上样缓冲液、DNA Marker。

　　离心柱型质粒小提试剂盒：溶液 P1（50mmol/L 葡萄糖、25mmol/L pH8.0 Tris – HCl、10mmol/L EDTA、100mg/L RNase A）、P2（0.2mol/L NaOH、1% SDS）、P3（3mol/L pH5.5 醋酸钾）、吸附柱 CP3、平衡液 BL、漂洗液 PW、洗脱缓冲液 EB。

　　**2. 实验仪器**　摇床、高压灭菌锅、高速离心机、涡旋振荡器、微量移液器（1000、200μl）及配套吸头、1.5ml 离心管、离心管架、锥形瓶。

## 【实验步骤】

　　**1. 细菌培养**　质粒提取前需要对含有该质粒的大肠埃希菌进行液体培养。从 LB 平板上挑取含有该质粒的大肠埃希菌单菌落至装有适量 LB 液体培养基（含 100mg/L 氨苄西林）的锥形瓶中，摇床上 37℃、220r/min 过夜培养。

　　**2. 碱裂解法提取质粒（质粒小提试剂盒）**

　　（1）向吸附柱 CP3 中加入 500μl 平衡液 BL，12000r/min 离心 1 分钟，倒掉收集管中的废液。平衡后的吸附柱备用。

（2）取 1.5ml 过夜培养的菌液加入 1.5ml 离心管中，12000r/min 离心 1 分钟，弃上清液。该步骤可以重复 1~2 次以便提取到更多的质粒。

（3）向含有菌体沉淀的离心管中加入 250μl 溶液 P1，涡旋振荡以重悬菌体沉淀。

（4）向离心管中加入 250μl 溶液 P2，温和地上下翻转 6~8 次至菌液变得清亮。

（5）向离心管中加入 350μl 溶液 P3，立即温和地上下翻转 6~8 次，此时将出现白色絮状沉淀。

（6）12000r/min 离心 10 分钟，然后将上清液转移至平衡过的吸附柱 CP3 中。

（7）12000r/min 离心 1 分钟，倒掉收集管中的废液。

（8）向吸附柱 CP3 中加入 600μl 漂洗液 PW，12000r/min 离心 1 分钟，倒掉收集管中的废液。

（9）向吸附柱 CP3 中加入 600μl 漂洗液 PW，12000r/min 离心 1 分钟，倒掉收集管中的废液。

（10）将吸附柱 CP3 放入收集管中，12000r/min 离心 2 分钟，以去除吸附柱中残留的漂洗液。

（11）将吸附柱 CP3 放入干净的 1.5ml 离心管中，打开管盖，室温放置 5 分钟，以彻底去除吸附柱中残留的漂洗液。

（12）向吸附膜的中间部位滴加 50μl 洗脱缓冲液 EB，室温放置 2 分钟，然后 12000r/min 离心 2 分钟将质粒 DNA 溶液收集到离心管中。

**3. 琼脂糖凝胶电泳检测质粒 DNA**　用 TAE 电泳缓冲液、琼脂糖及 10000× GelRed 核酸染料配制浓度为 1% 的琼脂糖凝胶。取 9μl 制备的质粒 DNA 样品混合 1μl 10× 上样缓冲液，混匀后全部上样。最后在样品邻近的空白上样孔中加入 DNA Marker。150V 恒压电泳约 20 分钟，溴酚蓝指示剂电泳至凝胶一半长度时停止电泳，在凝胶成像系统中观察电泳结果。

制胶及电泳详细操作和所需仪器、试剂参见实验"琼脂糖凝胶电泳"。

## 【实验预期结果及分析】

1. 本实验中使用的 pET32a – SmPR10 质粒大小约为 6300bp，提取得到的质粒 DNA 电泳检测时应该能看到与预期大小符合的条带。对应大小的条带越亮，说明提取的质粒 DNA 浓度越高。

2. 质粒 DNA 在细胞内主要为闭环的超螺旋形式，提取过程中可能会出现一条链断裂形成的开环质粒，以及两条链断裂形成的线性质粒。这三种不同形式的质粒在电泳时迁移率不同，因此最多可能出现三条带。

3. 如果提取的质粒样品中存在蛋白质杂质，电泳图像中上样孔附近会有亮点。

## 【要点提示及注意事项】

1. 收集菌体时应该将菌液尽量去除干净，残留的菌液会影响质粒 DNA 提取效率。

2. 加入溶液 P2、溶液 P3 后的上下翻转混匀过程应该轻柔，避免细菌染色体 DNA 断裂成小片段从而影响质粒纯度。

3. 漂洗液 PW 中含有的乙醇会影响后续酶促反应，必须彻底去除干净。

4. 试剂盒提取的质粒 DNA 完整性较好，电泳时一般只能观察到一条对应超螺旋质粒的条带。

## 【思考题】

1. 碱裂解法提取质粒 DNA 的原理是什么？

2. 提取得到的质粒 DNA 可能有哪三种形式？

## 实验51 琼脂糖凝胶电泳

### 【实验目的】

掌握琼脂糖凝胶电泳检测 DNA 的原理和方法。

### 【实验原理】

DNA 由于骨架结构中含有磷酸基团，在电泳缓冲液中带负电荷，电泳时向正极移动。琼脂糖凝胶为网络状结构，DNA 分子在其中移动的速度与 DNA 的大小和构型有关。不同大小的 DNA 分子在电场中泳动速度不同，相同大小但构型不同的 DNA 分子泳动速度也不同，因此可以通过电泳分离。不同泳道中相同大小的 DNA 分子泳动速度相同，因此可以参照 DNA Marker 中已知大小 DNA 片段的泳动距离来判断样品中 DNA 片段的大小。

DNA 样品在点样前需要先与上样缓冲液混合，方便样品更好地沉降到上样孔底部，同时有利于观察上样过程和电泳进度。

制胶时在凝胶中加入核酸染料，电泳过程中 DNA 与染料结合。该染料在紫外光激发下会发出荧光，因此可以在紫外光下观察 DNA 条带。对应大小的 DNA 浓度越高，其结合的核酸染料就越多，在紫外光下条带亮度也就越高。

### 【实验器材】

**1. 实验材料** pET32a – SmPR10 质粒、琼脂糖、TAE 电泳缓冲液、GelRed 核酸染料、10 × 上样缓冲液、DNA Marker。

**2. 实验仪器** 微波炉、水平电泳槽及配套的制胶模具、电泳仪、凝胶成像系统、微量移液器（10μl、2.5μl）及配套吸头、离心管架、锥形瓶、PCR 管。

### 【实验步骤】

**1. 制胶** 称取 0.3g 琼脂糖至 100ml 锥形瓶中，量取 30ml TAE 电泳缓冲液倒入瓶中，轻轻混匀后放入微波炉中，加热直至琼脂糖完全溶解。静置直到温度降至约 60℃，加入 3μl GelRed 染料，轻轻摇晃混匀，倒入准备好的制胶模具中，等待约 30 分钟后凝固备用。

**2. 电泳**

（1）从已经凝固的琼脂糖凝胶中轻轻拔取梳子，并从模具中取出凝胶，放入水平电泳槽，向槽内加入 TAE 电泳缓冲液直至没过凝胶上表面。

（2）在 PCR 管中将 9μl 待检测的质粒 DNA 样品与 1μl 10 × 上样缓冲液混匀后全部上样，最后在与样品邻近的空白上样孔中加入 DNA Marker。

（3）连接好电泳槽的电极，开启电泳仪，设定为 150V 恒压电泳。

（4）20～30 分钟后，溴酚蓝指示剂电泳至凝胶长度的一半时，关闭电泳仪。

**3. 观察电泳结果** 将凝胶从电泳槽中取出，放入凝胶成像系统，开启控制软件。在白光下调整好凝胶位置、放大倍数及焦距，使凝胶上样孔清晰可见。关闭白光，打开紫外光，调整曝光时间，拍照并观察电泳结果。

## 【实验预期结果及分析】

1. 本次实验检测的样品是前次实验提取的质粒 DNA，电泳得到的 DNA 条带大小应与预期大小一致。

2. 对应的条带亮度越高，说明质粒浓度越高。如果样品条带微弱，则说明质粒浓度低，提取不成功。

## 【要点提示及注意事项】

1. 制胶时一定要加热至琼脂糖完全溶解，否则会影响电泳结果。

2. 一般认为 GelRed 比传统的 EB 染料毒性低，但是操作时仍应该注意安全，避免其直接接触皮肤。加入 GelRed 前需要等待琼脂糖溶液冷却，也是为了避免其随蒸汽被实验者吸入影响健康。

3. 本次实验制备的琼脂糖凝胶浓度为 1%，是比较常用的凝胶浓度。实际实验中需要根据被检测的 DNA 片段预期大小确定凝胶浓度，以保证良好的分离效果。

4. 本次实验使用 TAE 作为电泳缓冲液，因为 TAE 电泳效果较好，同时其高浓度母液还可以稳定保存。另一常用的 TBE 电泳缓冲液效果更好，但是其母液容易沉淀，不能长期保存。

## 【思考题】

1. 核酸染料对 DNA 染色的原理是什么？
2. 琼脂糖凝胶电泳分离 DNA 的原理是什么？

## 实验 52　限制性内切酶切割质粒 DNA

## 【实验目的】

掌握限制性内切酶切割质粒 DNA 的原理和方法。

## 【实验原理】

限制性内切酶是一种核酸内切酶，由细菌产生，能够特异识别并切割特定双链 DNA 序列。重组 DNA 技术中经常根据载体或目的 DNA 上存在的限制性内切酶识别位点，选用相应的限制性内切酶进行切割操作。为了方便酶切后的目的 DNA 被定向连接至质粒载体，一般选用两种切割产生不同末端的限制性内切酶同时切割，称为"双酶切"。酶切产物一般通过琼脂糖凝胶电泳检测。

## 【实验器材】

**1. 实验材料**　pET32a – SmPR10 质粒、*Eco*R Ⅰ、*Xho* Ⅰ、10×H Buffer、去离子水、琼脂糖、TAE 电泳缓冲液、GelRed 核酸染料、10×上样缓冲液、DNA Marker。

**2. 实验仪器**　烘箱、微波炉、水平电泳槽及配套的制胶模具、电泳仪、凝胶成像系统、微量移液器（200、20、10、2.5 μl）及配套吸头、PCR 管、离心管架、PCR 管架、锥形瓶。

## 【实验步骤】

**1. 配制双酶切反应体系**　在 PCR 管中按表 7 – 1 依次加入以下各种组分。

表 7-1 双酶切反应体系

| 组分 | 含量 |
| --- | --- |
| 去离子水 | 23μl |
| 10 × H Buffer | 5μl |
| 质粒 DNA | 20μl |
| EcoR I | 1μl |
| Xho I | 1μl |

反应体系总计为 50μl，配制完成后轻轻混匀。

**2. 双酶切反应**　将配好的双酶切反应体系放入烘箱，设定为 37℃，反应 1 小时。

**3. 电泳检测酶切产物**　用 TAE 电泳缓冲液、琼脂糖及 10000 × GelRed 核酸染料配制浓度为 1% 的琼脂糖凝胶。取 9μl 酶切产物混合 1μl 10 × 上样缓冲液，混匀后全部上样。最后在样品邻近的空白上样孔中加入 DNA Marker。150V 恒压电泳约 20 分钟，溴酚蓝指示剂电泳至凝胶一半长度时停止电泳，在凝胶成像系统中观察电泳结果。

## 【实验预期结果及分析】

本次实验检测的样品是质粒 pET32a - SmPR10，切割前大小为 6.3kb，经过 EcoR I 及 Xho I 切割后应该得到大小分别为 5.8kb 及 480bp 的两种 DNA 片段。电泳得到的 DNA 条带大小应与预期大小一致。如果仅观察到一条大小为 6.3kb 的条带，则说明酶切反应失败。

## 【要点提示及注意事项】

1. 本实验中使用的酶切反应体系为 50μl，以便在后续实验中回收相应 DNA 片段。如果仅用于鉴定，可以选择 20μl 的酶切反应体系，成本更低。

2. 双酶切反应中缓冲液的选择非常重要，一定要按照所用限制性内切酶的说明书选择，否则会影响切割效率。

## 【思考题】

双酶切反应中应该如何选择缓冲液？

## 实验 53　琼脂糖凝胶中 DNA 片段的回收

## 【实验目的】

掌握从琼脂糖凝胶中回收 DNA 片段的方法。

## 【实验原理】

目前普遍使用的琼脂糖凝胶 DNA 回收试剂盒，原理是溶解含有目的 DNA 片段的 TAE 或 TBE 琼脂糖凝胶胶块，再通过离心吸附柱特异结合溶液中的 DNA，漂洗后再洗脱收集。该试剂盒操作简便，回收率较高，回收得到的 DNA 纯度可以满足常规实验要求。

## 【实验器材】

**1. 实验材料**　pET32a - SmPR10 质粒的双酶切产物、琼脂糖、TAE 电泳缓冲液、GelRed 核酸染料、

10×上样缓冲液、DNA Marker、普通琼脂糖凝胶 DNA 回收试剂盒（溶胶液 PN、吸附柱 CA2、平衡液 BL、漂洗液 PW、洗脱缓冲液 EB）。

**2. 实验仪器**　微波炉、水平电泳槽及配套的制胶模具、电泳仪、凝胶成像系统、紫外仪、水浴锅、高速离心机、微量移液器（1000、200、20、10、2.5μl）及配套吸头、1.5ml 离心管、PCR 管架、离心管架、手术刀、锥形瓶。

## 【实验步骤】

**1. 回收用琼脂糖凝胶的制备及电泳**　用 TAE 电泳缓冲液、琼脂糖及 GelRed 核酸染料配制浓度为 1% 琼脂糖凝胶。向装有 40μl 酶切产物的 PCR 管中加入 4.4μl 10×上样缓冲液，混匀后全部上样。最后在样品邻近的空白上样孔中加入 DNA Marker。150V 恒压电泳约 20 分钟，溴酚蓝指示剂电泳至凝胶一半长度时停止电泳，在凝胶成像系统中观察电泳结果。

**2. 切割含有目标 DNA 片段的胶块**　在紫外仪中观察凝胶，用手术刀切下含有目标 DNA 条带的胶块，放入 1.5ml 离心管中备用。

**3. 回收目标 DNA 片段**（琼脂糖凝胶 DNA 回收试剂盒）

（1）向吸附柱 CA2 中加入 500μl 平衡液 BL，12000r/min 离心 1 分钟，倒掉收集管中的废液。平衡后的吸附柱备用。

（2）向装有胶块的离心管中加入 600μl 溶胶液 PN，50℃ 水浴 10 分钟，大约 5 分钟时温和的上下翻转一次离心管，直至胶块完全溶解。

（3）待离心管温度降至室温后，将管中溶液加入平衡过的吸附柱 CA2 中，室温放置 2 分钟。然后 12000r/min 离心 1 分钟，倒掉收集管中的废液。

（4）向吸附柱 CA2 中加入 600μl 漂洗液 PW，室温放置 5 分钟。然后 12000r/min 离心 1 分钟，倒掉收集管中的废液。

（5）向吸附柱 CA2 中加入 600μl 漂洗液 PW，12000r/min 离心 1 分钟，倒掉收集管中的废液。

（6）将吸附柱 CA2 放入收集管中，12000r/min 离心 2 分钟，以去除吸附柱中残留的漂洗液。

（7）将吸附柱 CA2 放入干净的 1.5ml 离心管中，打开管盖，室温放置 5 分钟，以彻底去除吸附柱中残留的漂洗液。

（8）向吸附膜的中间部位滴加 30μl 洗脱缓冲液 EB，室温放置 2 分钟，然后 12000r/min 离心 2 分钟将 DNA 溶液收集到离心管中。

**4. 琼脂糖凝胶电泳检测回收产物 DNA**　用 TAE 电泳缓冲液、琼脂糖及 10000×GelRed 核酸染料配制浓度为 1% 的琼脂糖凝胶。取 9μl 回收产物 DNA 混合 1μl 10×上样缓冲液，混匀后全部上样。最后在样品邻近的空白上样孔中加入 DNA Marker。150V 恒压电泳约 20 分钟，溴酚蓝指示剂电泳至凝胶一半长度时停止电泳，在凝胶成像系统中观察电泳结果。

## 【实验预期结果及分析】

1. 本次实验使用的实验材料是前次实验中 pET32a - SmPR10 质粒 DNA 经过 *Eco*R I 及 *Xho* I 双酶切的产物，应该含有大小为 5.8kb 及 480bp 的两种 DNA 片段。

2. 本次实验中需要回收 480bp 的目标 DNA 条带。电泳回收产物得到的 DNA 条带大小应与预期大小一致。如果对应条带亮度比回收前弱很多，则说明回收效率低。

## 【要点提示及注意事项】

1. 切割含有目标 DNA 条带的凝胶块时，应该尽量切除多余部分，以提高回收效率。

2. 在紫外仪中观察小片段 DNA 时荧光较弱，应该尽量在黑暗环境中操作。

3. 洗脱体积不应低于 30μl，否则会影响回收效率。

## 【思考题】

为什么酶切产物中的小片段 DNA 亮度比大片段 DNA 低？

---

### 实验 54　PCR 反应及其产物检测

## 【实验目的】

掌握 PCR 反应的基本原理和实验技术、琼脂糖凝胶电泳检测 PCR 产物的方法。

## 【实验原理】

聚合酶链式反应（PCR）是在模板 DNA、引物和 dNTP 存在的条件下，由 DNA 聚合酶催化的体外 DNA 扩增过程，其原理类似于体内的 DNA 合成。PCR 反应前需要针对待扩增 DNA 片段的末端序列设计一对引物，然后通过温度变化控制 DNA 的变性和复性，实现特定序列 DNA 的体外扩增。

PCR 反应分为变性、退火、延伸三个步骤。变性是在高温下使 DNA 模板解链，退火是降低至合适的温度使引物与待扩增 DNA 区域的末端精确结合，延伸是由 DNA 聚合酶在其合适反应温度下催化模板指导的引物延伸。每一循环包括以上三个步骤，完成后可以使待扩增 DNA 的数量增加一倍。通过循环反复进行，可以实现对目的 DNA 的指数级扩增。PCR 反应完成后可以通过琼脂糖凝胶电泳来检测其产物，观察其中是否有预期大小的扩增条带出现。

## 【实验器材】

**1. 实验材料**　DNA 模板（pET32a – SmPR10 质粒 DNA）、用于扩增 SmPR10 基因的一对引物、Taq DNA 聚合酶、10 × PCR Buffer、dNTP Mixture、去离子水、琼脂糖、TAE 电泳缓冲液、GelRed 核酸染料、10 × 上样缓冲液、DNA Marker。

**2. 实验仪器**　PCR 仪、微波炉、水平电泳槽及配套的制胶模具、电泳仪、凝胶成像系统、微量移液器（200、20、10、2.5μl）及配套吸头、PCR 管、离心管架、PCR 管架、锥形瓶。

## 【实验步骤】

**1. 配制 PCR 反应体系**　在 PCR 管中按表 7 – 2 依次加入以下各种组分。

表 7 – 2　PCR 反应体系

| 组分 | 含量 |
| --- | --- |
| 去离子水 | 37.5μl |
| 10 × PCR Buffer | 5μl |
| dNTP Mixture（每种 2.5mM） | 4μl |
| 正向 PCR 引物（10μM） | 1μl |
| 反向 PCR 引物（10μM） | 1μl |
| DNA 模板 | 1μl |
| Taq | 0.5μl |

反应体系总计为 50μl，配制完成后轻轻混匀。

**2. PCR 反应** 将配好的 PCR 反应体系放入 PCR 仪，设定好如下的程序：①95℃、1 分钟；②95℃、10 秒；③58℃、15 秒；④72℃、30 秒。②～④步循环 35 次。

然后开始扩增，需要 1～1.5 小时。

**3. 电泳检测 PCR 产物** 用 TAE 电泳缓冲液、琼脂糖及 10000×GelRed 核酸染料配制浓度为 1% 的琼脂糖凝胶。取 9μl PCR 产物混合 1μl 10×上样缓冲液，混匀后全部上样。最后在样品邻近的空白上样孔中加入 DL2000 DNA Marker。150V 恒压电泳约 20 分钟，溴酚蓝指示剂电泳至凝胶一半长度时停止电泳，在凝胶成像系统中观察电泳结果。

### 【实验预期结果及分析】

1. 本次实验针对 SmPR10 基因设计的引物扩增产物长度为 490bp，成功的 PCR 产物电泳后可以看到与预期大小对应的条带。电泳使用的 DL2000 DNA Marker 中有一条已知为 500bp 的条带，预期大小的条带应该在该 500bp 条带附近。

2. 对应的条带亮度越高，说明 PCR 扩增效率越高。如果样品条带微弱或者完全看不见，则说明 PCR 扩增效率低，或是扩增失败。失败原因一般是配制 PCR 反应体系时漏加了某一组分，或者是某一组分加入的体积与设计好的反应体系有较大偏差。

### 【要点提示及注意事项】

1. 本实验中使用的 PCR 反应体系为 50μl，以便在后续实验中回收产物 DNA 片段。如果仅用于鉴定，可以选择 20μl 的 PCR 反应体系，成本更低。

2. PCR 反应体系中的各种成分体积都很小，因此加样时操作要规范，保证加入的体积准确。

3. 本实验中 PCR 反应的退火温度是根据所用引物的 $T_m$ 值确定的，延伸时间则是根据所用聚合酶的合成速度以及设计的扩增产物大小确定的。实际 PCR 的反应条件需要根据具体的引物 $T_m$ 值和产物长度进行选择。

### 【思考题】

1. PCR 反应的原理是什么？
2. PCR 产物检测的方法是什么？

## 实验 55 普通 DNA 产物回收

### 【实验目的】

掌握从 PCR 产物或酶切产物中回收 DNA 片段的方法。

### 【实验原理】

在 PCR 反应或酶切产物中，除了目标 DNA 条带以外，还含有大量其他杂质。目前，常采用 DNA 产物纯化试剂盒进行，其主要原理是通过离心吸附柱特异性结合产物溶液中的 DNA，经漂洗后再洗脱收集。该试剂盒操作简便、回收率较高，可以除去蛋白质、有机化合物、无机盐离子及寡核苷酸引物等杂质，回收得到的 DNA 纯度可以满足常规实验要求。

## 【实验器材】

**1. 实验材料**　前一实验得到的 PCR 产物（见实验 53）、琼脂糖、TAE 电泳缓冲液、GelRed 染料、10×上样缓冲液、DNA Marker、普通 DNA 产物纯化试剂盒。

**2. 实验仪器**　微波炉、水平电泳槽及配套的制胶模具、电泳仪、凝胶成像系统、水浴锅、高速离心机、微量移液器（1000、200、20、10、2.5μl）及配套吸头、1.5ml 离心管、PCR 管架、离心管架、锥形瓶、PCR 管。

## 【实验步骤】

**1. 从 PCR 产物中回收 DNA 片段（普通 DNA 产物纯化试剂盒）**

（1）向吸附柱 CB2 中加入 500μl 平衡液 BL，12000r/min 离心 1 分钟，倒掉收集管中的废液。平衡后的吸附柱备用。

（2）估计 PCR 或酶切反应液的体积，向其中加入 5 倍体积的结合液 PB，充分混匀。

（3）将管中溶液加入平衡过的吸附柱 CB2 中，室温放置 2 分钟。然后 12000r/min 离心 1 分钟，倒掉收集管中的废液。

（4）向吸附柱 CB2 中加入 600μl 漂洗液 PW，室温放置 5 分钟。然后 12000r/min 离心 1 分钟，倒掉收集管中的废液。

（5）向吸附柱 CB2 中加入 600μl 漂洗液 PW，12000r/min 离心 1 分钟，倒掉收集管中的废液。

（6）将吸附柱 CB2 放入收集管中，12000r/min 离心 2 分钟，以去除吸附柱中残留的漂洗液。

（7）将吸附柱 CB2 放入干净的 1.5ml 离心管中，打开管盖，室温放置 5 分钟，以彻底去除吸附柱中残留的漂洗液。

（8）向吸附膜的中间部位滴加 30μl 洗脱缓冲液 EB，室温放置 2 分钟，然后 12000r/min 离心 2 分钟将 DNA 溶液收集到离心管中。

**2. 琼脂糖凝胶电泳检测纯化产物 DNA**　用 TAE 电泳缓冲液、琼脂糖及 10000×GelRed 核酸染料配制浓度为 1% 琼脂糖凝胶。取 9μl 回收产物 DNA 混合 1μl 10×上样缓冲液，混匀后全部上样。最后在样品邻近的空白上样孔中加入 DNA Marker。150V 恒压电泳约 20 分钟，溴酚蓝指示剂电泳至凝胶一半长度时，停止电泳，在凝胶成像系统中观察电泳结果。

## 【实验预期结果及分析】

1. 本次实验使用的实验材料是前次实验中的 PCR 产物，应该含有大小为 490bp 的 *SmPR*10 基因片段。本次实验就是要回收该目标 DNA 条带。

2. 电泳回收产物得到的 DNA 条带大小应与预期大小一致。如果对应条带亮度比回收前弱很多，则说明回收效率低。

## 【要点提示及注意事项】

1. 普通 DNA 产物纯化适用于无选择性的回收溶液中所有 DNA 片段。如需选择性回收特定片段，去除其他不同大小片段，则应使用胶回收试剂盒。

2. 洗脱体积不应低于 30μl，否则会影响回收效率。

## 【思考题】

普通 DNA 产物纯化和琼脂糖凝胶 DNA 回收试剂盒的用途有何区别？

## 实验56 T载体克隆PCR产物

### 【实验目的】

掌握使用T载体克隆PCR产物的原理和方法。

### 【实验原理】

Taq DNA聚合酶具有类似末端转移酶的活性，可以在新合成双链产物的3′末端加一个不依赖于模板的核苷酸，通常为脱氧腺嘌呤核苷酸（A）。根据这一性质，可以采用T载体 [3′黏端为脱氧胸腺嘧啶核苷酸（T）的载体] 来克隆这样的PCR产物。

### 【实验器材】

1. **实验材料** PCR产物（见实验53）、pMD19 - T载体、Solution I、普通DNA产物纯化试剂盒。
2. **实验仪器** 微量移液器（200、20、10、2.5μl）及配套吸头、PCR管、离心管架、PCR管架。

### 【实验步骤】

1. **从PCR产物中纯化DNA片段** 采用普通DNA产物纯化试剂盒，从PCR产物中纯化DNA片段。
2. **配制T载体连接反应体系** 在PCR管中按表7-3依次加入以下各种组分。

表7-3 T载体连接反应体系

| 组分 | 含量 |
| --- | --- |
| 纯化的PCR产物 | 4μl |
| pMD19 - T载体 | 1μl |
| Solution I | 5μl |

反应体系总计为10μl，配制完成后轻轻混匀。

3. **连接反应** 将配好的T载体连接反应体系室温放置1小时。然后即可将连接产物用于转化大肠埃希菌细胞。

### 【实验预期结果及分析】

1. 只有将本实验的连接产物用于转化大肠埃希菌，才能得知连接反应成功与否。
2. pMD19 - T载体上带有 *lacZ'* 筛选标记，可以采用蓝白斑筛选结合菌落PCR来鉴定重组克隆。

### 【要点提示及注意事项】

连接反应中插入片段DNA与载体的比例很重要。如果连接效率太低，可以考虑适当增加连接反应体系中PCR纯化产物与T载体的体积之比。

### 【思考题】

T载体克隆PCR产物的原理是什么？

## 实验 57　质粒 DNA 转化大肠埃希菌

### 【实验目的】

1. 掌握质粒 DNA 转化大肠埃希菌细胞的方法。
2. 了解大肠埃希菌感受态细胞的制备方法。

### 【实验原理】

外源 DNA 导入宿主细胞的过程称为转化。重组 DNA 技术中，经常需要将质粒 DNA 转入大肠埃希菌宿主细胞，以实现质粒 DNA 的保存、扩增或外源基因的表达。

大肠埃希菌细胞在转化前，必须经过特殊处理制备成感受态细胞，以增加转化效率。感受态细胞的制备方法有多种，分别适用于不同的转化方法。实验室中常用氯化钙（$CaCl_2$）溶液制备大肠埃希菌感受态细胞，然后使用 42℃ 热冲击的方法进行质粒 DNA 或连接产物的转化。

利用冰冷的 $CaCl_2$ 溶液处理对数生长期的大肠埃希菌细胞，可以使大肠埃希菌的细胞膜通透性等方面发生变化，成为易于被外源 DNA 转化的感受态细胞。将大肠埃希菌感受态细胞与质粒 DNA 混合均匀，可以使质粒 DNA 吸附在细胞表面，经过 42℃ 的短暂热冲击，可以促使一部分 DNA 进入细胞内，完成对大肠埃希菌细胞的转化。

这一转化方法的转化效率比较低，所以必须结合质粒 DNA 上携带的筛选标记，对转化后得到的细胞进行筛选。一般最常用的筛选标记是抗生素抗性标记，被成功转化的细胞可以表达抗生素抗性基因，从而在具有相应抗生素的培养基上生存下来。其他未被成功转化的细胞不具备对该抗生素的抗性，则不能在具有抗生素的培养基中存活。

本实验以 pET32a - SmPR10 质粒为例，将其转化进入大肠埃希菌 DH5α 感受态细胞。由于 pET32a 质粒载体上携带有氨苄西林抗性基因，因此对转化后得到的细胞采用含氨苄西林的培养基筛选。只有成功被质粒转化的细胞才能表达氨苄西林抗性基因，从而在抗性培养基上生长形成可见的白色菌斑。

如果使用其他质粒或连接产物 DNA 对大肠埃希菌细胞进行转化，与本实验步骤类似，只是需要选择与所用质粒载体对应的正确筛选方法。

### 【实验器材】

**1. 实验试剂**　*E. coli* DH5α 菌株、pET32a - SmPR10 质粒 DNA、0.1mol/L $CaCl_2$ 溶液、LB 液体培养基（不含抗生素）、LB 固体培养基（含有 100mg/L 氨苄西林）。

**2. 实验仪器**　高压灭菌锅、超净工作台、制冰机、摇床、培养箱、分光光度计、低温高速离心机、水浴锅、微量移液器（1000、200、2.5μl）及配套吸头、50ml 离心管、1.5ml 离心管、离心管架、锥形瓶。

### 【实验步骤】

**1. 大肠埃希菌感受态细胞的制备**

（1）从 *E. coli* DH5α 平板上挑取单菌落至装有 LB 液体培养基的锥形瓶中，37℃ 过夜培养。

（2）从以上过夜培养的菌液中取出 0.4ml 转接到 40ml 新鲜 LB 液体培养基中，37℃ 培养 2~3 小时（至菌液 $OD_{600}$ 约为 0.5）。

（3）将菌液转入 50ml 离心管中，冰上放置 10 分钟。

（4）4℃ 4000r/min 离心 10 分钟，弃上清。

（5）用 10ml 冰冷的 0.1mol/L $CaCl_2$ 溶液重悬细胞，冰上放置 10 分钟。

（6）4℃ 4000r/min 离心 10 分钟，弃上清。

（7）用 2ml 冰冷的 0.1mol/L $CaCl_2$ 溶液重悬细胞，然后分装至 1.5ml 离心管中，每管 100μl。分装完成后，将装有细胞的离心管放入液氮速冻，然后于 −80℃ 冰箱中保存备用。

**2. 质粒 DNA 转化大肠埃希菌细胞**

（1）从 −80℃ 冰箱中取出一份大肠埃希菌感受态细胞，在冰上融化，然后向管中加入 2μl 质粒 DNA，轻轻混匀，冰上静置 30 分钟。

（2）将离心管放入 42℃ 水浴 60 秒，然后迅速取出在冰上静置 5 分钟。

**3. 复苏、涂布平板和培养**

（1）在超净工作台上，向管中加入 800μl LB 液体培养基（无抗生素）。

（2）在摇床上 37℃ 150r/min 培养 45 分钟。

（3）将离心管从摇床取出，从中取适当体积的细胞均匀涂布在含有氨苄西林的 LB 固体培养基上，培养皿在超净工作台上放置约 30 分钟直至培养基表面干燥。

（4）培养皿倒置放入 37℃ 培养箱中培养 12～16 小时。第二天观察实验结果。

## 【实验预期结果及分析】

本次实验使用的 pET32a 质粒携带有氨苄西林抗性基因，转化细胞后可以使细胞在含有氨苄西林的培养基上生长。过夜培养后可以观察到平板上长出的白色菌斑，即为成功转化的大肠埃希菌菌落。如果平板上的菌斑很少或者完全没有，则说明转化效率很低或是转化失败。

## 【要点提示及注意事项】

1. 制备感受态细胞所使用的大肠埃希菌 DH5α 平板必须是从低温保藏的菌株新鲜活化得到的，否则会降低感受态转化效率。

2. 感受态细胞非常脆弱，在转化过程中应该操作轻柔，避免伤害感受态细胞造成转化效率降低。

3. 涂布平板时应该根据加入的质粒溶液浓度和体积来选择合适的菌液体积，使平板上转化菌落的数量适中，方便后续实验中挑取单菌落。

4. 转化后的培养时间不宜过长，否则转化菌落会降解周边培养基中的氨苄西林，造成周边无抗性的未转化细胞生长而产生卫星菌落。

## 【思考题】

1. 此次转化实验的筛选标记是什么？

2. 转化过程中有哪些注意事项？

## 实验 58　蓝白斑筛选、菌落 PCR 鉴定重组克隆

## 【实验目的】

掌握蓝白斑筛选鉴定重组克隆的方法、菌落 PCR 鉴定重组克隆的方法。

## 【实验原理】

质粒 DNA 或者连接产物 DNA 转化大肠埃希菌时效率较低，因此转化得到的细胞群体中有很大一部分并没有导入 DNA。如果外源 DNA 上携带了抗生素抗性基因，就很容易使用相应的抗生素筛选掉没有外源 DNA 进入的细胞。如果转化时所用质粒 DNA 是体外重组得到的连接产物 DNA，那么由于连接产物中可能含有未参与连接反应的空载体，则有必要采用其他方法筛选出真正含有所需重组质粒 DNA 的转化细胞。

蓝白斑筛选方法可以通过转化菌斑的颜色来区分空载体和重组质粒 DNA 转化的细胞。原理是培养基中加入的 IPTG 诱导空载体上的 *lacZ'* 表达，并通过 α 互补在细胞内产生有活性的 β - 半乳糖苷酶，催化培养基中的 X - gal 底物水解形成蓝色产物。因此，只有空载体转化的细胞会形成蓝色菌斑。而在重组质粒 DNA 中，*lacZ'* 由于目的 DNA 的插入而失活，不会产生有活性的 β - 半乳糖苷酶，只能形成白色菌斑。

蓝白斑筛选方法的前提是空载体上携带有完整的 *lacZ'* 筛选标记，此外也可以采用 PCR 的方法来鉴定重组克隆。菌落 PCR 方法操作简便，结果也比较可靠，适用于对大量克隆进行筛选。其原理是根据目的 DNA 序列设计一对检测引物，然后以少量的菌斑作为模板进行 PCR 扩增，只有包含目的 DNA 的克隆才能扩增出正确大小的条带。

## 【实验器材】

**1. 实验试剂**　*E. coli* DH5α 感受态细胞，用于扩增 *SmPR*10 基因的 PCR 引物一对，实验"T 载体克隆 PCR 产物"中得到的连接产物、LB 液体培养基（不含抗生素）、LB 固体培养基（含有 100mg/L 氨苄西林、100μM IPTG、40mg/L X - gal）、TaKaRa Taq、10 × PCR Buffer、dNTP Mixture、去离子水、琼脂糖、TAE 电泳缓冲液、GelRed 染料、10 × 上样缓冲液、DNA Marker。

**2. 实验仪器**　高压灭菌锅、超净工作台、制冰机、摇床、培养箱、水浴锅、PCR 仪、微波炉、水平电泳槽及配套的制胶模具、电泳仪、凝胶成像系统、微量移液器（1000、200、20、10、2.5μl）及配套吸头、1.5ml 离心管、PCR 管、离心管架、PCR 管架、锥形瓶、PCR 管。

## 【实验步骤】

**1. TA 克隆连接产物转化大肠埃希菌细胞**　该转化实验中涂布平板时应使用含有氨苄西林、IPTG 和 X - gal 的 LB 固体培养基。然后 37℃培养 12 ~ 16 小时。转化实验的具体操作步骤参见实验"质粒 DNA 转化大肠埃希菌"。

**2. 观察蓝白斑**　次日观察转化实验结果，统计平板上蓝色和白色菌斑数目。

**3. 菌落 PCR**

（1）在 PCR 管中按表 7 - 4 依次加入以下各种组分。

表 7 - 4　菌落 PCR 反应体系

| 组分 | 含量 |
| --- | --- |
| 去离子水 | 15.4μl |
| 10 × PCR Buffer | 2μl |
| dNTP Mixture（每种 2.5mM） | 1.6μl |
| 正向 PCR 引物（10μM） | 0.4μl |
| 反向 PCR 引物（10μM） | 0.4μl |
| TaKaRa Taq | 0.2μl |

以上反应体系总计为 20μl，配制完成后轻轻混匀，然后用牙签从平板上待鉴定的白斑挑取少许作为模板，同时注意对已挑取的菌斑在培养皿底部做好标记。

（2）将配好的 PCR 反应体系放入 PCR 仪，设定好如下的程序：①95℃、1 分钟；②95℃、10 秒；③55℃、15 秒；④72℃、30 秒。②~④步循环 35 次。

然后开始反应，需要 1~1.5 小时。

**4. 电泳检测 PCR 产物** 用 TAE 电泳缓冲液、琼脂糖及 10000×GelRed 核酸染料配制浓度为 1% 的琼脂糖凝胶。取 9μl 菌落 PCR 产物混合 1μl 10×上样缓冲液，混匀后全部上样。最后在样品邻近的空白上样孔中加入 DNA Marker。150V 恒压电泳约 20 分钟，溴酚蓝指示剂电泳至凝胶一半长度时停止电泳，在凝胶成像系统中观察电泳结果。

## 【实验预期结果及分析】

1. 本次实验使用的 pMD19-T 载体携带有氨苄西林抗性基因，TA 克隆连接产物转化细胞后可以使细胞在含有氨苄西林的培养基上生长。载体上的 *lacZ'* 标记在目的 DNA 插入后失活，因此过夜培养后可以观察到平板上长出的白色和蓝色菌斑，其中白色菌斑为重组质粒 DNA 转化的大肠埃希菌菌落，蓝色菌斑为空载体转化的大肠埃希菌菌落。如果平板上的菌斑很少或者完全没有，则说明转化效率很低或是转化失败。一般情况下大部分菌落都为白色，蓝色菌落极少。如果蓝色菌落所占比例较多，则说明 TA 连接反应效率较低。

2. TA 连接反应效率较高，多数白色菌落的 PCR 结果应扩增出预期大小的条带，即可说明该菌落含有正确的重组质粒 DNA。

## 【要点提示及注意事项】

1. IPTG 和 X-gal 易分解，因此含有 IPTG 和 X-gal 的 LB 固体培养基应在 4℃ 避光保存并尽快使用。

2. 菌落 PCR 所需要的细菌数量较少，只要用牙签接触菌斑后在 PCR 反应液中蘸一下即可满足 PCR 实验所需模斑数量，并不需要挑取到可见的大块菌斑。

3. 为了保证菌落 PCR 鉴定的准确，扩增引物应满足以下要求：扩增产物大小合适、扩增效率高、无非特异性扩增产物。

4. 本实验中 PCR 反应的退火温度是根据所用引物的 $T_m$ 值确定的，延伸时间则是根据所用聚合酶的合成速度以及设计的扩增产物大小确定的。实际 PCR 的反应条件需要根据具体的引物 $T_m$ 值和产物长度进行选择。

## 【思考题】

1. 此次转化实验的筛选标记是什么？
2. 平板上出现蓝色菌斑的原因是什么？

# 第八章 酶与蛋白质工程实验

## 实验 59 尼龙固定化木瓜蛋白酶

### 【实验目的】

1. 掌握酶固定化的基本原理。
2. 了解酶固定的基本方法。

### 【实验原理】

通过物理或化学的方法，将水溶性的酶与不溶于水的载体结合，固定在载体上，在一定的空间范围内进行催化反应的酶称为固定化酶。固定化酶的特性主要表现在：①提高酶的稳定性，可多次使用；②酶与产物、底物易分开，较易纯化产物；③提高酶的使用效率，成本降低，在工业生产上可实现大批量、连续化、自动化。酶的固定化方法有吸附法、包埋法、共价键结合法、交联法。

本实验中的尼龙固定木瓜蛋白酶属共价键结合法。尼龙是聚酰胺物质，在适当浓度的 HCl 溶液、一定温度和时间条件下，尼龙长链中的酰胺键发生水解，暴露出游离的—$NH_2$ 基团。—$NH_2$ 基团在一定条件下与戊二醛中的一个—CHO 基团发生缩合反应，戊二醛的另一个—CHO 基团与酶中的游离氨基缩合，形成尼龙（载体）–戊二醛（交联剂）–酶的连接结构，从而将酶固定在尼龙上，得到尼龙固定化酶。

### 【实验器材】

**1. 实验材料** 木瓜蛋白酶、尼龙布（140 目）、18.6% $CaCl_2$ 溶液、甲醇溶液、3.65mol/L HCl 溶液、0.2mol/L 硼酸缓冲液（pH8.5）、5% 戊二醛（以 0.2mol/L pH8.5 硼酸缓冲液配制）、0.1mol/L 硼酸缓冲液（pH7.8）、木瓜蛋白酶溶液（1mg/ml）、0.5mol/L NaCl 溶液、0.1mol/L 磷酸盐缓冲液（pH7.2）、10% 三氯乙酸、1% 酪蛋白（以 0.1mol/L pH7.2 磷酸盐缓冲液配制）。

激活剂：用 0.1mol/L 磷酸盐缓冲液（pH7.2）配制（含半胱氨酸 20mmol/L、EDTA 1mmol/L）。

**2. 实验仪器** 电力搅拌器、离心机、紫外 – 分光光度计、磁力搅拌器、恒温水浴锅、冰箱。

### 【实验步骤】

**1. 固定化酶的制备**

（1）每组取 5 块尼龙布洗净、晾干。浸入含 18.6% $CaCl_2$ 溶液 10 秒，再浸入含 18.6% 水的甲醇溶液中，轻轻搅拌 5 分钟以上至尼龙布发黏，取出用水冲去污物，用滤纸吸干。

（2）将尼龙布用 3.65mol/L HCl 溶液在室温下水解 45 分钟，用水洗至 pH 中性（pH 试纸检测）。

（3）用 5% 戊二醛在室温条件下浸泡尼龙布，偶联 20 分钟。

（4）取出尼龙布，用 0.1mol/L 磷酸缓冲液反复洗涤 3 次，洗去多余的戊二醛，滤纸吸干，加入 5ml 木瓜蛋白酶液（1mg/ml）在 4℃下固定 3.5 小时。

（5）从酶液中取出尼龙布，用 0.5mol/L NaCl（用 pH7.2、0.1mol/L 磷酸盐缓冲液配制）洗去多余的酶蛋白，即为尼龙固定化酶，残余酶液可保留测定残余酶活力。

**2. 酶活力测定**

（1）溶液酶活力测定 取 0.1ml 酶液，加入 2.4ml 激活剂，再加入 1% 酪蛋白溶液 1ml，37℃ 反应

10 分钟，最后加入 10% 三氯乙酸 1.5ml 终止酶反应。对照管同样取 0.1ml 酶液，加入 2.4ml 激活剂，然后先加入 10% 三氯乙酸溶液，后加入酪蛋白溶液，其他与测定管相同，4000r/min 离心 5 分钟或过滤，取上清液于 280nm 波长处测定吸光值。

（2）残余酶活力测定同溶液酶活力测定。

（3）固定化酶活力测定  取一块尼龙固定化酶，剪碎，加入 2.5ml 激活剂，其余步骤与溶液酶活力测定相同。

酶活力定义：在上述条件下，每 10 分钟增加 0.001 个吸光值为 1 个酶活力单位（U）。

**3. 计算结果**

（1）活力回收率 = 固定化酶总活力/溶液酶总活力 ×100%。

（2）相对活力 = 固定化酶总酶活力/（溶液酶总酶活力 – 残留酶活力）×100%。

## 【要点提示及注意事项】

1. 尼龙布的处理是实验成功的关键，既要让其充分地活化，又不能使其破碎。

2. 木瓜蛋白酶液浓度最好在 0.5 ~ 1.0mg/ml。

3. 酶活力测定的反应时间一定要准确。

## 【思考题】

1. 酶固定化的基本原理是什么？

2. 本次实验成功的关键是什么？

## 实验 60  酵母蔗糖酶的纯化与纯度检测

## 【实验目的】

1. 掌握酶的纯化方法和原理。

2. 熟悉酶活性及纯度检测的方法。

## 【实验原理】

酵母中含有丰富的蔗糖酶，可作用于 $\alpha - 1, 2 - \beta -$ 糖苷键，并将蔗糖水解为葡萄糖和果糖。反应最适 pH 为 3.5 ~ 5.5。本实验以酵母为原料，通过破碎细胞方法得到粗酶，然后通过热处理、乙醇沉淀、离子交换柱层析等步骤，纯化蔗糖酶，并对纯化的蔗糖酶进行纯度测定。

离子交换层析是常用的层析方法之一。它是在离子交换剂为固定相，液体为流动相的体系中进行的。离子交换剂与水溶液中离子或离子化合物的反应，主要通过离子交换方式，或借助离子交换剂上电荷基团对溶液中离子或离子化合物的吸附作用来进行。且这些过程均具有可逆性。在特定 pH 的溶液中，不同的蛋白质所带电荷不同，与离子交换剂的亲和力也存在差异。当洗脱液的 pH 改变或者盐的离子强度逐渐提高时，蛋白质的电荷被中和，与离子交换剂的亲和力降低，不同的蛋白质按所带电荷的强弱顺序逐一被洗脱下来，达到分离的目的。

尿糖试纸是将葡萄糖氧化酶、过氧化氢酶以及无色的化合物固定在纸条上制成的，用于测试尿糖含量的酶试纸。其原理是溶液（或尿液）中的葡萄糖在葡萄糖氧化酶的催化下，生成葡萄糖酸和过氧化氢；过氧化氢在过氧化氢酶的催化作用下，进一步生成水和氧。氧可将无色的化合物氧化成有色的化合物。当酶试纸与溶液（或尿液）接触时，会依据溶液（或尿液）中葡萄糖含量从少到多，依次呈现出浅蓝、浅绿、棕或深棕色。尿糖试纸是固定化酶实际应用的范例之一。

## 【实验器材】

**1. 实验材料**　干酵母、石英砂、95％乙醇溶液、DEAE – Sepharose Fast Flow、1mol/L 醋酸溶液、0.02mol/L Tris – HCl 缓冲液（pH7.3）、0.02mol/L Tris – HCl 缓冲液（含 0.5mol/L NaCl 溶液，pH7.3）。

**2. 实验仪器**　高速离心机、恒温水浴锅、分光光度计、微量移液器。

## 【实验步骤】

**1. 破碎细胞**　取 10g 干酵母，加 5g 石英砂，置于预冷的研钵中，加 30ml 预冷的去离子水，研磨 20 分钟，在冰箱中（－20℃）冰冻约 20 分钟（研磨液面上刚出现冰结为宜），重复一次，置于离心管中，4℃、12000r/min 离心 15 分钟，取 0.5ml 上清液为第一组分。

**2. 加热除杂蛋白**　将上清液倒入锥形瓶，将 1mol/L 醋酸溶液逐滴加入，调其 pH 至 5.0，然后迅速放入 50℃的水浴中，保温 30 分钟，注意在保温过程中要常缓慢摇动试管。然后在冰浴中迅速冷却，在 4℃、12000r/min 离心 15 分钟，取 0.5ml 上清液为第二组分，弃去沉淀。

**3. 乙醇沉淀**　量出上清液的体积，并加入等体积的 95％预冷乙醇溶液（预先放在－20℃条件下 30 分钟），于冰浴中温和搅拌 10 分钟，然后以 4℃、12000r/min 离心 15 分钟，小心弃去上清液，倒置离心管沥干沉淀，将沉淀溶解在 7ml 0.02mol/L Tris – HCl 缓冲液（pH7.3）中，使其完全溶解，以 12000r/min 离心 15 分钟，取出 0.5ml 上清液作为第三组分，剩余部分（乙醇抽提液）进行第 4 步骤操作。

**4. 柱层析**　用 DEAE – Sepharose Fast Flow 装柱，用 0.02mol/L Tris – HCl pH7.3 缓冲液平衡，将乙醇抽提液上柱，上样后用 0.02mol/L Tris – HCl pH7.3 缓冲液进行 NaCl 梯度洗脱（NaCl 浓度为 0～0.5mol/L），层析柱连上梯度混合器，混合器中分别为 50ml 0.02mol/L Tris – HCl pH7.3 缓冲液和 50ml 0.02mol/L Tris – HCl pH7.3 缓冲液（含 0.5mol/L NaCl）。每 1 分钟收集 1 管，测定各收集管在 280nm 下的吸光值，并用尿糖试纸进行半定量测定各管的酶活力，将最高酶活力的 1 管酶液作为第四组分用于纯度测定。

**5. 用尿糖试纸进行酶活测定**　在白瓷板中滴 3 滴待测酶液，再加 3 滴含 5％蔗糖的 pH4.6 的醋酸缓冲液，搅匀，37℃放置 20 分钟，浸入尿糖试纸，1 秒后取出，60 秒后比较颜色的深浅，与比色卡对照。

**6. 结果分析**　以梯度洗脱出的管数为横坐标，以吸光值 $OD_{280}$、酶活为纵坐标，绘出层析曲线和酶活曲线图。

**7. 纯度检测**　第一、二、三、四组分，各取 10μl 进行 SDS – PAGE 检测，SDS – PAGE 凝胶制备、电泳、染色、脱色见实验"纳豆激酶的含量测定与电泳"中步骤 3～11。

## 【要点提示及注意事项】

1. 装柱时要避免形成气泡或断层。
2. 制备凝胶前应检查准备好的玻璃板是否有漏。

## 【思考题】

1. 离子交换层析的优点有哪些？

2. 有机溶剂抽提蛋白质的原理是什么？

## 实验 61 蔗糖酶酶学性质的研究

### 【实验目的】

1. 掌握测定最适 pH 及最适温度的操作过程。
2. 熟悉温度及 pH 对酶活力影响的机制。

### 【实验原理】

影响酶学性质的因素包括温度、pH、米氏常数、激活剂、抑制剂等。一般采用单因素试验法进行研究。

（1）pH 对酶活力的影响　酶对酸碱度极为敏感，pH 对酶活力影响显著。酶活性最高时所对应的 pH 即为酶的最适 pH。通常，各种酶仅在特定 pH 范围内展现活性，在不同 pH 条件下，酶活性存在差异。在最适 pH 时，酶分子上活性基团的解离状态最适于酶与底物的结合，而高于或低于最适 pH 时，酶活性部位基团的解离状态不利于酶与底物的结合，酶活力随之降低。在进行酶学研究时通过制作 pH – 酶活力曲线确定最适 pH：保持其他反应条件恒定，在一系列不同 pH 条件下测定酶活力，以 pH 为横坐标，酶活力为纵坐标作图。通过此曲线，不仅可以了解酶活力随 pH 变化的情况，又能确定酶的最适 pH。

（2）温度对酶活力的影响　温度敏感性是酶的又一个重要特性。温度对酶活性具有双重作用，一方面温度升高会加速酶促反应速度；另一方面酶本质为蛋白质，温度升高会加速酶蛋白变性。因此，在较低的温度范围内，酶促反应速度随温度升高而增加；而超过一定温度后，反应速度反而下降。酶促反应速度达到最大时的温度称为酶的最适温度。保持其他反应条件恒定，在一系列不同的温度下测定酶活力，以温度为横坐标，反应速度为纵坐标作图，即可得到温度 – 酶活力曲线，并可以求得酶促反应的最适温度。需注意，最适温度并非酶的特征常数，它受反应条件影响，如反应时间延长，最适温度降低。大多数酶在 60℃ 以上变性失活，个别的酶可以耐 100℃ 左右的高温。

（3）蔗糖酶活力的测定原理　蔗糖酶能够水解蔗糖生产葡萄糖和果糖，二者均为还原性糖。通过测定生成葡萄糖和果糖的量，能够确定蔗糖水解的速度。在碱性条件下，还原性糖与 3,5 – 二硝基水杨酸（DNS）共热，DNS 被还原为 3 – 氨基 – 5 – 硝基水杨酸（棕红色物质），在一定范围内，还原糖的含量与棕红色物质的深浅成正比关系。

### 【实验器材】

**1. 实验材料**　实验"酵母蔗糖酶的纯化与纯度检测"中纯化得到的酵母蔗糖酶、0.2mol/L 乙酸、0.2mol/L 乙酸钠、0.2mol/L 蔗糖、1mol/L NaOH、3,5 – 二硝基水杨酸、0.2mol/L 乙酸缓冲液（pH4.9）。

**2. 实验仪器**　水浴锅、分光光度计、微量移液器、pH 计。

### 【实验步骤】

**1. pH 对蔗糖酶活力的影响**

（1）按表 8 – 1 配制 6 种缓冲溶液　将两种缓冲试剂混合后总体积均为 10ml，其溶液 pH 以 pH 计测量值为准。

表 8-1 缓冲液配方

| 溶液 pH | 3.5 | 4.0 | 4.5 | 5.0 | 5.5 | 6.0 |
|---|---|---|---|---|---|---|
| 0.2mol/L 乙酸钠（ml） | 0.6 | 1.8 | 4.3 | 7.0 | 8.8 | 9.5 |
| 0.2mol/L 乙酸（ml） | 9.4 | 8.2 | 5.7 | 3.0 | 1.2 | 0.5 |

（2）准备 7 支试管，按表 8-2 进行操作。

表 8-2 pH 对酶活性的影响

| 管号 | 1 | 2 | 3 | 4 | 5 | 6 | 7 |
|---|---|---|---|---|---|---|---|
| pH | | 3.5 | 4.0 | 4.5 | 5.0 | 5.5 | 6.0 |
| 0.2mol/L 蔗糖（ml） | 0.2 | 0.2 | 0.2 | 0.2 | 0.2 | 0.2 | 0.2 |
| 0.2mol/L 乙酸缓冲液（ml） | 0.2 | 0.2 | 0.2 | 0.2 | 0.2 | 0.2 | 0.2 |
| $H_2O$（ml） | 0.6 | — | — | — | — | — | — |
| 蔗糖酶（ml） | — | 0.6 | 0.6 | 0.6 | 0.6 | 0.6 | 0.6 |
| 40℃保温 10 分钟 | | | | | | | |
| 1mol/L NaOH（ml） | 1.0 | 1.0 | 1.0 | 1.0 | 1.0 | 1.0 | 1.0 |
| DNS | 2.0 | 2.0 | 2.0 | 2.0 | 2.0 | 2.0 | 2.0 |
| 100℃沸水浴反应 5 分钟，迅速流水冷却，用蒸馏水定容至 20ml | | | | | | | |
| $OD_{540}$ | | | | | | | |

（3）绘制出不同 pH 下蔗糖酶活性与 pH 的关系曲线，求得蔗糖酶的最适 pH。

**2. 温度对酶活性的影响**

（1）在 0~100℃ 5 个不同温度下测定蔗糖酶催化的反应速度，这 5 个温度是 40、50、60、70、80℃。准备 10 支试管，按表 8-3 进行操作。以各温度下不加酶液的试管为空白对照，然后在 540nm 下测定 2、4、6、8、10 号管的吸光值。

表 8-3 温度对酶活性的影响

| 管号 | 1 | 2 | 3 | 4 | 5 | 6 | 7 | 8 | 9 | 10 |
|---|---|---|---|---|---|---|---|---|---|---|
| 温度（℃） | 40 | 40 | 50 | 50 | 60 | 60 | 70 | 70 | 80 | 80 |
| 0.2mol/L 蔗糖（ml） | 0.2 | 0.2 | 0.2 | 0.2 | 0.2 | 0.2 | 0.2 | 0.2 | 0.2 | 0.2 |
| 0.2mol/L 乙酸缓冲液（ml） | 0.2 | 0.2 | 0.2 | 0.2 | 0.2 | 0.2 | 0.2 | 0.2 | 0.2 | 0.2 |
| $H_2O$（ml） | 0.6 | – – | 0.6 | – – | 0.6 | – – | 0.6 | – – | 0.6 | – – |
| 蔗糖酶（ml） | – – | 0.6 | – – | 0.6 | – – | 0.6 | – – | 0.6 | – – | 0.6 |
| 在各温度下反应 10 分钟 | | | | | | | | | | |
| 1mol/L NaOH（ml） | 1.0 | 1.0 | 1.0 | 1.0 | 1.0 | 1.0 | 1.0 | 1.0 | 1.0 | 1.0 |
| DNS | 2.0 | 2.0 | 2.0 | 2.0 | 2.0 | 2.0 | 2.0 | 2.0 | 2.0 | 2.0 |
| 100℃沸水浴反应 5 分钟，迅速流水冷却，用蒸馏水定容至 20ml | | | | | | | | | | |
| OD540 | | | | | | | | | | |

（2）作出不同温度条件下，蔗糖酶催化的反应速度对温度的关系曲线，求得蔗糖酶的最适温度。

## 【要点提示及注意事项】

在配制各种浓度底物时，应用同一母液进行稀释，以保证底物浓度的准确。各种试剂的加样量也应准确，并严格控制酶促反应时间。

## 【思考题】

温度和 pH 对酶活性有什么影响?

## 实验 62 酵母蔗糖酶的结晶

## 【实验目的】

1. 掌握蔗糖酶结晶的原理。
2. 了解酵母蔗糖酶结晶的操作方法。

## 【实验原理】

**1. 蔗糖酶结晶的基本原理** 在一个密封体系中,将含有特定盐浓度的缓冲液与盐浓度低于它的蛋白质混合溶液共同放置。随着体系内溶剂的蒸发扩散,蛋白质溶液内盐浓度逐渐升高,同时体系内 pH 会趋向于接近待结晶蛋白质的等电点。在这种情况下,一方面,盐浓度的增加改变了蛋白质分子周围的离子环境,影响了蛋白质表面电荷的分布;另一方面,当 pH 接近等电点时,蛋白质分子的净电荷趋近于零,分子间的静电斥力显著减小。这两方面因素共同作用,使得中性盐对蛋白质的盐析作用更为显著,蛋白质溶解度随之降低,随着时间推移,蛋白质溶液逐渐达到过饱和状态,最终析出结晶。

**2. 常见蛋白质结晶方法** 有微池法、蒸汽扩散法、液 – 液扩散法和透析法等。现有的这些结晶方法普遍存在结晶量较小的问题。当需要使用高度纯化的蛋白质进行结晶时,常常需要借助离子交换层析或亲和层析等方法对蛋白质进行纯化。因为杂质的存在可能干扰蛋白质分子的有序排列,影响结晶的形成和质量。常用的结晶剂包括盐、有机溶剂、聚乙二醇等。

(1)盐 如硫酸铵、氯化钠等,它们通过改变溶液的离子强度来影响蛋白质的溶解度。当盐浓度逐渐增加时,蛋白质分子周围的离子氛围发生变化,使得蛋白质分子间的相互作用改变,从而导致蛋白质溶解度降低。

(2)有机溶剂 像丙酮、乙醇等,它们能够降低溶液的介电常数。溶液介电常数的降低会使蛋白质分子间的静电相互作用增强,促使蛋白质分子聚集沉淀,进而有利于结晶的形成。

(3)聚乙二醇 具有不同分子量的聚乙二醇在蛋白质结晶中被广泛应用。它可以增加溶液的黏度,减少蛋白质分子的扩散速度,同时通过空间排斥作用促使蛋白质分子相互靠近,形成有序排列,最终结晶析出。

在酵母蔗糖酶的制备过程中,硫酸铵 – 丙酮协同沉淀方法相较于单独使用硫酸铵分级沉淀和丙酮沉淀具有明显优势,可能原因如下。①作用机制互补:硫酸铵沉淀蛋白质的原理是中和蛋白质的表面电荷、破坏蛋白质分子与水分子之间的水化膜,从而使蛋白质沉淀。而丙酮沉淀蛋白质是通过降低溶液的介电常数、增强蛋白质分子间的静电相互作用,促使蛋白质聚集沉淀。当两者协同使用时,作用机制相互补充,能够更有效地使蛋白质沉淀,提高沉淀效率。②当单独使用硫酸铵沉淀时,随着其饱和度的升高,溶液的密度也变大,这在离心分离过程中,会增加离心的难度和时间,甚至可能影响沉淀的分离效果。而加入一定体积丙酮后,溶液的密度降低,使得离心分离更加容易进行,能够更高效地实现蛋白质沉淀与溶液的分离。

## 【实验器材】

**1. 实验材料** 实验"酵母蔗糖酶的纯化与纯度检测"中纯化得到的酵母蔗糖酶、硫酸铵、丙酮。

**2. 实验仪器** 高速冷冻离心机、低温真空干燥器、显微镜、测微尺。

## 【实验步骤】

**1. 硫酸铵–丙酮协同除杂** 首先向酶原液中加硫酸铵至45%饱和度，冰水浴，搅拌，5分钟加完，然后加入0.3倍酶原液体积的丙酮，5分钟加完。此时溶液会分相，用低速大容量离心机离心除去沉淀，保留上清液，此步操作为硫酸铵–丙酮协同除杂。

**2. 浓缩** 向上清液中快速加入硫酸铵至75%饱和度，5分钟加完。由于硫酸铵–丙酮的协同作用，静置15~30分钟后溶液分相，上相约占总体积的1/3，为丙酮及酵母蔗糖酶的混合物，下相几乎无活性，可直接弃去。

**3. 结晶** 将上相离心，取相界面处沉淀，即为浓缩酵母蔗糖酶。将沉淀抽真空除去丙酮后，在显微镜下观察，用测微尺测量晶体尺寸。

**4. 结果分析** 将得到的酵母蔗糖酶晶体在显微镜下观察形态并描述，用测微尺测量晶体尺寸并记录。

## 【要点提示及注意事项】

注意加入硫酸铵的饱和度以及速度会影响蔗糖酶的结晶。

## 【思考题】

哪些因素影响酵母蔗糖酶的结晶？

## 实验 63　酵母蔗糖酶的化学修饰

## 【实验目的】

1. 掌握酶化学修饰的基本原理
2. 熟悉酶活性或修饰效果的检测方法。

## 【实验原理】

酶分子中具有多样的侧链基团，这些基团为酶的化学修饰提供了众多靶点。酶的化学修饰是研究酶结构与功能关系的重要策略，意义重大。一方面，通过对酶侧链基团的精准修饰，能够有效剖析酶活性部位的精细组成，明确不同氨基酸残基在酶催化过程中的具体作用。如当化学修饰试剂与酶分子上的某种侧链基团结合后，酶的活性降低或者丧失，表明这种被修饰的基团是酶活性所必需的。另一方面，基于对酶结构与功能关系的深入了解，可为酶性质的优化改良，如提升酶的稳定性、拓展酶的作用底物范围、增强酶在不同环境条件下的活性等，提供坚实的理论依据与实践指导。

酶分子中有许多基团，如巯基、羟基、咪唑基、胍基、氨基和羧基等可被共价化学修饰，不同基团具有独特的化学性质，对应着不同的修饰试剂与修饰方式，如苯甲基磺酰氟（PMSF）是丝氨酸残基的修饰剂、三硝基苯磺酸（TNBS）是赖氨酸残基的修饰剂、N–乙基马来酰亚胺（NEM）和对氯汞苯甲酸（PCMB）是巯基的修饰剂、碘乙酸（IAc）是组氨酸残基的修饰剂、*N*-溴代琥珀酰亚胺（NBS）是色氨酸残基的修饰剂、二硫苏糖醇（DTT）可以特异性修饰二硫键、EDTA 是金属离子的螯合剂，可与酶活性中心的金属离子发生作用。

本实验以酵母蔗糖酶为研究对象，分别以 PMSF、TNBS、PCMB、IAc、NBS、DTT 和 EDTA 为化学修饰剂，研究酵母蔗糖酶活性所必需的氨基酸残基。酶活性测定采用 DNS 法（原理见实验 60 "蔗糖酶酶学性质的研究"）。

## 【实验器材】

**1. 实验材料**　实验"酵母蔗糖酶的纯化与纯度鉴定"中纯化得到的酵母蔗糖酶、苯甲基磺酰氟（PMSF）、三硝基苯磺酸（TNBS）、对氯汞苯甲酸（PCMB）、碘乙酸（IAc）、*N*-溴代琥珀酰亚胺（NBS）、二硫苏糖醇（DTT）、EDTA、3,5-二硝基水杨酸（DNS）、0.2mol/L 乙酸缓冲液（pH4.9）、0.2mol/L 蔗糖溶液。

**2. 实验仪器**　恒温水浴锅、电炉、分光光度计、微量移液器。

## 【实验步骤】

1. 将浓度分别为 0.2、0.4、0.6、0.8、1.0mmol/L 的各种修饰剂 0.5ml 与蔗糖酶酶液 0.5ml 在 37℃下作用 20 分钟，测定其剩余活力，以 pH4.9 的乙酸缓冲液代替修饰剂溶液测得的活力为 100%。

2. 以蔗糖为底物，采用 DNS 法测定蔗糖酶的活力。DNS 法步骤如下。

（1）每个试管加入 0.2mol/L 乙酸缓冲液 0.2ml，蔗糖酶酶液 0.2ml，加水至 0.8ml，再加入 0.2mol/L 蔗糖溶液 0.2ml，37℃保温 20 分钟。

（2）加入 1ml 1mol/L NaOH 终止酶促反应，然后加 DNS 2ml，沸水浴反应 5 分钟。

（3）冷却后定容至 20ml，然后在 540nm 下测定吸光值。

3. 结果分析。以化学修饰试剂的浓度为横坐标，以相对酶活为纵坐标，绘出不同化学试剂修饰后酶活性变化曲线图。

## 【要点提示及注意事项】

1. 酶活力低时，可适当增加酶液体积，相应减少缓冲液体积。
2. 酶活性测定的反应时间一定要精准。

## 【思考题】

根据实验结果判断哪些氨基酸残基是维持酵母蔗糖酶活性所必需的？

# 第九章　细胞工程实验

实验 64　MS 培养基的配制与灭菌

## 【实验目的】

1. 掌握 MS 培养基母液的配制方法。
2. 熟悉 MS 培养基配制与灭菌的操作步骤。
3. 了解 MS 培养基的成分及其作用。

## 【实验原理】

离体培养植物组织时，培养基犹如植物细胞、组织或器官的"营养库"，为其生长、发育、分化等生理活动提供所需的营养成分。由于不同植物种类、同一植物的不同组织部位，甚至处于不同发育阶段的培养材料，对营养及环境条件的需求存在差异，因此，科学、适当的设计和选用培养基，对于植物组织培养取得成功至关重要。另外，培养基成分的精确调控，对于诱导培养组织实现脱分化形成愈伤组织、再分化生成完整植株，以及诱导次生代谢产物的合成与积累等复杂生理过程，起着核心的导向作用。

MS 培养基是植物组织培养最常用的培养基，其成分组成丰富且均衡，主要包括无机营养物质〔包括大量元素，如氮（N）、磷（P）、钾（K）、钙（Ca）、镁（Mg）、硫（S）等〕、碳源、有机物质（维生素类、氨基酸类、肌醇等）、植物生长物质（生长素类、细胞分裂素类、赤霉素类）等。

为了使用方便和用量准确，一般将常量元素、微量元素、铁盐、有机物质、激素类分别配制成若干倍的母液，在使用培养基前，只需要按培养基配方的量吸取母液即可。这样有效减少了每次配制时繁琐的称量过程，同时降低了误差，保障了实验结果的可重复性。

## 【实验器材】

**1. 实验材料**　$NH_4NO_3$、$KNO_3$、$NaOH$、$HCl$、$CaCl_2 \cdot 2H_2O$、$MgSO_4 \cdot 7H_2O$、$KH_2PO_4$、$KI$、$H_3BO_3$、$MnSO_4 \cdot 4H_2O$、$ZnSO_4 \cdot 7H_2O$、$Na_2MoO_4 \cdot 2H_2O$、$CuSO_4 \cdot 5H_2O$、$CoCl_2 \cdot 6H_2O$、$FeSO_4 \cdot 7H_2O$、$Na_2 - EDTA \cdot 2H_2O$、肌醇、烟酸、盐酸吡哆醇、盐酸硫胺素、蔗糖、琼脂、甘氨酸。

**2. 实验仪器**　天平、烧杯、容量瓶、蓝盖瓶、棕色玻璃瓶、锥形瓶、量筒、移液管、玻璃棒、pH 计、吸耳球、橡皮筋、封口膜、注射器、滤菌器。

## 【实验步骤】

### 1. 母液的配制

（1）母液（Ⅰ）的配制　各成分按照表 9-1 培养基浓度含量扩大 10 倍，用电子天平（精确度为 0.01g）称取，用蒸馏水分别溶解，按顺序逐步混合。后用蒸馏水定容到 1000ml 容量瓶中，即为 10 倍的母液（Ⅰ）。倒入蓝盖瓶，121℃灭菌 30 分钟，冷却后贴好标签保存于 4℃冰箱中。配制培养基时，1L 培养基取此液 100ml。

表9-1 MS 培养基母液（Ⅰ）配制

| 序号 | 化合物名称 | 培养基浓度（mg/L） | 扩大 10 倍称量（mg） | |
|---|---|---|---|---|
| 1 | $NH_4NO_3$ | 1650 | 16500 | |
| 2 | $KNO_3$ | 1900 | 19000 | |
| 3 | $CaCl_2 \cdot 2H_2O$ | 440 | 4400 | 蒸馏水定容至1000ml |
| 4 | $MgSO_4 \cdot 7H_2O$ | 370 | 3700 | |
| 5 | $KH_2PO_4$ | 170 | 1700 | |

（2）母液（Ⅱ）的配制 MS 培养基的微量元素无机盐由 7 种化合物（Fe 除外）组成。微量元素用量较少，特别是 $CuSO_4 \cdot 5H_2O$、$CoCl_2 \cdot 6H_2O$，因此分Ⅱa、Ⅱb 两种母液配制。按照表9-2、表9-3 配方，用万分之一电子天平（精密度为 0.0001g）称量，其他同常量元素。配制培养基时，配制 1L 培养基，取Ⅱa 10ml、Ⅱb 1ml。

表9-2 MS 培养基母液（Ⅱa）的配制

| 序号 | 化合物名称 | 培养基浓度（mg/L） | 扩大 100 倍称量（mg） |
|---|---|---|---|
| 1 | $MnSO_4 \cdot 4H_2O$ | 22.3 | 2230 |
| 2 | $ZnSO_4 \cdot 7H_2O$ | 8.6 | 860 |
| 3 | $H_3BO_3$ | 6.2 | 620 |
| 4 | KI | 0.83 | 83 |
| 5 | $Na_2MoO_4 \cdot 2H_2O$ | 0.25 | 25 |

表9-3 MS 培养基母液（Ⅱb）的配制

| 序号 | 化合物名称 | 培养基浓度（mg/L） | 扩大 1000 倍称量（mg） |
|---|---|---|---|
| 1 | $CuSO_4 \cdot 5H_2O$ | 0.025 | 25 |
| 2 | $CoCl_2 \cdot 6H_2O$ | 0.025 | 25 |

（3）铁盐母液的配制 铁盐不是都需要单独配成母液，如柠檬酸铁，只需和常量元素一起配成母液即可，见表9-4。目前常用的铁盐是硫酸亚铁和乙二胺四乙酸二钠的螯合物，必须单独配成母液。这种螯合物使用起来方便，又比较稳定，不易发生沉淀，配制方法同上。配制培养基时，配制 1L 培养基取此液 10ml。

表9-4 MS 铁盐母液的配制

| 序号 | 化合物名称 | 培养基浓度（mg/L） | 扩大 100 倍称量（mg） |
|---|---|---|---|
| 1 | $Na_2 - EDTA \cdot 2H_2O$ | 37.3 | 3730 |
| 2 | $FeSO_4 \cdot 7H_2O$ | 27.8 | 2780 |

（4）有机母液的配制 MS 培养基的有机成分包含甘氨酸、肌醇、烟酸、盐酸硫胺素和盐酸吡哆醇（表9-5）。培养基中的有机成分原则上应分别单独配制。配制直接用蒸馏水溶解，注意称量时用万分之一电子天平。

表9-5 MS 培养基有机物质母液的制备

| 序号 | 化合物名称 | 培养基浓度（mg/L） | 扩大倍数 | 称量（mg） | 配制体积（L） |
|---|---|---|---|---|---|
| 1 | 甘氨酸 | 2 | 500 | 100 | 0.1 |
| 2 | 肌醇 | 100 | 200 | 2000 | 0.1 |
| 3 | 盐酸硫胺素（维生素 $B_1$） | 0.4 | 1000 | 40 | 0.1 |
| 4 | 盐酸吡哆醇（维生素 $B_6$） | 0.5 | 1000 | 50 | 0.1 |
| 5 | 烟酸 | 0.5 | 1000 | 50 | 0.1 |

（5）**激素母液配制**　植物组织培养所用激素的种类及含量需要根据不同的研究目的而定。一般激素母液配制的终浓度以 0.5mg/ml 为好，需要注意以下几点。

1）配制生长素类　例如吲哚乙酸（IAA）、萘乙酸（NAA）、2,4 - 二氯苯氧乙酸（2,4 - D）、吲哚丁酸（IBA），应先用少量 95% 乙醇或无水乙醇充分溶解，或者用 1mol/L 的 NaOH 溶解，然后用蒸馏水定容到一定的体积。

2）细胞分裂素　例如激动素（KT）、6 - 苄氨基嘌呤（6 - BA），应先用少量 1mol/L 的盐酸溶解，再用蒸馏水定容。

3）配制生物素　用稀氨水溶解，然后定容。

**2. 培养基配制**　以配制 1L MS 培养基为例。

（1）按下述量取各母液至 1000ml 烧杯中。

1）母液（Ⅰ）　100ml。

2）母液（Ⅱ）　Ⅱa 10ml；Ⅱb 1ml。

3）铁盐母液　10ml。

4）有机母液　10ml［甘氨酸 2ml、肌醇 5ml、盐酸硫胺素（维生素 B₁）1ml、盐酸吡哆醇（维生素 B₆）1ml、烟酸 1ml］。

注：根据培养目的的不同，培养基中激素的种类和含量也不相同。例如，胡萝卜愈伤组织的诱导培养基是在 MS 培养基中加入 0.5mg/ml 2,4 - D 3ml，而诱导胡萝卜愈伤组织生芽的培养基则是在 MS 培养基中加入浓度均为 0.5mg/ml 的 6 - BA 2ml、NAA 0.2ml。

（2）量取 600 ~ 700ml 蒸馏水于烧杯中，加入 7g 琼脂，边加热边搅拌，至液体呈半透明状，停止加热，再加入 30g 蔗糖。

（3）将融化的琼脂倒入盛有母液的烧杯中，用蒸馏水定容到 1000ml，混匀。

（4）用 1mol/L 的 NaOH 或 HCl，以及 pH 计调培养基 pH 至 5.8。

（5）将融化的培养基趁热倒入锥形瓶（50ml 或 100ml）中。注意不要让培养基沾到瓶口和瓶壁上。锥形瓶中培养基的量为其容量的 1/5 ~ 1/4。每 1L 培养基，可分装 25 ~ 30 瓶。

（6）用封口膜封口，外边可加一层牛皮纸，扎好橡皮筋，用铅笔或碳素墨水笔在牛皮纸上写上培养基的代号。

**3. 培养基的灭菌**　培养基中含有大量的有机物质，尤其糖含量较高，是各种微生物滋生、繁殖的好场所。而接种材料需要在无菌条件下培养很长时间，如果培养基被污染，则达不到培养的预期结果。因此，培养基的灭菌是植物组织培养中十分重要的环节。常用的灭菌方法是高压蒸汽灭菌和过滤除菌。

（1）**高压蒸汽灭菌**　把分装好的培养基及所需灭菌的各种器具、蒸馏水等，放入高压蒸汽灭菌锅的灭菌筐中，灭菌锅内加水，水位高度不超过支架高度（具体操作见实验 8 "培养基的准备与灭菌"）。

表 9 - 6　培养基高压蒸汽灭菌所必需的最少时间

| 容器的体积（ml） | 在 121℃下最少灭菌时间（min） |
|---|---|
| 20 ~ 50 | 15 |
| 75 ~ 150 | 20 |
| 250 ~ 500 | 25 |
| 1000 | 30 |
| 1500 | 35 |
| 2000 | 40 |

（2）**过滤除菌**　除菌滤膜孔径尺寸一般要 ≤0.22μm。过滤灭菌的原理为：溶液通过滤膜时，细菌

的细胞和孢子等因大于滤膜孔径而被阻。滤膜的吸附作用力也不容忽视，小于滤膜孔径的细菌等往往亦不能透过。

在需要过滤灭菌的液体量大时，常使用抽滤装置。液量少时可用注射过滤器，它由无菌注射器和滤器组成。使用时用无菌注射器吸取待过滤灭菌溶液，然后将无菌滤器连接到注射器末端，一手固定滤器以防止滤器脱落，一手推压注射器活塞杆，将溶液压过滤器，从滤器滴出的溶液即为无菌溶液。滤器灭菌不应超过 121℃，也可购买无菌滤器进行过滤。

## 【实验预期结果与分析】

通过本实验学习和掌握培养基母液的配制与灭菌的操作方法。

## 【要点提示及注意事项】

1. 配制母液（Ⅰ）时，某些无机成分如 $Ca^{2+}$、$SO_4^{2-}$、$Mg^{2+}$ 和 $H_2PO_4^-$ 等在一起可能发生化学反应，产生沉淀物。为避免此现象发生，母液配制时要用纯度高的重蒸馏水溶解，试剂采用分析纯，各种化学试剂必须先以少量重蒸馏水使其充分溶解后才能混合，混合时应注意先后顺序。特别应将 $Ca^{2+}$、$SO_4^{2-}$、$Mg^{2+}$ 和 $H_2PO_4^-$ 等离子错开混合，速度宜慢，边搅拌边混合。

2. $CaCl_2 \cdot 2H_2O$ 要在最后单独加入，在溶解 $CaCl_2 \cdot 2H_2O$ 时，蒸馏水需加热沸腾，除去水中的 $CO_2$，以防沉淀。另外，$CaCl_2 \cdot 2H_2O$ 放入沸水中易沸腾，操作时要防止其溢出。

3. 使用电子分析天平时注意不要把试剂撒到称盘上，用完以后，用吸耳球将天平内的脏物清理干净。

4. 在配制铁盐时，如果加热搅拌时间过短，会造成 $FeSO_4$ 和 $Na_2-EDTA$ 螯合不彻底，此时若将其冷藏，$FeSO_4$ 会结晶析出。为避免此现象发生，配制铁盐母液时，$FeSO_4$ 和 $Na_2-EDTA$ 应分别加热溶解后混合，并置于加热搅拌器上不断搅拌至溶液呈金黄色（加热 20~30 分钟），调 pH 至 5.5，室温放置冷却后保存于棕色玻璃瓶中，再冷藏。

5. 由于维生素母液营养丰富，因此贮藏时极易染菌。被菌类污染的维生素母液，有效浓度降低，并且易给后期培养造成伤害，不宜再用。因此在配制母液时应使用无菌重蒸馏水溶解维生素，并贮存在棕色无菌瓶中，或缩短贮藏时间。

6. 所有的母液都应保存在 0~4℃冰箱中，若母液出现沉淀或霉团则不能继续使用。

7. 配制培养基时应注意以下几点。

（1）在使用提前配制的母液时，应在量取各种母液之前轻轻摇动盛放母液的瓶子，如果发现瓶中有沉淀、悬浮物或被微生物污染，应立即淘汰，重新进行配制。

（2）用量筒或移液管量取培养基母液之前，必须用所量取的母液将量筒或移液管润洗 2 次。

（3）量取母液时，最好将各种母液按将要量取的顺序写在纸上，量取 1 种，划掉 1 种，以免出错。

（4）移液管不能混用。

8. 在加热琼脂、制备培养基的过程中，操作者千万不能离开，否则沸腾的琼脂外溢，就需要重新称量、制备。此外，注意大烧杯底的外表面不能沾水，否则加热时烧杯容易炸裂，使溶液外溢，造成烫伤。

9. 调制时要用玻璃棒不停地搅拌，使其充分混合。

10. 培养基中的部分成分在高温灭菌时易发生化学变化，致使培养基 pH 降低，从而使琼脂凝固力下降，发生培养基灭菌前凝固，灭菌后不凝固现象。避免此现象发生的方法是：调整培养基 pH，一般不低于 5.6，若需酸性较强培养基，可适当增加琼脂用量。

11. 锅内冷空气必须排尽,否则压力表指针虽达到一定压力,但由于锅内冷空气的存在事实上达不到应有的温度,影响灭菌效果。灭菌锅中的压力与其对应温度见表9-7,当达到一定压力后,注意保持压力并严守灭菌时间,时间短则达不到灭菌效果,时间过长会使一些化学物质遭到破坏,影响培养基成分。

表9-7 饱和蒸气压与其对应的温度

| 饱和蒸气压力 | | 温度 | 饱和蒸气压力 | | 温度 |
| --- | --- | --- | --- | --- | --- |
| kg/cm² | 磅/平方英寸 | ℃ | kg/cm² | 磅/平方英寸 | ℃ |
| 0.0 | 0 | 100 | 1.055 | 15 | 121.0 |
| 0.141 | 2 | 103.6 | 1.125 | 16 | 122.0 |
| 0.281 | 4 | 106.9 | 1.266 | 18 | 124.1 |
| 0.442 | 6 | 109.8 | 1.406 | 20 | 126.0 |
| 0.563 | 8 | 112.6 | 1.543 | 22 | 127.8 |
| 0.703 | 10 | 115.2 | 1.681 | 24 | 129.6 |
| 0.844 | 12 | 117.6 | | 30 | 134.5 |
| 0.984 | 14 | 119.9 | | 50 | 147.6 |

12. 对蒸馏水和各种器具灭菌时,灭菌时间要适当延长,一般在121℃维持约40分钟。另外锥形瓶中的液体不超过总体积的70%,否则当温度超过100℃时,培养基会喷溢,造成培养瓶壁和封口膜的污染。

13. 消毒后的培养基不能立即用于接种,而应放置24~72小时。放置后如果培养基中没有出现菌落,则说明培养基是无菌的,才可以用于接种。另外做好的培养基一般应在1~2周内用完,短时间可存放于室温条件,如不能尽快用完,应放在4℃保存。

14. 过滤除菌时应注意以下问题。

(1)培养基中某些成分是热不稳定的,在高温湿热灭菌中可能会降解,需要进行过滤灭菌,如一些生长因子,如赤霉素(GA)、玉米素、脱落酸、尿素和某些维生素。

(2)先将培养基耐热物质经高压灭菌后置于超净工作台上冷却至40℃,再将过滤灭菌后的该化合物按计划用量依次加入,摇匀,凝固后即可使用。如果是液体培养基,则可在冷却到室温后再加入。

(3)由于针头式滤菌器小巧、方便、实用,在液体量多时多用几套这种装置(亦可适当重复使用)也能顺利完成液体灭菌操作。但是滤膜不能阻挡病毒粒子通过,在一般情况下,人工配制的溶液不会含有植物病毒。更严格的实验研究中,这一点仍不容忽视。过滤过的溶液要按无菌操作要求尽快加入培养基中,以免重新遭到污染。假如需经过滤灭菌的溶液带有沉淀物,那么在过滤灭菌之前可用玻璃滤器预先予以去除,这样可以减少细菌滤膜微孔被堵塞的情况。

## 【思考题】

1. 配制母液时为什么要按顺序加入各试剂? 溶解 $CaCl_2 \cdot 2H_2O$ 时,为什么要将蒸馏水加热?

2. 根据所给母液浓度、蔗糖、琼脂用量、pH,按给出的培养基配方计算各种母液吸取量,填入表9-8。

培养基配方:MS + KT 1.0mg/L + 6 - BA 2.0mg/L + NAA 0.2mg/L + 蔗糖3% + 琼脂0.7%,pH5.8。

表9-8 各种母液吸取量结果

| 药品名称 | 母液浓度 | 1L 培养基母液吸取量 | 0.3L 培养基母液吸取量 |
|---|---|---|---|
| 母液 I | 10 倍液 | | |
| 母液 II a | 100 倍液 | | |
| 母液 II b | 1000 倍液 | | |
| 铁盐 | 100 倍液 | | |
| 维生素 B$_1$ | 0.4mg/ml | | |
| 维生素 B$_6$ | 0.5mg/ml | | |
| 烟酸 | 0.5mg/ml | | |
| Gly | 1mg/ml | | |
| 肌醇 | 20mg/ml | | |
| BA | 0.5mg/ml | | |
| KT | 0.5mg/ml | | |
| NAA | 0.5mg/ml | | |
| 蔗糖 | | | |
| 琼脂 | | | |
| pH | 5.8 | | |

## 实验 65　培养材料灭菌和接种

## 【实验目的】

1. 掌握无菌培养对实验材料消毒、接种的要求和方法。
2. 熟悉培养材料灭菌、接种的操作技术。
3. 了解常见的植物外植体消毒方法和原理。

## 【实验原理】

灭菌是组织培养重要的工作环节之一，其核心目标是采用理化手段，彻底杀灭物体表面及其内部孔隙中的全部微生物，包括细菌的芽孢和真菌的孢子等具有较强耐受性的微生物形态。这一过程对于创建纯净的培养环境、保障组织培养实验的顺利推进至关重要。组织培养中要求接种室、超净工作台达到无菌状态，植物材料也要经过消毒灭菌后接种，接种人员的双手同样如此。接种室和超净工作台可采用甲醛、高锰酸钾混合熏蒸，结合紫外灯照射 20~30 分钟；外植体可采用 75% 乙醇、次氯酸钠和 0.1% 的升汞杀菌；双手可用 75% 的酒精棉球擦拭；接种工具可采用 75% 酒精棉球擦拭，再经火焰灼烧灭菌。

接种是植物组织培养中，将已完成严格消毒灭菌的植物离体器官，如根、茎、叶等，依据实验需求，经精准切割或剪裁成适宜大小的小段或小块，放入培养基的操作过程。此步骤的核心在于确保外植体在无菌条件下与培养基紧密接触，为外植体提供适宜的营养和生长环境，诱导其启动脱分化、再分化等生理过程，进而实现组织培养的目标。在接种操作过程中，要始终保持超净工作台内的气流稳定，避免外界空气对流引入杂菌。同时，操作动作要迅速、精准，尽量减少外植体暴露在空气中的时间，以降低污染概率。

## 【实验器材】

**1. 实验材料** 绿豆种子、0.1%升汞、乙醇、次氯酸钠、无菌水、培养基母液、吐温。

**2. 实验仪器** 超净工作台、镊子、手术刀、酒精灯、脱脂棉、烧杯、广口瓶、培养皿、滤纸。

## 【实验步骤】

1. 准备好已灭菌的培养基、无菌水、培养皿及接种工具。

2. 将培养基、无菌水、接种工具置于超净工作台上，打开紫外灯开关，同时打开接种室内的紫外灯，照射至少25分钟，然后关闭室内的紫外灯，开送风开关，关闭台内的紫外灯，通风10分钟后，再开日光灯进行无菌操作。

3. 接种前用肥皂洗手，特别是将手指洗净，然后用75%乙醇擦拭双手消毒。

4. 将绿豆种子在流水下冲洗干净。

5. 将种子放于200ml的广口瓶中，用75%乙醇溶液浸泡30秒，无菌水冲洗，然后用0.1%升汞溶液（加入吐温2滴）浸泡约10分钟，其间不断摇动溶液，用无菌水洗涤5遍，滤纸吸干水分后待用。

6. 解除锥形瓶上捆扎的橡皮筋，必要时可用75%乙醇处理锥形瓶表面，把锥形瓶整齐排列在超净工作台左侧，然后用75%乙醇擦洗超净工作台表面。

7. 接种用的镊子使用前插入75%乙醇溶液中，使用镊子时在酒精灯上烧片刻，冷却后待用，也可以插入培养基边缘促使其冷却。

8. 在酒精灯火焰旁揭去封口膜，将瓶口倾斜至接近水平方向，用火焰灼烧瓶口，灼烧时应不断转动瓶口，烧死锥形瓶口沾染的少量菌。左手持瓶，使其靠近火焰，右手用烧过的镊子触动培养基部分，使其冷却，夹取绿豆种子，将其放在培养基上，用镊子轻轻按一下，使其部分浸入培养基。每瓶可放4~6颗种子。

9. 转动瓶口灼烧，将封口膜从酒精灯火焰上过一下，盖口，扎好橡皮筋，标上接种日期、材料名称、姓名等。

10. 将接种材料移到培养室培养。定期观察植物生长情况和污染情况，及时清理被污染样品。

## 【实验预期结果与分析】

通过本实验初步掌握培养材料灭菌、接种的操作技术。

## 【要点提示及注意事项】

1. 从室外获取的材料，要用自来水冲洗数分钟，对表面不光滑或长有绒毛等结构不容易洗净的材料，冲洗时间要长，必要时要用毛刷刷洗。

2. 外植体消毒剂的选择要综合考虑消毒效果、不同材料对消毒剂的耐受力、消毒剂的去除等因素，最好选用两种消毒剂交替浸泡，初次实验，要设置一定的时间梯度来确定最佳的灭菌时间。

3. 接种时，应尽量避免做明显扰乱气流的动作（比如说、笑、打喷嚏），以免影响气流，造成污染。操作过程中要不时用75%乙醇擦拭双手。另外，操作过程中需戴口罩和手套，避免皮肤直接接触或吸入消毒剂。

4. 接种前培养基出现大量污染现象，若菌类只存在于培养基表面，且主要是真菌时，可能是因培养瓶密封不严或放置培养基的环境不洁净，菌类种群密度过大所致。若菌类存在于培养基内部，则可能是由使用污染的贮藏母液引起。另外培养瓶不洁净，灭菌不彻底也是导致接种前培养基污染的原因。避免此现象发生的方法是：保持环境洁净，杜绝使用污染的母液，严格高压蒸汽灭菌程序，保证灭菌时间。

5. 接种后培养基出现大面积污染、菌落分布不匀，此种情况主要是接种过程中发生污染所致。可能是接种室不洁净、菌类孢子过多、镊子带菌、操作人员手未彻底消毒、操作人员呼吸污染、超净工作台出现故障等原因引起。避免此现象发生的方法是：保持接种室洁净，并定期用甲醛等熏蒸灭菌；接种前，接种室用紫外灯灭菌时间不低于 25 分钟；用 75% 乙醇喷雾杀菌降尘，超净工作台开启紫外灯 20 分钟后方可使用；镊子等接种工具严格彻底灭菌，且接种时使用 1 次灭菌 1 次；操作过程中经常用 75% 乙醇等消毒剂擦洗手部等。

6. 如果培养材料大部分发生污染，说明消毒剂浸泡的时间短；若接种材料虽然没有污染，但材料已发黄，组织变软，表明消毒时间过长，组织被破坏死亡；接种材料若没有出现污染，生长正常，即可以认为消毒时间适宜。

7. 接种后外植体周围发生菌类污染可能因外植体表面灭菌不彻底所致。解决方法是：外植体用饱和洗涤剂浸泡 10 ~ 15 分钟，自来水冲洗时间延长，冲洗 0.5 ~ 2 小时后，再选择适宜的消毒剂消毒，一般用 0.1% ~ 0.2% 升汞灭菌最好。对于一些凹凸不平或有茸毛的外植体采用消毒剂中加"吐温 80"等湿润剂的办法，增加其渗透性，以提高杀菌效果（表 9 - 9）。

表 9 - 9　植物组织培养中常用的消毒剂

| 消毒剂名称 | 使用浓度（%） | 消毒难易 | 灭菌时间（min） | 消毒效果 |
| --- | --- | --- | --- | --- |
| 乙醇 | 70 ~ 75 | 易 | 0.1 ~ 3 | 好 |
| 氯化汞 | 0.1 ~ 0.2 | 较难 | 2 ~ 15 | 最好 |
| 漂白粉 | 饱和溶液 | 易 | 5 ~ 30 | 很好 |
| 次氯酸钙 | 9 ~ 10 | 易 | 5 ~ 30 | 很好 |
| 次氯酸钠 | 2 | 易 | 5 ~ 30 | 很好 |
| 过氧化氢 | 10 ~ 12 | 最易 | 5 ~ 15 | 好 |

## 【思考题】

1. 接种后污染调查。观察接种后 2 ~ 5 天的污染情况，填入表 9 - 10。

表 9 - 10　接种培养记录表

观察日期

| 接种日期 | 接种数 | 污染数 | 污染率 | 主要污染菌种 |
| --- | --- | --- | --- | --- |
| | | | | |

注：污染率（%）＝（污染的外植体数/总接种外植体数）×100%。

2. 外植体用消毒剂消毒后，为什么要用无菌水漂洗？有时候会在消毒溶液中加入 1 ~ 2 滴的表面活性物质，例如吐温 80 或吐温 20，为什么？

3. 在接种过程中，通过哪些措施来防止细菌对接种工具、接种材料的污染？

4. 对外植体表面消毒时为什么常用"两次消毒法"？

实验 66 愈伤组织的诱导、增殖与分化

## 【实验目的】

1. 掌握诱导植物外植体形成愈伤组织的方法。
2. 熟悉诱导及增殖愈伤组织的操作步骤。
3. 了解愈伤组织形成及再分化的原理。

## 【实验原理】

**1. 愈伤组织再分化的本质与过程**　在植物离体培养体系中，外植体经脱分化过程形成的愈伤组织，其细胞处于一种相对未分化且具有较高分裂活性的状态。伴随着反复的细胞分裂，愈伤组织细胞的发育潜能在特定条件下逐渐得以展现，又开始新的分化。将脱分化的细胞团或组织重新分化而产生出新的具有特定结构和功能的组织或器官的一种现象，称为再分化。从细胞生物学层面来看，再分化涉及一系列复杂的生理生化变化。在基因表达层面，原本在脱分化状态下沉默或低表达的、与特定组织、器官发育相关的基因，在适宜信号刺激下被激活并有序表达。这些基因编码的蛋白质产物参与细胞结构重塑、代谢途径改变以及激素合成与响应等过程。

在一定优化的培养条件下，愈伤组织能够开启不同的分化路径。一方面，部分细胞可分化形成芽的分生组织，芽原基逐步发育形成具有茎、叶雏形的结构；另一方面，细胞也可分化产生根的分生组织，进而发育为根系结构。此外，在某些特定植物种类或培养条件下，愈伤组织还能分化形成胚状体，胚状体类似合子胚，具有完整的两极结构，可进一步发育成完整植株。这一过程不仅依赖于细胞自身的遗传程序，外界培养条件的精准调控也起着不可或缺的作用。

**2. 植物生长调节剂在愈伤组织诱导与分化中的核心作用**　植物生长调节剂是诱导植物外植体形成愈伤组织以及调控愈伤组织后续分化的关键因素。在众多植物生长调节剂中，生长素和细胞分裂素对保持愈伤组织的快速生长是必要的，特别是两者结合使用时，能更强烈地刺激愈伤组织的形成。

## 【实验器材】

**1. 实验材料**　胡萝卜块根、0.1%升汞、乙醇、次氯酸钠、无菌水、培养基母液、2,4-D、水解酪蛋白（CH）、6-BA、NAA、IBA、蔗糖、琼脂。

**2. 实验仪器**　超净工作台、镊子、剪刀、手术刀、酒精灯、棉球、烧杯、广口瓶、培养皿、滤纸。

## 【实验步骤】

**1. 诱导胡萝卜愈伤组织**

（1）培养基配制　诱导胡萝卜愈伤组织的培养基为：MS+2,4-D 1.5mg/L+CH 500mg/L+蔗糖3%+琼脂0.7%，pH5.8。

愈伤组织增殖培养基：MS+2,4-D 0.5mg/L+CH 500mg/L+蔗糖3%+琼脂0.7%，pH5.8。

（2）胡萝卜营养根的消毒

1）将胡萝卜块根在自来水下冲洗干净，胡萝卜营养根由外向内依次分为皮层、形成层和中轴三部分。在消毒之前首先除去皮层的最外层，以减少胡萝卜营养根的带菌量。将胡萝卜切段，每段厚约0.5cm。

2）用无菌水把胡萝卜段漂洗干净。

3）胡萝卜段用 75% 的乙醇溶液浸泡 30 秒。

4）再用 0.1% 升汞浸泡约 10 分钟，在浸泡过程中用镊子搅拌，以使消毒充分。

5）浸泡过的胡萝卜段用无菌水冲洗 3~5 次，洗去残留的升汞后滤纸吸干水分后备用。

（3）用沾有 75% 酒精棉球把锥形瓶表面擦一下，把锥形瓶整齐排列在超净工作台左侧，然后用 75% 乙醇擦洗超净工作台表面。

（4）胡萝卜营养根切片　胡萝卜营养根形成层的分生能力最强，是产生愈伤组织的主要部分，因此在切片时应使每一个切片上都有形成层。切好的胡萝卜切片放入培养皿中。

（5）解除锥形瓶上捆扎的橡皮筋，轻轻打开锥形瓶上的封口膜，将锥形瓶口在火焰上方灼热灭菌，同时把长镊子也放在火焰上方灼烧，将烧过的镊子触动培养基部分，使其冷却，以免烧死被接种的外植体。然后将培养皿打开一小缝，用镊子取出切好的胡萝卜切片放到诱导愈伤组织的培养基表面，用镊子轻轻向下按一下，使切片部分进入培养基。在酒精灯火焰上转动锥形瓶一圈使瓶口灼热灭菌。然后用封口膜封口，同时在牛皮纸上写上培养材料、接种日期、姓名等。

（6）将接种材料移到培养室培养，观察愈伤组织诱导的情况。

（7）愈伤组织的增殖：将愈伤组织用无菌的手术刀切成小块，接入愈伤组织增殖培养基中培养，接入时，可用镊子按压愈伤组织小块使其部分进入培养基中，注意组织上部要暴露于空气中，不能全部没入。将接种材料移到培养室培养，观察愈伤组织生长的情况。

**2. 配制生芽和生根培养基**

（1）分化培养基（生芽）　$MS + 6 - BA\ 1mg/L + NAA\ 0.1mg/L +$ 蔗糖 $3\% +$ 琼脂 $0.7\%$，pH 5.8。

（2）生根培养基　1/2 常量元素 + MS 其他成分 + IBA 1mg/L + 蔗糖 3% + 琼脂 0.7%，pH 5.8。

3. 按照无菌操作，小心挑取愈伤组织 3~5 个，接种到分化培养基中。注意标明接种日期和外植体名称。

4. 放置培养室培养，10 天后统计愈伤组织分化情况。

## 【实验预期结果与分析】

1. 观察植物形成愈伤组织及愈伤组织分化过程中的颜色、质地、形状等变化。

2. 统计愈伤组织诱导率、愈伤组织的生芽率和生根率。

## 【要点提示及注意事项】

1. 消毒以后的所有操作过程都应在超净工作台上进行，操作所用的镊子、手术刀和剪刀使用前插入 75% 乙醇中，使用时在酒精灯火焰上灼烧片刻，冷却后再切割。

2. 植物生长调节剂是诱导愈伤组织形成的极为重要的因素，研究具体问题要设置一定的浓度梯度，以寻找最佳浓度。

## 【思考题】

1. 观察接种的外植体在接种 1 周后产生愈伤组织的颜色和质地，计算愈伤组织诱导率。

愈伤组织诱导率（%）=（形成愈伤组织的材料数/总接种材料数）×100%

2. 分析影响愈伤组织诱导和分化的主要原因。

3. 统计愈伤组织生芽率，生根率。

生芽率（%）=（生芽愈伤组织块数/接种愈伤组织总块数）×100%

生根率（%）＝（生根愈伤组织块数/接种愈伤组织总块数）×100%

4. 愈伤组织发生不定芽和不定根的能力与哪些因素有关?

## 实验 67  植物细胞悬浮培养与同步化

### 【实验目的】

1. 掌握植物细胞悬浮培养的常规方法以及同步化的方法。
2. 熟悉植物细胞悬浮培养的操作步骤。
3. 了解植物细胞悬浮培养的注意事项。

### 【实验原理】

植物离体细胞作为一种极具潜力的生物反应器，在现代生物技术领域中占据重要地位。其在生产有用次生代谢物质方面展现出诸多显著优势，具有生产周期短、提取简单、易规模化、不受外界环境干扰且产量高、化学稳定性和化学特性好等特点，符合工业化生产和医药应用等领域对产品质量的严格要求。

大量研究表明，在离体培养条件下，多个关键因素对目的次生代谢产物的产量具有重大影响。离体培养条件下，不同的细胞系由于其遗传背景、代谢途径以及基因表达模式的差异，合成次生代谢产物的能力和种类各不相同。例如，某些特定的细胞系可能对某一类次生代谢产物具有更高的合成效率和积累能力。培养条件方面，温度、光照强度与周期、通气量等因素均会影响细胞的生长速率、代谢活性以及次生代谢途径的调控。培养基的组成，包括碳源、氮源、无机盐、维生素、氨基酸等成分的种类和比例，为细胞的生长和代谢提供了必要的物质基础，不同的配比会显著影响细胞对营养物质的摄取和利用，进而影响次生代谢产物的合成。植物生长调节剂如生长素、细胞分裂素、赤霉素等，通过调节细胞的分裂、分化、伸长以及代谢途径关键酶的活性，对次生代谢产物的合成与积累起着重要的调控作用，其种类和浓度的精确控制是优化培养体系的关键环节之一。

### 【实验器材】

**1. 实验材料**  胡萝卜愈伤组织、培养基母液、2,4 – D、蔗糖、琼脂。

**2. 实验仪器**  超净工作台、振荡摇床、镊子、剪刀、手术刀、手动移液管助吸器、尼龙网、移液管、吸耳球、漏斗、离心管、离心机。

### 【实验步骤】

1. 诱导愈伤组织形成（参见实验66"愈伤组织的诱导、增殖与分化"）。

2. 制备液体培养基

培养基配方：MS ＋ 2,4 – D 1mg/L ＋ 蔗糖3%。

3. 在超净工作台上，从形成愈伤组织的培养瓶中挑取质地松弛、生长旺盛的愈伤组织，放入盛有30ml 液体培养基的锥形瓶中，用镊子轻轻捏碎愈伤组织。每瓶接入约2g 的愈伤组织，置于振荡摇床固定，在黑暗条件下或弱散射光下100r/min 振荡培养数天。

4. 将胡萝卜悬浮细胞培养物摇匀后倒在或滴入孔径较大（47、81μm 或更大）的尼龙网或不锈钢网漏斗中。

5. 如果网眼被细胞团堵塞，可用吸管反复吸、吹。

6. 用无菌培养基冲洗残留在网上的细胞团。

7. 重复步骤 4~6。

8. 将通过较大孔径的细胞悬浮液再通过较细孔径的尼龙网过滤（如 31μm、26μm），用吸管反复吸、吹。

9. 经过分级过滤的"同步化"细胞离心（50g，5 分钟），收集后加入液体培养基进行培养或进一步同步化。

## 【实验预期结果与分析】

1. 通过本实验学习建立植物细胞悬浮体系。
2. 通过本实验掌握植物细胞悬浮培养的常规方法以及同步化的方法。

## 【思考题】

1. 研究细胞悬浮培养的意义何在？挑选愈伤组织进行悬浮培养需注意什么问题？
2. 建立细胞悬浮系的步骤包括哪些？一个良好的悬浮细胞培养体系应该具有什么样的特征？

## 实验 68 聚乙二醇（PEG）介导的细胞融合

## 【实验目的】

1. 掌握细胞融合的原理。
2. 熟悉 PEG 诱导细胞融合的方法。

## 【实验原理】

细胞与组织在生物学特性上存在明显差异，细胞虽各自具有独特的属性，但不同种类细胞间并非天然就不存在排斥现象。在正常生理状态下，机体会借助免疫系统识别外来细胞，一旦判定为"异己"，便可能启动免疫排斥反应。不过，通过人为干预，在一定程度上能够弱化或规避这种排斥，这为细胞融合创造了条件。

细胞融合（cell fusion），指的是在自然条件下或用人工方法（包括生物、物理和化学等方法）促使两个或两个以上的细胞合并形成一个细胞的过程。人工诱导细胞融合技术的优势明显，不仅能实现同种细胞融合，还能跨越物种界限，实现种间细胞融合，甚至在特定条件下可以诱导动植物细胞融合，这一技术为细胞工程等领域的研究和应用开辟了广阔的道路，有力推动了相关领域的发展。

诱导细胞融合的主要方法有病毒诱导融合、化学融合剂诱导融合和电融合。

**1. 病毒诱导融合** 在众多用于诱导细胞融合的病毒中，常用的是灭活的仙台病毒（HVJ），其诱导融合的具体过程为：首先是细胞表面吸附大量病毒，这一过程使得细胞之间开始凝集，在随后的几分钟至几十分钟内，病毒会逐渐从细胞表面消失，而在病毒消失的部位，相邻细胞的细胞膜会发生融合，细胞质也随之相互交流，最后形成融合细胞。需要注意的是，使用病毒诱导融合时，病毒必须经过灭活处理，否则会对细胞造成感染，影响细胞的正常生理状态，甚至导致细胞死亡。

**2. 化学融合剂诱导融合**　聚乙二醇（PEG）是一种常用的化学融合剂，其诱导细胞融合的机制主要包括两个方面：①PEG 具有促使细胞聚集凝结的特性，能够让细胞相互靠近并紧密接触，为后续的融合创造有利条件；②PEG 可以破坏互相接触处细胞膜的磷脂双分子层，从而使相互接触的细胞膜之间的磷脂分子重新排列组合，从而实现细胞膜的融合，细胞质也相互交流，最终形成一个包含两个或多个细胞核的大型融合细胞，即双核或多核融合细胞。在使用 PEG 进行诱导融合时，PEG 的浓度、分子量以及处理时间等因素都会对融合效果产生显著影响，需要精确控制实验条件以获得最佳的融合效率。

**3. 电融合**　细胞在电场中会被极化成偶极子，这些偶极子会沿着电力线的方向排列成串，然后利用高强度、短时程的电脉对细胞进行刺激，在细胞间接触处击穿细胞膜，使相邻的细胞膜在穿孔处发生融合，细胞质也相互连通，最终实现细胞融合。电融合方法具有操作简便、融合效率高、对细胞损伤较小等优点，但也需要专门的电融合设备，且对实验参数的设置要求较为严格。

所有的细胞融合方法都有其各自的优缺点，本次实验中采用 PEG 诱导细胞融合的方法进行实践操作，以便深入了解和掌握这一重要的细胞工程技术。

## 【实验器材】

**1. 实验材料**　小鼠血红细胞、Alsever 液（pH7.4）、0.85% 生理盐水、GKN 液、50% PEG – 4000。

（1）Alsever 液　葡萄糖 2.05g、柠檬酸钠 0.8g、柠檬酸 0.055g、氯化钠 0.42g，加蒸馏水至 100ml，调 pH 至 6.1，高压灭菌后 4℃保存备用。

（2）GKN 液　NaCl 8g、KCl 0.4g、$Na_2HPO_4 \cdot 2H_2O$ 1.77g、$NaH_2PO_4 \cdot 2H_2O$ 0.69g、葡萄糖 2g、酚红 0.01g，溶于 1000ml 双蒸水。

（3）50% PEG 液（现用现配）　根据实验需要，称取适量 PEG（Mr. 4000）放入刻度离心管内，在酒精灯上将其加热熔化，待冷却至 50℃，加入等体积的已预热至 50℃的 GKN 液并充分混匀。

**2. 实验仪器**　显微镜、离心机、刻度离心管、试管、载玻片、盖玻片。

## 【实验步骤】

1. 取小鼠血 2ml + 2ml Alsever 液，再加入 6ml Alsever 液，混匀后制悬液（4℃下保存）。

2. 取上步中所得悬液 1ml + 4ml 0.85% 的 NaCl 溶液，进行两次离心处理。

（1）1200r/min 离心 5 分钟，去上清液再加入至 5ml 的 0.85% NaCl 溶液。

（2）1000 ~ 1200r/min 离心 5 分钟。

3. 将得到的血球（去上清液后，0.1 ~ 0.2ml）加入 GKN 液至 1 ~ 2ml，使之成为 10% 的细胞悬液。

4. 在上述 10% 的血球悬液 1ml 中加入 3ml GKN 液，使每毫升含血球 15000 万个，即 $15 \times 10^7$ 个/ml。

5. 取步骤 4 中所得悬液 1ml + 0.5ml 50% 的 PEG 液，混匀滴片，在常温下 2 ~ 3 分钟后即可镜检。

## 【实验预期结果及分析】

在高倍镜下可以看到有两个或两个以上的小鼠红细胞膜融合在一起（图 9 – 1、图 9 – 2）。

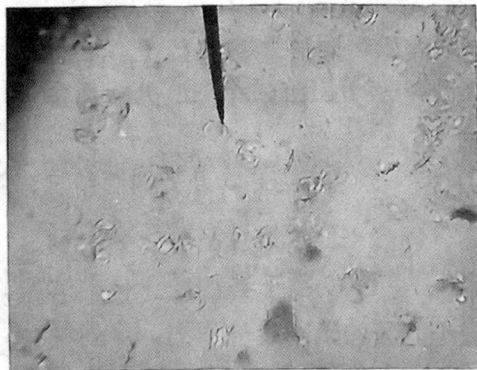

图 9-1 小鼠血红细胞融合光镜观察（10×20）

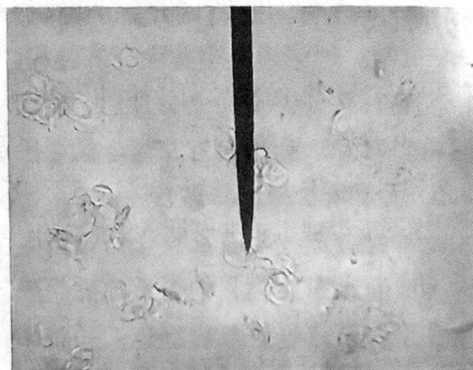

图 9-2 小鼠血红细胞融合光镜观察（10×40）

## 【要点提示及注意事项】

1. 影响细胞融合的因素很多，实验时最好选择分子量在 1500～6000（视细胞种类不同来定，也可参考文献）的 PEG，浓度以 50% 为好。

2. 细胞融合对温度很敏感，过高过低的温度均不利于融合。实验温度应控制在 37～39℃。

3. pH 也是影响细胞融合成功与否的关键因素之一。所配的试剂溶液 pH 为 7.0～7.2。

4. 观察的时候要注意显微镜的操作，要注意辨别融合细胞与重叠的小鼠血红细胞。

## 实验 69 植物遗传转化实验

## 【实验目的】

1. 掌握植物遗传转化的基本原理。
2. 了解遗传转化的基本操作技术。

## 【实验原理】

农杆菌作为一种天然高效的转基因载体，是植物细胞遗传转化最为成功且应用最广泛的方法。目前，转化植物细胞的农杆菌主要有两类，即根癌农杆菌（*Agrobacterium tumefaciens*）和发根农杆菌（*Agrobacterium rhizogenes*），分别携带 Ti 质粒和 Ri 质粒。Ti 质粒和 Ri 质粒在结构和功能上有许多相似之处，具有基本一致的特性。

Ti 质粒或 Ri 质粒都是大型环状双链 DNA 分子，大小一般在 200～800kb。两者均包含多个功能区域，其中 T-DNA（transfer-DNA）区域是与植物遗传转化密切相关的部分。T-DNA 两端有 25bp 左右的边界序列，这是 T-DNA 转移所必需的顺式作用元件。在农杆菌感染植物细胞时，T-DNA 会以单链形式从 Ti 质粒或 Ri 质粒上被切割下来，在毒力效应蛋白（Vir）协助下被转移到植物细胞中。T-DNA、Vir 和植物蛋白以复合物形式进入细胞核，随后 T-DNA 被随机整合到植物基因组（染色体上）并持续表达 T-DNA 上编码的基因，从而实现植物的稳定遗传转化。

农杆菌可浸染大多数双子叶植物和少数单子叶植物，甚至裸子植物。在实验室条件下，它们还可以用于转化酵母、真菌和动物细胞。已有研究表明，影响农杆菌介导植物基因转化的因素很多，农杆菌菌株、植物基因型和外植体来源、培养方法、不同的选择标记等因素都影响农杆菌介导的遗传转化。

## 【实验器材】

**1. 实验材料**  根癌农杆菌、MS 培养基母液、NaCl、酵母、水解酪蛋白、琼脂、蔗糖、卡那霉素、羧苄西林、6 – BA、IAA、KT。

**2. 实验仪器**  摇床、超净工作台、冰箱、微量移液器、镊子、手术刀、打孔器、酒精灯、棉球、培养皿、锥形瓶、滤纸、牛皮纸、牙签。

## 【实验步骤】

**1. 根癌农杆菌质粒的保存**

（1）构建好的根癌农杆菌接种在固体培养基（YEP）上。YEP 固体培养基（100ml）：NaCl 0.5g、酵母 1g、水解酪蛋白 1g、琼脂 1.5g，pH7.0。

（2）在冰箱中冷藏，一个月重新划线活化一次，以保证菌种活力。

**2. 配制 YEP 液体培养基**  YEP 液体培养基：NaCl 0.5g、酵母 1g、水解酪蛋白 1g，pH7.0。

（1）分装于试管中，每试管加入 5ml 左右的液体培养基。

（2）高压灭菌，放置于冰箱中待用。

**3. 摇菌**

（1）用灭菌的牙签挑出单菌落，一起放入上述 YEP 液体培养基中。

（2）置于 28℃ 摇床上 180r/min 培养 16~17 小时，培养至 $OD_{600}$ 为 0.6~0.8。

4. 用消毒后的 0.5mm 打孔器从无菌苗叶片上切出叶盘，接种到 MS + 6 – BA 1.0mg/L + NAA 1.0mg/L + 3% 蔗糖 + 0.7% 培养基上预培养 2~3 天，材料切口刚刚开始膨大时即可进行浸染。

5. 取 $OD_{600}$ 为 0.6~0.8 的菌液，按 1%~2% 的比例，转入新配制无抗生素的细菌液体培养基中，可在与步骤 3 相同的条件下培养 6 小时，$OD_{600}$ 为 0.2~0.5 时即可用于转化。

**6. 浸染**

（1）于超净工作台上，将菌液倒入无菌小培养皿中。

（2）从培养瓶中取出经过预培养的外植体，放入菌液中，浸泡 5 分钟。

（3）取出外植体置于无菌滤纸上吸去附着的菌液。

**7. 共培养**

（1）将浸染过的外植体接种在愈伤组织诱导培养基上。

愈伤组织诱导培养基：MS + IAA 0.5mg/L + BA 2.0mg/L + 蔗糖 3% + 琼脂 0.7%。

（2）在 28℃ 暗培养条件下共培养 2~4 天。

8. 将经过共培养的外植体转移到含有 100mg/L 卡那霉素和 500mg/L 羧苄西林的愈伤诱导培养基上，在光照为 2000Lx、25℃ 条件下进行选择培养。

**9. 继代选择培养**

（1）选择培养 2~3 周后，外植体将产生抗性愈伤组织。

（2）将这些抗性材料转入相应的选择培养基中进行继代扩繁培养。

10. 将愈伤组织转移到含有 100mg/L 卡那霉素和 500mg/L 羧苄西林的诱导培养基上诱导生芽。

诱导培养基：MS + KT 2.0mg/L + IAA 0.5mg/L + 蔗糖 3% + 琼脂 0.7%

**11. 生根培养**

（1）两周后分化出芽，从基部将芽切下，转至生根培养基上。

生根培养基：MS + IAA 0.1mg/L + 蔗糖 3% + 琼脂 0.7%。

（2）诱导生根。生根后的植株移入温室内栽培。

**12. 分子鉴定**

（1）采用 CTAB 法提取转化植物根的基因组 DNA。

（2）转化基因 PCR 鉴定。

## 【实验预期结果及分析】

通过农杆菌的遗传转化获得了转基因植株。

## 【要点提示及注意事项】

1. 对农杆菌进行必要的诱导处理，注意培养条件、菌液浓度、侵染和共培养的时间等，在提高转化效率的同时要防止细菌的过度生长。

2. 对再生植株的细胞起源需有明确的了解，在培养方法、培养基的设计上要有利于转化细胞的生长、分裂及植株再生。

## 【思考题】

1. 卡那霉素、羧苄西林在培养过程中各起什么作用？

2. 步骤 2 中如果不加入卡那霉素会影响实验结果吗？为什么？

## 实验 70　植物细胞的生长计量技术

## 【实验目的】

1. 掌握细胞计数法绘制细胞生长曲线的方法和原理。

2. 熟悉测定细胞活力和体积的方法和原理。

## 【实验原理】

在培养植物愈伤组织与单细胞时，需要计量植物细胞生长，如对细胞增殖速率以及细胞团生长态势等进行实时、高精度的监测，这是洞悉细胞生长奥秘、完善细胞培养条件的核心要点。

植物细胞生长计量是一项综合性的技术体系，需协同运用多种技术手段，例如，通过血球计数板、显微测微尺、平板、细胞荧光或染色等方法分别测定细胞的数量、体积和活力。其中，通过细胞计数绘制生长曲线，是细胞培养研究中常用的技术手段，其原理是通过测定单位体积内的细胞数量，得到细胞的总浓度进而计算出细胞总数，再以时间为横轴、细胞数为纵轴作曲线。典型的细胞生长曲线分为四个时期：延滞期、指数期、稳定期和衰亡期。测定细胞生长曲线的同时，也能测定细胞生长倍数、细胞分裂指数、细胞接种存活率和克隆形成率等重要指标。

对于不同时期的细胞，其生长状态和特点各不相同。这些生长曲线能够直观呈现细胞在不同培养阶段的生长变化情况，为研究者深入了解植物细胞生长机制提供重要的数据支撑，进而助力植物细胞培养技术的持续改进与完善。

## 【实验器材】

**1. 实验材料**　植物悬浮培养细胞、植物愈伤组织、铬酸、盐酸、果胶酸、荧光素双醋酸酯

（FDA）、结晶紫、洋红、甲基蓝、伊文思蓝、乳酰丙酸苔红素、甲酸、乙酸、中性胶、孚尔根染色系列药品。

**2. 实验仪器** 离心机、尼龙网、显微镜、刻度离心管、荧光显微镜、注射器、天平、吸管、血球计数板、酒精灯、恒温水浴、试管、载玻片、盖玻片、刀片、超滤器。

## 【实验步骤】

**1. 培养细胞的计数**

（1）悬浮培养细胞的计数

1）吸取细胞悬液一滴至计数板上。

2）将盖玻片由一边向另一边轻轻盖上，再用两只拇指压紧盖玻片两边，使盖玻片和计数板紧密结合，以防形成气泡。

3）数分钟后，细胞沉降至载玻片表面，即可在显微镜下计数。

4）每个样品计数6个重复，最后计算出单位体积中细胞数量。

（2）愈伤组织细胞的计数 愈伤组织鲜重和细胞数目有一定的关系，故愈伤组织鲜重可以作为测量细胞数目的一种间接方法。但由于测量时的来回搬动，很容易造成污染，从而造成材料的损失。可以先将愈伤组织离析软化成单细胞，然后再进行统计。

1）愈伤组织先用1mol/L盐酸在60℃下水解预处理10分钟，需注意愈伤组织的取样时间，通常是在细胞数目急速增加，每个细胞平均重量或体积急剧下降时取样。

2）加入5%铬酸（$CrO_3$）、两倍于细胞体积的溶液。在20℃离析16小时，也可以通过增加铬酸浓度、提高温度来缩短离析时间，如用8%铬酸在70℃条件下离析2~15分钟。值得注意的是，由于愈伤组织细胞在取样时处于不同的生长周期，故离析时间有长短之区别，可靠经验确定。铬酸浓度过高，处理时间过长，会导致细胞分解，从而减少细胞数目。

3）将离析软化的细胞，迅速冷却，然后强力振动10分钟，使其分散，然后用蒸馏水洗3次备用。

4）用含0.03mol/L的EDTA、1%结晶紫溶液对上述离析后的细胞进行染色10分钟。然后用蒸馏水仔细洗涤数次。

5）将洗涤后的细胞放入装有2ml蒸馏水的小试管中，用玻璃棒搅动，使细胞分散，形成悬浮液。

6）用血球计数板计数每块愈伤组织的细胞数目。

**2. 培养细胞体积的测定** 细胞体积在一定范围内，反映了悬浮培养细胞数目的增殖状态。一般培养细胞增殖速度越快，细胞体积越小。培养细胞体积的测量，最简便的方法是取15ml悬浮培养细胞，放入刻度离心管中，2000g离心5分钟，测细胞的总体积，以每毫升培养液中细胞体积的毫升数来表示。这种方法简便，但过于粗放。

显微测微尺直接测量细胞体积（见实验14"微生物大小、数量的测定及生长曲线的绘制"）。

**3. 培养细胞重量测定**

（1）鲜重测定（采用直接测量法）。

1）来自固体培养基的材料，取出后洗去琼脂并用滤纸吸干水分，然后直接用分析天平称重。

2）来自液体悬浮培养液培养的细胞，可放入已知重量的尼龙网上过滤。过滤后用水冲洗，除去培养基，然后离心除去水分。称量后的重量减去尼龙网的重量，即为悬浮细胞鲜重。

（2）干重的测定

1）将愈伤组织从琼脂培养基中取出，放入称量瓶内于60℃烘箱内烘12~24小时（因材料大小、厚薄而定）取出，冷却后立即称量。

2）对于悬浮培养细胞，可抽滤去除培养基并收集在预先称好重量的超滤器上，再用水洗数次，用抽滤器抽干细胞表面水分，然后置于60℃烘箱内烘12～24小时（因材料大小、厚薄而定）取出，冷却后立即称量。

**4. 细胞活力测定** 可采用荧光法或染色法。

（1）荧光法 荧光素双醋酸酯（FDA）本身无荧光、无极性，可透过原生质体膜进入细胞内部。进入后由于受到活细胞中内酯酶的分解，而产生有荧光的极性物质——荧光素，荧光素则不能自由出入原生质体膜。故在荧光显微镜下可观察到具有荧光的细胞，表明该细胞是有活力的细胞，相反不具有荧光的细胞是无生命力的细胞。操作步骤如下。

1）吸出0.5ml细胞悬浮液放入10mm×100mm小试管中，加入FDA液，使最后浓度达到0.01%。混匀后常温下作用5分钟。

2）荧光显微镜观察，激发滤光片为$QB_{24}$，压制滤光片为TB，经观察发出绿色荧光的细胞为有活力的细胞，不产生荧光的细胞为无活力的死细胞。

3）细胞活力统计，指用有活力的细胞数占总观察细胞数的百分数来表示。

（2）染色法 有活力的细胞具有选择性吸收外界物质的特性，当用染色剂处理时，活细胞拒绝染色剂的进入，因此不能染色。死细胞可吸附大量的染色剂而染上颜色。统计未染上颜色的细胞数目，就可计算出它的活力。操作步骤如下。

1）材料准备 制备原生质体和悬浮单细胞材料。

2）配制染色剂 如洋红、甲基蓝、伊文思蓝等，浓度为0.005%～0.01%。

3）将染色剂滴入材料上染色，数分钟后即可统计观察。注意染色时间不能太长，否则有活力的细胞也会染上颜色，从而影响统计的准确性。

**5. 植板率测定** 用平板法培养单细胞或原生质体时，细胞的增殖状况常以植板率来表示，即能长出细胞团的细胞占接种细胞总数的百分数。每个平板上接种的细胞数，可根据铺板时加入细胞培养液的毫升数和每毫升培养液中含有细胞数来计算，两者的乘积即为每平板上的细胞总数。操作步骤如下。

（1）制备胡萝卜悬浮培养物 经尼龙网过滤，获得适于平板培养的细胞悬浮液。

（2）利用血球计数板调节悬浮细胞密度到$5 \times 10^5$个/ml。

（3）培养基的制备 为了提高植板率，一般选用条件培养基。首先配制悬浮细胞培养基，接种愈伤组织或悬浮细胞后培养一段时间，离心，取上清液即为最简单的条件培养基。制作平板培养用的固体条件培养基时，可取上清液一份，与含相同糖浓度和1.4%琼脂的灭菌培养基1份，在后者经高压灭菌尚未冷却的情况下趁热充分混合，冷却到30～35℃备用。

（4）平板培养的制作 将一份已调制好细胞密度的单细胞悬浮液与4份35℃的固体条件培养基充分混合均匀，倒入各个无菌培养皿，使培养基的厚度在5mm左右。盖上培养皿用熔化的石蜡密封。将进行平板培养的培养皿放入一个垫有湿滤纸的大培养皿中。

（5）当细胞团肉眼可见时计数 在暗室的红光下将一张印相纸或放大纸置于培养皿的下方，在培养皿的上方置一光源，打开光源使培养皿中细胞团印到印相纸或放大纸上，将照片冲洗出来，细胞团在照相纸上呈白色，周围培养基呈淡黑色。

**6. 有丝分裂指数的测定** 有丝分裂指数是指在一个细胞群体中，处于有丝分裂的细胞数占总细胞数的百分率。分裂指数越高，说明细胞分裂速度越快；反之则慢。有丝分裂指数只反映群体中每个细胞分裂时所需时间的平均值。有丝分裂指数的测定方法如下。

（1）愈伤组织细胞有丝分裂指数的测定 最简单的方法是孚尔根染色法。

1）先将愈伤组织用1mol/L HCl在60℃下水解20分钟后染色。

2）在载玻片上按常规做镜检，随机查 500 个细胞，统计其中处于分裂间期以及处于有丝分裂各时期的细胞数目。

3）根据调查有丝分裂各时期细胞数目，计算出有丝分裂指数。

（2）悬浮培养细胞有丝分裂指数的测定

1）取一定体积的悬浮培养细胞，离心后将细胞吸于载玻片上。

2）加一滴乳酰丙酸苔红素于细胞上。

3）将细胞片在酒精灯上微热后，再盖上盖玻片，轻击盖玻片。

4）将盖玻片轻轻揭下，用乙醇将盖玻片和载玻片上的细胞洗一下，然后将盖玻片安放在一片新的载玻片上。而原来的载玻片上，则盖上一片新的盖玻片，帕拉尔胶（euparal）或溶于叔丁醇的加拿大树胶封片。

5）将上述方法制成的片子，用油镜检查 1000 个细胞，随后计算出分裂指数。

## 【实验预期结果与分析】

通过本实验学习培养细胞和细胞团生长的计量技术，该技术可以应用于筛选细胞增殖和生长的最适条件，或者监测组织和细胞在整个培养世代中，细胞数目的增长情况和一个培养世代所需要的时间，以确定继代培养和注入新鲜培养基的时间。

## 【要点提示及注意事项】

1. 载物台上镜台测微尺刻度是用加拿大树胶和圆形盖玻片封合的。当除去松柏油时，不宜使用过多的二甲苯，以避免盖玻片下的树胶溶解。

2. 取出目镜测微尺，将目镜放回镜筒，要用擦镜纸擦去目镜测微尺上的油腻和手印。

3. 叶肉细胞由于受叶绿素的干扰，有活力的细胞可发出黄绿色的荧光而不是绿色荧光；无活力的死细胞，则发出红色荧光。

## 【思考题】

1. 培养细胞生长量的测定有什么意义？试从培养细胞重量、体积、数目、植板率、细胞分裂指数等方面叙述。

2. 以自己的实验结果为例，探讨对于细胞培养实验有什么借鉴意义？

# 第十章　生物工程综合设计性实验

生物工程作为一门高度综合的学科，融合了生物学、化学、工程学等多领域知识，学科间交叉渗透特性显著。在生物工程实验教学体系中，开设综合性、设计性实验项目，是提升学生专业素养与实践能力的关键环节，此类实验旨在全方位锻炼学生综合运用多门课程知识，灵活应对并解决实际问题的能力，契合生物工程领域对创新复合型人才的需求。本章内容主要涵盖"综合性大实验"和"设计性实验"。

综合性大实验：本实验项目紧密围绕功能基因的原核表达与纯化展开，全面整合基因工程、蛋白质工程、微生物学、发酵工程、生物分离工程等多门核心课程的知识，即为学生构建起一个系统且连贯的知识应用场景。

在实验过程中，学生可能面临诸多问题。例如，PCR扩增出现非特异性条带，需引导学生从引物设计、退火温度优化、模板质量等方面排查原因；重组蛋白表达量低，可从载体构建是否成功、宿主菌选择是否恰当、诱导条件是否优化等角度分析解决；蛋白纯化过程中回收率低或纯度不达标，需指导学生检查层析柱装填是否均匀、洗脱条件是否合适等。通过对这些问题的分析与解决，培养学生独立思考与解决实际问题的能力。

设计性实验：鼓励学生基于自身兴趣、科研前沿热点或实际生产需求，自主确定设计性实验选题。教师可提供相关文献资料，组织专题讲座，引导学生从生物工程各领域挖掘有研究价值的问题，如新型生物催化剂研发、生物制药工艺优化、生物能源高效转化技术探索等，培养学生敏锐的问题发现能力与创新思维。

学生在确定选题后，需查阅大量文献资料，综合运用所学知识，设计详细实验方案。方案应涵盖实验目的、实验原理、实验材料与设备、实验步骤、预期结果与分析方法等内容。在此过程中，教师应指导学生合理设计实验变量，设置对照实验，确保实验方案的科学性与可行性。

组织学生进行实验方案汇报，邀请专业教师对学生设计方案进行评审。教师从实验思路、技术路线、可行性、创新性等方面提出意见与建议，学生根据评审意见对方案进行优化完善，进一步提升实验方案质量。

学生依据优化后的实验方案，自主开展实验。在实验过程中，严格遵守实验室安全规范，认真记录实验数据与现象。教师定期检查学生实验进展，及时给予指导与帮助，确保实验顺利进行。

学生对实验数据进行整理、分析，运用统计学方法等对实验结果进行评估，判断实验是否达到预期目标。根据实验结果撰写实验报告，报告内容包括实验背景、目的、方法、结果、讨论与结论等，要求逻辑清晰、内容翔实、图表规范，旨在培养学生解决实际问题的自主设计实验方案能力及科学论文撰写能力。

# 综合性大实验

"北葶苈子"为十字花科植物独行菜（*Lepidium apetalum* Willd.）干燥成熟的种子，是中医临床上常用的泻肺平喘、利水消肿的中药。强心苷类化合物是独行菜中重要的药效物质基础之一，具有强心、保护心肌和改善心血管功能等作用。在独行菜植物体内，强心苷类化合物通过萜类化合物生物合成途径产生，即通过位于细胞质中的甲羟戊酸途径（mevalonate pathway，MVA pathway）和位于质体中的甲基赤藓醇磷酸途径（methylerythritol phosphate pathway，MEP pathway）衍生而来。乙酰CoA酰基转移酶

（acetyl – CoA C – acetyltransferase，AACT）是 MVA 途径的第一个关键酶，催化 2 分子的乙酰 CoA 缩合为乙酰乙酰 CoA，属于硫解酶（thiolase）家族。乙酰乙酰 CoA 是生物体内激素、胆固醇、酮体、萜类等物质合成的重要前体物。本实验从独行菜叶片中克隆 MVA 途径第一个关键酶 *LaAACT* 基因的 cDNA 序列，并进行生物信息学分析，之后构建原核表达载体进行原核表达，通过 $Ni^{2+}$ 亲和层析纯化 LaAACT 重组蛋白并进行酶活性检测，为今后研究 *LaAACT* 基因在独行菜强心苷类化合物生物合成途径中的功能奠定基础。

综合性大实验综合了基因工程、蛋白质工程、微生物学、发酵工程和生物分离工程的基本知识，要求学生通过独行菜 LaAACT 重组蛋白的表达和纯化，了解生物工程的相关基本操作，掌握 DNA 重组、载体构建、微生物菌种保存与培养、目标蛋白的分离提取等专业实验技能。

## 实验 71　独行菜 *LaAACT* 基因克隆、原核表达及纯化

## 一、独行菜组织总 RNA 的提取

### 【实验目的】

1. 掌握植物组织总 RNA 提取的实验技术。
2. 熟悉 RNA 浓度、纯度的检测方法。

### 【实验原理】

植物细胞中的 RNA 包括 rRNA、tRNA 和 mRNA 等。rRNA 含量最丰富，占植物细胞总 RNA 含量的 80% 以上，tRNA 占 10%~15%。而 mRNA 的含量较低，通常为 1%~5%，其长度从几百个碱基到几千碱基不等，是基因转录的产物，反映了植物组织在特定条件下的基因转录情况。完整的 RNA 分子是研究基因功能和以 cDNA 为模板克隆新基因的基础。

TRIzol 试剂中含有苯酚和异硫氰酸胍，能够从植物组织中快速提取总 RNA，并在裂解植物细胞时保持 RNA 的完整性。经三氯甲烷萃取有机相后，RNA 溶解于水相中，然后用预冷的异丙醇沉淀 RNA。

### 【实验器材】

**1. 实验材料**　独行菜幼苗叶片、液氮、TRIzol（Invitrogen 公司）、焦碳酸二乙酯（DEPC）、三氯甲烷、异丙醇、无水乙醇。

**2. 实验仪器**　研钵、1.5ml 离心管（Axygen 公司）、高速低温离心机、微量移液器、移液器吸头、Nanodrop One 微量紫外分光光度计。

### 【实验步骤】

1. 将独行菜幼苗叶片在液氮中研磨成粉末状，然后取 100mg 粉末状样品加入预冷的 1.5ml 离心管中，并加入 1ml TRIzol 试剂，充分混匀。

2. 在室温下静置 10 分钟，向离心管中加入 200μl 三氯甲烷，用涡旋混匀仪振荡 30 秒，然后置于室温条件下静置 5 分钟。

3. 将离心管在 4℃、12000r/min 条件下离心 10 分钟，离心完成后，离心管中的样品分相为三层，其中上层水相为 RNA，中间层含有蛋白质，下层为有机相，含有色素和 DNA，小心吸取上层水相溶液

500μl 转移至新的离心管中。

4. 在新的离心管中加入 500μl 的异丙醇，轻柔上下颠倒混匀，室温下静置 5 分钟。然后在 4℃、12000r/min 条件下离心 10 分钟，离心结束后可见 RNA 沉淀于离心管底部，弃上清。

5. 向离心管中加入 1ml 75% 乙醇，涡旋振荡，然后在 4℃、12000r/min 条件下离心 5 分钟，弃上清，用移液器小心吸取残余 75% 乙醇溶液，置于超净台上将 RNA 沉淀吹至半透明状，然后加入 30 ~ 50μl 灭菌的 DEPC 水，溶解 RNA 沉淀。经检测后，RNA 样品保存于 –80℃ 超低温冰箱备用，可用于后续逆转录合成 cDNA、Northern blot、qPCR 等实验。

6. 用 1% 琼脂糖凝胶电泳，快速检测 RNA 分子的完整性，在凝胶成像仪下观察 28S 和 18S 条带是否清晰，具体操作见实验 51 "琼脂糖凝胶电泳"。

7. 用微量紫外分光光度计 Nanodrop One 检测提取 RNA 分子的浓度和纯度，理想的 $A_{260}/A_{280}$ 的比值在 1.8 ~ 2，说明 RNA 中蛋白污染较少。

## 【实验预期结果与分析】

完整 RNA 分子的 28S 和 18S 两条带清晰可见，如图 10 – 1 所示，说明提取 RNA 分子的质量较好，可用于后续实验，如果泳道内条带不清晰，呈弥散状，说明 RNA 分子已部分降解。

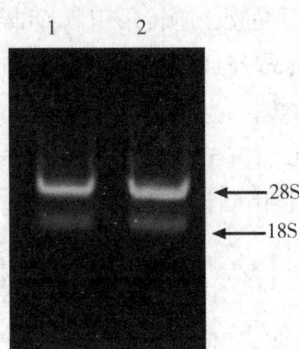

图 10 – 1 预期独行菜叶片总 RNA 电泳结果

## 【要点提示及注意事项】

1. 人的皮肤表面有 RNase，在配制试剂和实验操作过程中，严格避免 RNase 的污染。

2. 使用 TRIzol、DEPC、三氯甲烷、异丙醇等有机试剂时，必须佩戴手套、口罩，并在通风橱内操作。

## 【思考题】

总结 RNA 提取过程中的注意事项。

# 二、基于独行菜叶片总 RNA 的 cDNA 合成

## 【实验目的】

1. 掌握通过逆转录合成 cDNA 的原理和操作方法。
2. 熟悉逆转录试剂盒的使用。

## 【实验原理】

逆转录（reverse transcription），以 mRNA 为模板，在逆转录酶的作用下，逆转录合成与 mRNA 碱基序列互补的 DNA 链的过程，合成的 DNA 称为 cDNA（complementary DNA）。因逆转录过程中遗传信息的流向是从 mRNA 到 DNA，与正常的 DNA 转录为 mRNA 的方向相反，故称为逆转录。新合成的 cDNA 可用于后续基因克隆、荧光定量 PCR（qPCR）等实验。

以第一链 cDNA 为模板进行 PCR 反应，根据目的基因序列设计特异性的 PCR 引物，基因特异性的正向引物与第一链 cDNA 结合，在 Taq DNA 聚合酶作用下合成第二链 cDNA，再以 cDNA 的第一链和第

二链为模板，用基因特异性引物通过 PCR 扩增获得大量的目的基因序列。

## 【实验器材】

**1. 实验材料** 实验一中提取的独行菜幼苗叶片 RNA、逆转录试剂盒（以全式金 AH101 为例）。

**2. 实验仪器** 微量移液器、RNase–free 离心管（Axygen 公司）、PCR 仪。

## 【实验步骤】

1. 试剂和 RNA 样品在冰上化冻后，用手轻弹混匀后短暂离心。

2. 第一链 cDNA 的合成　根据 RNA 样品的浓度按 50ng~5μg 计算用量，在 RNase–free 离心管中配制预混液：逆转录引物 Oligo（dT）$_{20}$（0.5μg/μl）1μl，dNTP（10mM）1μl，10×TS Ⅱ RT buffer 2μl，Ribonuclease Inhibitor（50 units/μl）0.5μl，TS Ⅱ Reverse transcriptase 1μl，用 RNase–free ddH$_2$O 补充至最终体积为 20μl，用移液器吹打混匀后短暂离心。将离心管放入 PCR 仪，在 50℃孵育 30 分钟，然后在 85℃加热 5 秒使 TS Ⅱ Reverse transcriptase 失活。所得 cDNA 产物可用于基因克隆、qPCR 反应，如不立即使用可保存于 −20℃冰箱。

## 【要点提示及注意事项】

1. 严格避免 RNase 污染，保存 cDNA 时要避免反复冻融。

2. 为保证逆转录成功，使用高质量的 RNA 模板。

3. 对于高 GC 含量或具有复杂二级结构的 RNA 模板，可以选择在 55℃孵育 30 分钟。

## 【思考题】

1. 逆转录过程以总 RNA 作为模板还是以 mRNA 作为模板好？

2. 逆转录产物中存在 gDNA 对后续 qPCR 实验有何影响？

# 三、独行菜 *LaAACT* 基因的克隆

## 【实验目的】

1. 掌握 PCR 反应的基本原理和实验技术。

2. 熟悉琼脂糖凝胶电泳检测 PCR 产物的方法。

## 【实验原理】

聚合酶链式反应（polymerase chain reaction，PCR）是模拟 DNA 的自然复制过程，在体外特异性扩增 DNA 片段，从而获得大量的同一序列 DNA 的方法。PCR 反应的 3 个步骤包括：变性、退火和延伸，每当完成一个循环，一个 DNA 分子被复制为两个，PCR 产物量以指数形式增长。

根据实验室前期获得的独行菜基因组和转录组数据中 *LaAACT* 基因的序列信息，用 Oligo7 软件设计一对独行菜 *LaAACT* 基因的特异性引物，LaAACT–F：5′–CGTGTTGCTCTTCATCGTT–3′，LaAACT–R：5′–CTAACATTCAACTTCATGTGC–3′，以实验二中逆转录得到的独行菜幼苗叶片 cDNA 为模板，进行 PCR 反应，PCR 产物用琼脂糖凝胶 DNA 回收试剂盒切胶回收与预期大小一致的条带，与 pMD 19–T 载体进行 T–A 连接，然后转化大肠埃希菌 Trans5α 感受态细胞，经菌落 PCR 检测后挑选阳性克隆进行测序。

## 【实验器材】

**1. 实验材料** 实验二逆转录合成的独行菜幼苗叶片 cDNA、*LaAACT* 基因的一对特异性克隆引物、普通 DNA 产物纯化试剂盒、琼脂糖凝胶 DNA 回收试剂盒、其他材料见实验"PCR 反应及其产物检测"实验材料。

**2. 实验仪器** 见实验 54 "PCR 反应及其产物检测"实验仪器。

## 【实验步骤】

**1. *LaAACT* 基因克隆** 取一个 200μl PCR 管，配制 50μl PCR 反应体系。加入试剂的过程中，离心管和 PCR 管应置于冰上，Taq DNA 聚合酶最后加入。具体操作见实验"PCR 反应及其产物检测"步骤。各反应组分都加入完成后，轻轻混匀，放入 PCR 仪上。在 PCR 仪上设定 PCR 反应程序：95℃预变性 2 分钟；95℃、10 秒，55.5℃、15 秒，72℃、1 分 35 秒，35 个循环；72℃补充延伸 8 分钟。参数设定完成后，启动 PCR 仪，约 2 小时后结束。PCR 完成后，用 1% 琼脂糖凝胶电泳分析，检测 PCR 反应产物及大小，具体操作见实验 51 "琼脂糖凝胶电泳"实验步骤。

**2. 回收纯化 *LaAACT* 基因** 具体操作见实验 53 "琼脂糖凝胶中 DNA 片段的回收"和实验 55 "普通 DNA 产物回收"实验步骤。

**3. TA 克隆** 具体操作见实验 56 "T 载体克隆 PCR 产物"实验步骤。

**4. 重组克隆的鉴定与测序** 使用菌落 PCR 鉴定重组克隆。具体操作见实验 58 "蓝白斑筛选、菌落 PCR 鉴定重组克隆"步骤。经琼脂糖凝胶电泳检测，在 1500bp 处出现明亮条带的克隆，为含有 pMD19 - T - LaAACT 质粒的重组克隆。然后将鉴定正确的重组克隆进行测序，保存测序正确的 pMD19 - T - LaAACT 质粒。

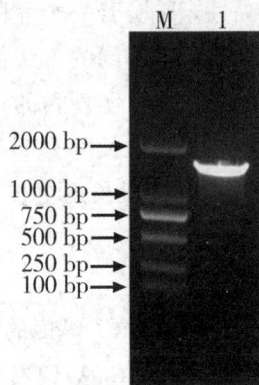

**图 10 - 2 预期 PCR 扩增 *LaAACT* 基因**
M. DL 2000 DNA marker；1. *LaAACT* 基因的 PCR 产物

## 【实验预期结果与分析】

*LaAACT* 基因的 PCR 产物约为 1500bp，包含独行菜 *LaAACT* 基因完整的 CDS 序列，电泳结果如图 10 - 2 所示。

## 【要点提示及注意事项】

1. 各反应组分在 PCR 反应体系中的量一定要准确。

2. 在 PCR 反应体系中，Taq DNA 聚合酶应作为最后一步加入，并且在加入酶后应尽快放入 PCR 仪进行反应，否则应置于冰上。

## 【思考题】

1. PCR 技术的基本原理是什么？

2. 什么条件下采用切胶回收？什么条件下用普通回收？

## 四、独行菜 pET – 32a – LaAACT 原核表达载体的构建

### 【实验目的】

1. 掌握重组 DNA 技术中原核表达载体的构建方法。
2. 熟悉限制性核酸内切酶切割 DNA 的原理。

### 【实验原理】

表达载体是用来表达目的基因的载体，除了含克隆载体的基本元件外，还含表达元件。这些元件能被宿主表达系统识别，从而调控转录和翻译。因此，表达载体可以利用宿主表达系统表达其携带的目的基因。本实验采用的融合表达载体 pET – 32a，除了含有一般的表达元件之外，还含有一段特有的结构基因，位于多克隆酶切位点上游或下游，与插入的目的基因重组成融合基因，能够表达融合蛋白。在融合蛋白中，载体结构基因编码的肽段可以位于目的蛋白的 N 端或 C 端，如 His – tag、Trx – tag 等。Trx（硫氧还蛋白）可提高目的蛋白表达量和溶解度，一般加在 N 端用作可溶性标签来避免包涵体的形成。利用 His 标签可以通过亲和层析方便快捷的纯化目的蛋白。

在载体构建过程中，最常使用的连接酶是来自 $T_4$ 噬菌体的 $T_4$ DNA 连接酶，它能够直接连接平末端或互补的黏性末端。若一个片段为平末端，另一片段为黏性末端，或者两个片段均为黏性末端但不配对，则需要采取不同的方法使它们能够匹配或通过平末端连接。通常采用末端补平、加同聚物尾、加接头等方式，以实现目的片段之间的相互匹配。在连接反应中，目的 DNA 片段和载体的比例是一个关键问题。针对长度为 1kb 的目的 DNA 片段和 3kb 的载体，通常将目的片段和载体的比例设为 3∶1。如果目的片段长度更长，则该比例应进一步提高，因为主要考虑的是载体和目的片段之间的分子数比例。此外，反应体系中核酸的浓度也是一个重要问题，通常反应体系中核酸的浓度应保持在 $25 \sim 100ng/\mu l$。

根据实验三中 *LaAACT* 基因的测序结果，设计一对 *LaAACT* 基因编码区的原核表达引物：LaAACT – Exp – F（5′ – CGGGATCCATGGCTCATACAGCA – 3′，下划线部分为 *Bam*H I 酶切位点），反向引物：LaAACT – Exp – R（5′ – CCGCTCGAGTCAAAGGAGTTCAAG – 3′，下划线部分为 *Xho* I 酶切位点），以实验三中测序正确的 pMD19 – T – LaAACT 质粒为模板，用 PrimeSTAR HS 高保真酶扩增 *LaAACT* 基因的 CDS 序列。PCR 产物经琼脂糖凝胶电泳检测后，用 DNA 产物纯化试剂盒回收纯化 *LaAACT* 基因，然后用 *Bam*H I 和 *Xho* I 对纯化的 PCR 产物和原核表达载体 pET – 32a 进行双酶切，回收目的基因片段和载体片段，用 $T_4$ DNALigase 将目的基因片段和载体片段在 16℃ 的连接过夜，然后将连接产物转化大肠埃希菌 BL21（DE3）感受态细胞，挑单克隆提取质粒，用 *Bam*H I 和 *Xho* I 进行双酶切鉴定，酶切鉴定正确的克隆进行测序。

### 【实验器材】

**1. 实验材料** 实验室保存的质粒（pET – 32a）DNA、实验三中测序正确的 pMD19 – T – LaAACT 质粒、*Bam*H I、*Xho* I、PrimeSTAR HS 高保真酶（Takara 公司）、10 × H buffer、琼脂糖凝胶 DNA 回收试剂盒、普通 DNA 产物纯化试剂盒。

**2. 实验仪器** 见实验 52 "限制性内切酶切割质粒 DNA" 和实验 54 "PCR 反应及其产物检测" 实验仪器。

### 【实验步骤】

**1. *LaAACT* 基因的 CDS 序列的扩增** 以实验三中测序正确的 pMD19 – T – LaAACT 质粒为模板，使用一对特异性的原核表达载体引物（LaAACT – Exp – F 和 LaAACT – Exp – R），PCR 扩增 *LaAACT* 基因的 CDS 序列。PCR 程序为：95℃ 预变性 2 分钟；95℃、10 秒，57℃、15 秒，72℃、1 分 20 秒，30 个循环；72℃ 补充延伸 8 分钟。

**2. 目的基因的回收纯化** PCR 结束后，用琼脂糖凝胶电泳检测 PCR 产物，然后使用普通 DNA 产物纯化试剂盒，回收纯化目的基因。具体操作见实验 55 "普通 DNA 产物回收" 步骤。

**3. 目的基因和表达载体（pET – 32a 质粒）的双酶切** 按照表 10 – 1 配制双酶切体系，具体操作见实验 "限制性内切酶切割质粒 DNA" 操作步骤。将配制好的酶切体系放入 37℃ 水浴锅中，酶切反应 1 小时。酶切结束后，进行琼脂糖电泳检测。在紫外仪中切取目标条带，用琼脂糖凝胶 DNA 回收试剂盒从凝胶中回收 DNA 片段。具体操作见实验 53 "琼脂糖凝胶中 DNA 片段的回收" 步骤。

表 10 – 1　50μl 双酶切体系

| 组成成分 | 加入量（μl） |
| --- | --- |
| pET – 32a 质粒 | 10 |
| （或含酶切位点的 PCR 产物） | 10 |
| *BamH* I | 1 |
| *Xho* I | 1 |
| 10 × H buffer | 5 |
| dd H$_2$O | 33 |
| 总体积 | 50 |

**4. 连接反应**

（1）在离心管，加入回收纯化的质粒载体 DNA 片段和目的基因片段，插入目的基因片段和载体 DNA 的摩尔比为 3∶1。

（2）然后加入 T$_4$ DNA 连接酶 1μl，5 × T$_4$ DNA 连接酶缓冲液 2μl，加入超纯水至终体积为 10μl，混匀后，用掌上离心机将离心管中的液体全部甩至底部，然后在 16℃ 的水浴中连接过夜。

**5. 重组 DNA 分子转化大肠埃希菌** 将步骤 4 中的连接产物，转化大肠埃希菌 BL21（DE3）感受态细胞。具体操作见实验 57 "质粒 DNA 转化大肠埃希菌" 步骤。

**6. 重组克隆的鉴定与测序** 使用菌落 PCR 鉴定重组克隆。具体操作见实验 58 "蓝白斑筛选、菌落 PCR 鉴定重组克隆" 步骤。经琼脂糖凝胶电泳检测，在 1200bp 处出现明亮条带的克隆，为含有 pET – 32a – LaAACT 原核表达载体的重组克隆。将鉴定正确的重组克隆进行测序，保存测序正确的 pET – 32a – LaAACT 质粒。

### 【实验预期结果与分析】

经菌落 PCR 鉴定后，挑单克隆提取质粒，用 *BamH* I 和 *Xho* I 进行双酶切验证，结果见图 10 – 3，从电泳结果中可以看出有 6000bp 左右的载体片段和 1200bp 左右的目的基因片段。测序结果表明重组质粒 pET –

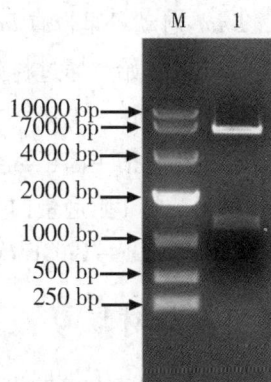

图 10 – 3　原核表达载体 pET – 32a – LaAACT 的双酶切鉴定

M. DL 10000 DNA marker;

1. *BamH* I 和 *Xho* I 双酶切

32a – LaAACT 中的 *LaAACT* 基因序列与目的基因 *LaAACT* 的 CDS 序列完全一致，没有发生碱基缺失或插入突变，说明原核表达载体 pET – 32a – LaAACT 构建成功。

## 【要点提示及注意事项】

1. 插入目的 DNA 与载体 DNA 的摩尔比为（3：1）~（10：1）。

2. 使用前充分溶解和混匀 5×T₄ DNA 连接酶缓冲液。

3. T₄ DNA 连接酶在冰上长时间放置不稳定，尽量在使用时取出，用后立即放回 -20℃。

## 【思考题】

1. 如果一种内切酶在重组质粒上有两个酶切位点，结果酶切后，电泳检测显示有三条带，分析可能的原因是什么？

2. 影响 DNA 连接反应的因素有哪些？

# 五、独行菜 LaAACT 重组蛋白的诱导表达和检测

## 【实验目的】

1. 掌握外源基因在原核细胞中表达的特点和方法。
2. 熟悉 SDS – PAGE 凝胶的制备及其分离原理。

## 【实验原理】

将外源基因插入表达载体后导入大肠埃希菌用于大量表达蛋白质的方法一般称为原核表达。这种方法在蛋白质纯化、定位及功能分析等方面都有应用。大肠埃希菌用于表达重组蛋白有以下特点：易于生长和控制；用于细菌培养的材料不及哺乳动物细胞系统的材料昂贵；有各种各样的大肠埃希菌菌株及与之匹配的具有各种特性的质粒可供选择。但是，在大肠埃希菌中表达的蛋白由于缺少修饰，不存在糖基化、磷酸化等翻译后加工，常形成包涵体而影响表达蛋白的生物学活性及构象。

本次实验使用的 pET – 32a 原核表达载体，在 pET 系列载体中，外源基因的表达受 T₇ 噬菌体 RNA 聚合酶的调控。在 pET – 32a 载体中，目的基因的编码序列被插入到多克隆位点，并受到 T₇*lac* 启动子的控制，T₇*lac* 启动子是带有 *lac* 操纵基因序列的天然 T₇ RNA 聚合酶启动子的衍生体，lacI 阻遏蛋白的结合能阻断转录起始。通过将外源基因插入到含有 T₇*lac* 启动子的 pET – 32a 表达载体中，可以实现其在大肠埃希菌中的表达。先让宿主菌生长，lacI 阻遏蛋白与 *lac* 操纵基因结合，基本上关闭了外源基因的转录与表达，此时宿主菌正常生长。然后向培养基中加入乳糖操纵子的诱导物 IPTG（异丙基硫代 – β – D – 半乳糖），lacI 阻遏蛋白不再与 *lac* 操纵基因结合，则外源基因开始大量转录并高效表达，表达的外源蛋白质可经 SDS – PAGE 检测。

## 【实验器材】

**1. 实验材料** 实验四中含 pET – 32a – LaAACT 原核表达载体的重组克隆、IPTG、30%（*m/V*）丙烯酰胺溶液、分离胶 Tris – HCl 缓冲液（pH8.8）、浓缩胶 Tris – HCl 缓冲液（pH6.8）、5×Tris – 甘氨酸电泳缓冲液、5×SDS 凝胶加样缓冲液、10% 过硫酸铵、考马斯亮蓝 R – 250 染色液、脱色液（10% 冰醋酸溶液）、蛋白分子量标准（Protein marker）。

**2. 实验仪器** 垂直电泳装置、电泳仪、离心机、微量移液器、培养皿、烧杯、制胶架、脱色摇床、

1. 5ml 离心管、移液器吸头。

## 【实验步骤】

### 1. LaAACT 重组蛋白的诱导表达

（1）含 pET-32a-LaAACT 质粒的 BL21（DE3）菌株在 LB 培养基（含 100μg/ml Amp）中，37℃、220r/min 培养过夜。

（2）第二天按 1∶50 的比例稀释菌液，于 37℃，250r/min，培养 3 小时，使其 $OD_{600}$ 值达到 0.6~0.8。

（3）加入 IPTG，使其终浓度为 0.5mmol/L。

（4）继续于 28℃，160r/min，培养 6~8 小时。

（5）取 1.5ml 菌液于 10000r/min，离心 2 分钟，收获菌体。

### 2. LaAACT 重组蛋白的 SDS-PAGE 凝胶电泳检测　SDS-PAGE 12% 分离胶和 5% 浓缩胶的制备、凝胶电泳、染色脱色，具体操作见实验 39 "纳豆激酶的含量测定与电泳" 步骤。

## 【实验预期结果与分析】

IPTG 诱导 *LaAACT* 基因表达后，经 SDS-PAGE 凝胶电泳检测，在 60kD 分子量处应有清晰的目标蛋白条带，目标蛋白条带应该远远深于其他蛋白条带。

## 【要点提示及注意事项】

1. 表达菌生长至 $OD_{600}$ 值 0.6~0.8 为诱导适合条件，避免菌生长过浓。

2. 未聚合的丙烯酰胺具有神经毒性，操作时应戴手套防护。

3. 配制 SDS-PAGE 凝胶时应注意充分混匀后加入玻璃板中，并待其充分凝固后使用。

## 【思考题】

1. 原核表达目的蛋白的基本原理是什么？

2. SDS-PAGE 电泳的原理是什么？

# 六、独行菜 LaAACT 重组蛋白的纯化

## 【实验目的】

1. 掌握亲和层析纯化重组蛋白的原理和方法。

2. 熟悉 Ni-Agarose 纯化带组氨酸标签蛋白的操作过程。

## 【实验原理】

组氨酸标签（His-tag）是重组蛋白中最常用的融合标签之一。由于多聚组氨酸具有与多种过渡金属和过渡金属螯合物结合的能力，因此带有 6×His-tag 的蛋白能够与固化镍（$Ni^{2+}$）树脂结合。在适宜的缓冲液条件下，通过冲洗去除杂蛋白，再使用可溶的竞争性螯合剂洗脱，可以有效回收目的蛋白。相比之下，天然蛋白通常对这类基质的亲和力较低，因此重组技术产生的带有 6×His-tag 标记的目的蛋白可以通过金属亲和层析进一步纯化，而那些确实与基质结合的天然蛋白几乎都可以通过第二步层析去除。

Ni²⁺柱纯化 His – tag 融合蛋白的原理为：组氨酸的咪唑侧链可亲和结合镍、锌和钴等金属离子，在中性和弱碱性条件下带组氨酸标签的目的蛋白与 Ni²⁺柱结合，在低 pH 下用咪唑竞争洗脱。一般实验中选用 6 个组氨酸（6 ×His – tag）的标签。6 ×His – tag 标签具有多项优点：①由于仅含有 6 个氨基酸，分子量较小，对蛋白结构和活性的影响较小，通常无需进行酶切去除；②可以在变性条件下纯化蛋白，即使在高浓度的尿素和胍溶液中仍能保持结合力；③His 标签无免疫原性，重组蛋白可直接用于动物注射，也不会影响免疫学分析。His 标签也存在一些不足，例如目的蛋白易形成包涵体、溶解困难、稳定性差以及错误折叠等。在 Ni²⁺柱纯化过程中，Ni²⁺离子容易脱落并混入蛋白溶液，这不仅会通过氧化作用破坏目的蛋白的氨基酸侧链，还会导致柱子发生非特异吸附蛋白质，从而影响纯化效果。

本实验所用的 pET – 32a 原核表达载体，带有 6 ×His – tag，使用 Ni – Agarose His 标签蛋白纯化试剂盒纯化独行菜 LaAACT 重组蛋白，学习 His – tag 重组蛋白的纯化过程。

## 【实验器材】

**1. 实验材料** 实验五中经 IPTG 诱导表达 LaAACT 重组蛋白的大肠埃希菌菌株、LB 液体培养基、Amp 储存液（100mg/ml）、Ni – Agarose His 标签蛋白纯化试剂盒、PBS 缓冲液（137mmol/L NaCl，2.7mmol/L KCl，10mmol/L Na₂HPO₄，2mmol/L KH₂PO₄，pH7.4）、考马斯亮蓝 R – 250 染色液、脱色液（10% 冰醋酸溶液）、蛋白分子量标准（Protein marker）、PMSF（Phenylmethanesulfonyl fluoride，苯甲基磺酰氟）、结合缓冲液（20mmol/L Tris – HCl，10mmol/L 咪唑，0.5mmol/L NaCl，pH7.9）、洗脱缓冲液（20mmol/L Tris – HCl，500mmol/L 咪唑，0.5mmol/L NaCl，pH7.9）。

**2. 实验仪器** 超声波细胞粉碎仪、蛋白电泳仪、冷冻干燥仪、高速离心机、微量移液器、培养皿、烧杯、铁架台、1.5ml 离心管、移液器吸头。

## 【实验步骤】

### 1. 大量表达 LaAACT 重组蛋白

（1）挑取实验五中一个含 pET – 32a – LaAACT 质粒的大肠埃希菌 BL21（DE3）菌落接入 20ml LB 液体培养基中（含 100μg/ml Amp），在 37℃，220r/min 过夜培养。

（2）取 2ml 过夜培养物，按 1：50 的比例，加入 100ml LB 液体培养基中（含 100μg/ml Amp）于 37℃，250r/min，培养 3 小时，使其生长至对数中期，OD₆₀₀值达到 0.6 ~ 0.8。

（3）加入 IPTG，使其终浓度为 0.5mmol/L。

（4）继续在 28℃，160r/min，培养 6 ~ 8 小时。

（5）在 4℃以 5000g 离心 10 分钟，收集菌体。

### 2. 组装层析柱

（1）将 Ni – Agarose 填料混匀后加入层析柱，室温静置 10 分钟，待凝胶与溶液分层后，把底部的出液口打开，让乙醇通过重力作用缓慢流出。

填料的上层是乙醇保护层，将填料和乙醇一起混匀，以 1ml 填料纯化 20 ~ 30mg His 标签蛋白计算，取需要的填料和乙醇的混合液加入层析柱。本实验都是通过重力作用使溶液流出。

（2）向装填好的柱中加入 5 倍柱体积的去离子水将乙醇冲洗干净后，再用 10 倍柱体积的结合缓冲液平衡柱子，平衡结束后即可上样。柱体积是填料的体积。

### 3. 可溶性蛋白的纯化

（1）收集菌体后，每 100mg 菌体（湿重）加入 1 ~ 5ml 细菌裂解液（每 1ml 细菌裂解液中加入 10μl PMSF），超声裂解菌体。超声过程中保持菌液处于冰浴中，避免连续超声导致大量产热，可分成短时间，多次超声，通过一定的间隔时间避免溶液过热，最终以菌液变清即可。

（2）10000r/min，4℃离心10分钟，收集上清中的可溶性蛋白。

（3）用结合缓冲液将菌体裂解液等倍稀释后负载上柱，流速为10倍柱体积/时，收集流穿液，通过控制加入的菌体裂解液的速度来控制流速。

（4）使用15倍柱体积的结合缓冲液冲洗柱子，洗去杂蛋白。

（5）使用洗脱缓冲液洗脱，收集洗脱液，洗脱液可以分管收集，每1ml收集1管，并采用蛋白监测仪监测，收集洗脱液。

（6）洗脱后，依次使用10倍柱体积的去离子水洗涤柱子，再用3倍柱体积的20%乙醇平衡（乙醇要将填料浸没），4℃保存。

（7）将第5步收集的洗脱液，每管取10μl进行SDS-PAGE检测，收集检测含有单一目的条带的洗脱液，经透析、冷冻干燥后即得到纯化的目的蛋白。

（8）蛋白纯化完成后，进行SDS-PAGE凝胶电泳检测。

**4. 柱再生**　当填料使用多次后，结合效率会有所下降（表现为流速变慢或填料失去蓝绿色），可以用以下方法再生，提高填料的使用寿命和蛋白质的结合效率。

（1）使用2倍柱体积的6mol/L盐酸胍溶液冲洗后，使用3倍柱体积的去离子水冲洗。

（2）使用1倍柱体积2% SDS冲洗。

（3）依次使用1倍柱体积的25%、50%、75%和5倍柱体积100%乙醇冲洗，再依次使用1倍柱体积的75%、50%、25%的乙醇冲洗。

（4）使用1倍柱体积的去离子水冲洗。

（5）使用5倍柱体积含50mmol/L EDTA缓冲液（pH8.0）冲洗。

（6）使用3倍柱体积去离子水，3倍柱体积20%乙醇冲洗。

（7）4℃保存。

（8）再次使用前，需首先使用10倍柱体积去离子水冲洗，然后使用5个柱体积的50mmol/L NiSO$_4$再生，3个柱体积的结合缓冲液平衡。

**5. 蛋白透析和冷冻干燥**

（1）透析袋的处理

1）将透析袋剪成适当长度，10~20cm小段，即形成透析袋。

2）在大体积2%（m/V）NaHCO$_3$和1mmol/L EDTA（pH8.0）溶液中将透析袋煮沸10分钟。

3）将透析袋用蒸馏水彻底漂洗。

4）再将透析袋放置1mmol/L EDTA（pH8.0）溶液中煮沸10分钟。

5）将透析袋冷却，存放于4℃，且应确保透析袋始终浸没在液体中（戴手套操作）。

6）在使用前要用蒸馏水将透析袋里外清洗。

（2）蛋白透析

1）将处理好的透析袋一端用透析袋夹夹住，然后加入咪唑蛋白洗脱液，注意不能装满（1/2左右），以防止膜外溶剂大量渗透入胀破透析袋。

2）将透析袋另一端也夹好，悬置于装有大量PBS缓冲液（pH7.4）的容器内透析。

3）更换3次缓冲液（每8~12小时更换一次），用奈氏试剂检验透析是否完成，不再生成红色沉淀即表明透析完成。

（3）蛋白冷干　将透析完成的纯化蛋白溶液，装入冷干瓶中，按照冷冻干燥仪的操作将样品在低温下冷干成冻干粉，部分冻干粉于-80℃超低温冰箱保存，部分冻干粉加入PBS溶解，进行蛋白定量并用于活性检测。

## 【实验预期结果及分析】

1. 原核表达载体经过诱导后可以大量表达的目标蛋白，与诱导前相比，诱导后的样品中目标蛋白条带明显加深。

2. 经过亲和层析纯化后，杂蛋白条带基本消失，只剩下较为纯净的目标蛋白条带（预期结果如图 10 - 4 所示）。

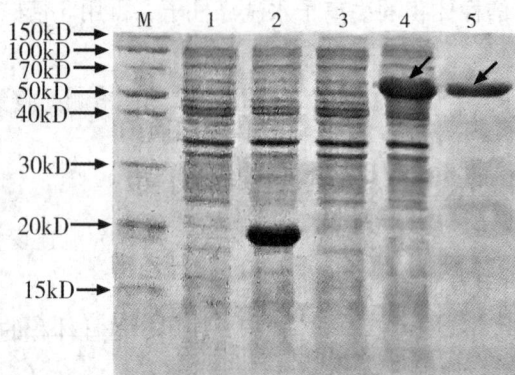

**图 10 - 4　独行菜 LaAACT 蛋白纯化预期电泳结果**

M. 蛋白分子量标准；1. 未诱导的含 pET - 32a 空载体的 *E. coli* 菌株；
2. IPTG 诱导的含 pET - 32a 空载体的 *E. coli* 菌株；3. 未诱导的含 pET - 32a - LaAACT
质粒的 *E. coli* 菌株；4. IPTG 诱导的含 pET - 32a - LaAACT 质粒的 *E. coli* 菌株；
5. 纯化的 LaAACT 重组蛋白。箭头显示为 LaAACT 重组蛋白。

## 【要点提示及注意事项】

1. 缓冲液中不建议使用 $\beta$ - 巯基乙醇、DTT 和 EDTA，任何的螯合剂都会对金属亲和层析产生干扰。
2. 整个纯化过程中切忌凝胶脱水变干。
3. 为避免柱子被堵塞，建议将裂解液进行离心，或者使用 $0.22\mu m$ 或者 $0.45\mu m$ 过滤器过滤。
4. 柱再生时，保证每步洗完后都要用足够的去离子水冲洗至中性。

## 【思考题】

1. 金属亲和层析纯化重组蛋白的原理是什么？
2. 纯化过程有哪些注意事项？

# 七、独行菜 LaAACT 重组蛋白的酶活性测定

## 【实验目的】

1. 掌握蛋白浓度测定的原理及方法。
2. 熟悉米氏常数和最大反应速度测定的基本原理。
3. 了解不同因素对酶促反应速度的影响。

## 【实验原理】

LaAACT 属于硫解酶家族，硫解酶有两种类型，Ⅰ 型硫解酶（ketoacyl - CoA thiolase，KAT）和 Ⅱ 型

硫解酶（acetoacetyl CoA thiolase，AACT）。Ⅰ型硫解酶，属于降解型硫解酶，位于线粒体和过氧化物酶体中，参与脂肪酸的 $\beta$ - 氧化过程，在 $\beta$ - 氧化中，它通过特定的催化机制，逐步将脂肪酸链进行分解代谢，为细胞提供能量。Ⅱ型硫解酶，属于合成型硫解酶，位于细胞质中，参与乙酰乙酰 CoA 的合成与降解，乙酰乙酰 CoA 是生物体激素、胆固醇、酮体、萜类等物质合成的重要前体物，例如，在胆固醇的合成途径中，乙酰乙酰 CoA 是起始阶段的重要原料，经过一系列复杂的酶促反应最终合成胆固醇。LaAACT 属于Ⅱ型硫解酶，催化 2 分子乙酰 CoA 形成乙酰乙酰 CoA 的可逆反应，乙酰乙酰 CoA 和 mg$^{2+}$ 能形成烯醇复合物，在 313nm 处有吸收峰。通过检测乙酰乙酰 CoA 和 Mg$^{2+}$ 形成的烯醇复合物在 313nm 波长处吸光度的下降，来计算 LaAACT 重组蛋白的硫解酶活性。其原理在于，LaAACT 催化的逆反应，即乙酰乙酰 CoA 的裂解，会使体系中乙酰乙酰 CoA 的含量减少，进而导致其与 mg$^{2+}$ 形成的烯醇复合物减少，最终表现为 313nm 处吸光度下降。一个硫解酶活性单位被定义为在标准条件下每催化 1μmol/L 乙酰乙酰 CoA 裂解的硫解酶量。

在酶浓度、温度、pH 和其他反应条件不变的情况下，酶促反应速度（$v$）对底物浓度 [S] 作图呈现出典型的矩形双曲线特征。当底物浓度很低时，酶促反应速度随底物浓度的增加而迅速升高；随着底物浓度的不断增加，反应速度的上升幅度开始减缓；当底物浓度增加到一定数值后，所有酶的活性中心均被底物饱和，反应速度不再增加，此时的反应速度为最大反应速度（$V_{max}$）。米氏方程是用来描述底物浓度 [S] 与酶促反应速度（$v$）之间关系的函数，其表达式为：$v = V_{max} [S] / K_m + [S]$，在这个方程中，$K_m$ 和 $V_{max}$ 是两个极为关键的酶动力学参数。$K_m$ 和 $V_{max}$ 可通过林 - 贝氏（Linewaver - Burk）作图法求得，该作图法也称为双倒数作图法，将米氏方程两边同时取倒数，从而得到双倒数方程：$1/v = K_m/V_{max} \cdot 1/[S] + 1/V_{max}$，以 $1/v$ 对 $1/[S]$ 作图，可得到一条直线，该直线在纵轴截距为 $1/V_{max}$，横轴上的截距为 $-1/K_m$，进而可求得 $K_m$ 和 $V_{max}$。$K_m$ 是酶促反应速度为最大反应速度一半时的底物浓度，$K_m$ 是酶的特征性常数，在一定条件下可表示酶对底物的亲和力，同一个酶对于不同的底物有不同的 $K_m$ 值。

## 【实验器材】

**1. 实验材料**　实验六中纯化的 LaAACT 重组蛋白、Bradford 蛋白质定量试剂盒、乙酰乙酰 CoA、乙酰 CoA、辅酶 A、Tris - HCl 缓冲液、PBS 缓冲液。

**2. 实验仪器**　酶标仪、紫外 - 可见分光光度计、高速低温离心机、微量移液器、96 孔板、烧杯、离心管、移液器吸头。

## 【实验步骤】

**1. 纯化 LaAACT 重组蛋白浓度的测定**

（1）考马斯亮蓝染液在使用前应平衡温度至室温并温和颠倒混匀，预热分光光度计。

（2）将 0、10、20、30、40、50、60μl 牛血清白蛋白（BSA）标准溶液（1mg/ml）分别加入试管中，加入 PBS 补足到 150μl。

（3）取稀释后的 LaAACT 样品 30μl 加入试管中，并用 PBS 补足到 150μl。

（4）向各试管中加入 2.85ml 考马斯亮蓝染液，混匀，室温放置 5 分钟。

（5）绘制 BSA 标准曲线，然后计算 LaAACT 样品中的蛋白浓度。如果所得到的蛋白浓度不在标准曲线范围内可稀释样品后重新测定。

**2. LaAACT 重组蛋白的酶活性检测**

（1）在 1ml 反应体系中含有 150mmol/L Tris - HCl（pH8.9）、30μmol/L 的底物乙酰乙酰 CoA、5mmol/L MgCl$_2$ 和 30μmol/L 辅酶 A，通过向反应体系中加入 0.1mg 纯化的 LaAACT 重组蛋白启动酶促

反应。

（2）在35℃条件下反应12分钟，使用酶标仪每隔2分钟测定反应体系在313nm处的吸光度，检测乙酰乙酰CoA的降解情况，根据朗伯-比尔定律计算LaAACT重组蛋白的酶活性。

**3. 温度、pH对酶活性的影响**

（1）分别将反应体系在20、30、35、40、45、50、60℃不同温度下反应12分钟，用酶标仪检测吸光度的变化，计算不同温度下LaAACT重组蛋白的酶活性，确定该酶的最适温度。

（2）以相同方法测量LaAACT重组蛋白分别在pH为6.5、7.0、7.5、8.0、8.5、9.0、9.5、10条件下的酶活性，确定最适pH。

**4. LaAACT重组蛋白的酶促动力学参数测定**　配制一系列含有不同乙酰乙酰CoA浓度（0.001~0.1mmol/L）的反应体系，计算不同底物浓度条件下LaAACT重组蛋白的酶促反应速度，采用林-贝氏作图法，分别以$1/v$和$1/[S]$为纵坐标和横坐标，绘制LaAACT重组蛋白的反应速度与底物浓度的双倒数图，然后求得$K_m$、$V_{max}$和$K_{cat}$等酶促动力学参数。

## 【实验预期结果与分析】

通过对独行菜LaAACT重组蛋白的酶活性测定，获得LaAACT重组蛋白的酶促动力学参数，如最适温度、最适pH、$K_m$和$V_{max}$等。

## 【要点提示及注意事项】

1. 考马斯亮蓝染液与石英比色皿可以产生强烈的结合，因此使用玻璃比色皿

2. 应按蛋白浓度由低到高的顺序进行测定，测定过程要连续进行。

3. $K_m$和$V_{max}$的测定一个定量实验，为减少实验误差，在配制不同底物溶液时应用同一母液进行稀释，保证底物浓度的准确性，同时严格控制的酶促反应时间。

## 【思考问题与作业】

1. 蛋白浓度的测定除了Bradford法，还有什么方法？

2. 一个酶有几个不同的底物，如何判断哪种底物是这个酶的最适底物。

# 设计性实验

设计性实验是一种开放式的实验教学模式，是对未知问题采用科学的思维方法，进行设计和探索研究的一种实验教学。学生在特定的条件下，自行设计实验，灵活应用知识和技能进行创新性思维和综合实践活动。通过设计性实验的开设，培养学生灵活运用学过的实验知识及技能来解决实际问题的能力，充实学生的基础理论和基本技术，引导学生独立设计实验、查阅资料、解决存在的问题，旨在培养学生独立思考与工作的能力、创新能力、科学思维和综合实践能力、严谨的科学态度及工作作风，并学习撰写科研论文。

## 一、设计性实验方案的确定和实施

### （一）确定设计性实验方案的原则

实验方案是进行课题研究的具体设想，是进行课题研究的工作框架。实验方案的确定是全部实验工作的核心部分。制定课题的实验方案，是保证课题研究顺利进行的必要措施，也是课题研究成果质量的

重要保证，同时有利于课题实施的科研管理。实验方案的完整性决定了实验的成败。若考虑不周，方案中未能包括应有的处理或处理的水平设置不当，或实验方案过于庞杂，导致结果难以分析，都会影响实验的顺利完成。实验方案的基本结构包括：课题的含义与表述；研究的背景；研究的目的、意义；研究的范围和内容；研究的理论依据和假设；研究的方法和途径；进展的步骤（阶段任务、目标）、进度；成果形式；人员分工及责任；经费预算等。

### （二）　实验方案的撰写

**1. 课题核心明晰：课题的含义与表述**　研究者要清楚准确地表述所要研究的课题内容，这是构建实验方案的根基。课题的表述需精准提炼研究的核心要素，涵盖研究对象、拟解决的关键问题以及主要研究手段等。

**2. 研究的背景**　在明确课题核心后，深入探究课题相关背景至关重要。全面梳理国内外与课题相关的研究背景，包括国内外研究的历史和现状。查阅与课题有关的文献资料，了解此课题领域内他人的研究成果、研究方法、研究经验等，从中明确自己研究课题的科学价值，找出实验研究课题的突破点。

**3. 目标与价值阐释：阐述研究的目的、意义**　基于对研究背景的深入了解，首先要表明这项课题研究的目的，即为什么要研究；其次要说明课题研究的意义，从学术理论层面出发，分析研究成果对相关学科理论体系的丰富与完善作用，包括课题的理论意义和实践意义，着重强调研究成果在现实世界中的应用价值。

**4. 范围与内容界定：研究范围和内容**　明确圈定被研究的主体，研究对象是人、事或物等。研究内容的多少与课题的大小有直接关系。研究内容必须准确地体现课题，并与课题相吻合。

**5. 理论基石与假设构建：理论依据与假设**　为确保研究的科学性与合理性，需引用相关学科的成熟理论作为研究的基石。研究者要指出自己所选课题的理论依据，基于对课题的深入思考与理论分析，并提出具有一定前瞻性和可验证性的科学假设。假设就是研究者自己对于某个问题的认识或解决某个问题的设想，研究者应根据课题的实际情况建立相应的假设。后续的实验设计与研究工作将围绕验证这一假设展开，推动研究逐步深入，揭示事物的内在规律。

**6. 方法策略抉择：研究方法**　根据研究对象的特点、研究内容的性质以及研究目标的要求，精心挑选研究过程中所采用的方法和措施。在这里要具体说明，如用调查法，可写明调查方式是问卷还是访谈。教育科研方法很多，研究者要根据研究对象、研究内容来选取恰当的研究方法。在课题研究过程中，可以几种方法并用，或以一种方法为主，其他方法为辅。

**7. 时间与步骤规划：研究程序**　课题研究程序指课题研究的步骤、时间规划，即将整个研究过程拆解为一系列具体、有序的步骤，每个研究步骤设定合理的时间节点，制定详细的研究进度表。

**8. 成果形式预设：成果形式**　在研究启动前，预先规划可能产生的研究成果形式，这有助于明确研究的最终产出方向，为研究过程中的资料收集、整理与分析提供指导。研究成果的形式最主要的两种表现形式是研究报告和论文，也可以将研究成果写成专著、教材、手册等。

**9. 团队组建与分工：研究组成员**　明确课题负责人、成员名单及分工情况。课题负责人应由在该领域具有丰富研究经验、卓越组织协调能力和深厚专业知识的人员担任，根据团队成员的专业背景、技能特长进行明确分工。

**10. 经费保障规划：经费预算**　写明课题的预算情况。合理编制经费预算，为研究工作提供稳定、充足的资金支持，是确保研究顺利开展的重要保障。

以上，从各方面介绍了科学研究方案制定的步骤和方法，一般而言，一个方案中的以上各项内容都是不可缺少的。然而，由于课题大小和实际情况不同，因此制定的方案在内容上也有所差异。可视课题的大小而定。

### （三） 实验方案的实施

科学实验实施的课题设计方案一旦经讨论研究通过就要遵照执行并付诸实验，这一过程即为实验实施。在实验实施中要恪守实事求是的原则，必须如实地测取实验数据，翔实地记录研究结果。要想真实准确地反映一个实验的结果并非易事，为此应注意做到以下几点。

1. 实施要严谨。必须正确的观察并极其熟悉技术规程，明确必要的条件，严格履行技术操作的各个细节。在实施中，观察要密切并注意各种细节，详细做好观察记录；选定范围，应把大部分注意力集中在选定的观察范围之内，但同时必须留心其他的现象，尤其是特殊的现象。在实验中，有许多特征或过程，要想直接进行观测是十分困难的，因此，要把所观察的变量转换成其他的变量来进行观察或测量。在实验过程中的观察不是一种消极的观看，而是一种积极的思维过程。因此必须伴随着运用思维活动和正确的思想方法。

2. 工作要有全面系统的长计划，进度要有重点和难点的短安排。

3. 如条件允许时，应尽量采用录音、摄影、录像、计算机、电子仪器等先进仪器、设备辅助工作。

4. 研究团队要团结协作、共同奋斗。

### （四） 实验数据的处理与分析

必须对实验结果和数据进行准确的处理和分析，才能发现其中的问题，并揭示其变化的规律性及影响因素。

**1. 实验数据的处理**　在实验中得到的结果数据被称为原始数据，分为两大类：计量资料和计数资料。计量资料以数值大小来表示某种变化的程度，如吸光度值、pH 等，这类资料可从测量仪器中读出，或通过测量值所描绘的曲线得到。计数资料是清点数目所得到的结果，如细胞数目、有效或无效等。

在处理数据时，须遵循一定的判断标准，以获得适用于进一步统计分析用的数据，无效数据应予以剔除。在处理这一类数据时，需要严格的遵循科学范围，决不能有研究者的偏见，故意或任意将数据资料取舍。必须实事求是，不能人为的强求实验数据符合自己的假设。

**2. 实验数据的分析**　在取得一定数量标本的可靠数据后，即可进行生物统计学分析，得到可用来对实验结果的某些规律性进行评价的数值。有些数值如平均值、标准差、标准误、相关系数、百分数等，被称为统计指标。经统计学分析的结果数据可制成一定的统计表或统计图，以便研讨所获得的各种变化规律。还可做相应的统计学显著性检验或计算某些特征参数等。具体数据分析方法，请参考生物学统计和医学统计相关教材。

## 二、设计性实验方案举例

### 实例一　纤维素酶产生菌的快速分离筛选实验方案

纤维素酶产生菌，是一类能够产生纤维素酶的微生物，本实验的核心在于利用微生物对特定碳源的选择性来分离目标菌株。

在自然界的微生物生态系统中，绝大部分微生物仅能利用简单糖类（如葡萄糖、果糖）作为碳源进行生长代谢。纤维素酶产生菌是具备纤维素分解能力的微生物，其细胞内拥有一系列编码纤维素酶的基因，可以羧甲基纤维素作为唯一碳源的培养基，这些基因表达产生的纤维素酶，能够将复杂的羧甲基纤维素逐步降解为小分子糖类，如纤维二糖、葡萄糖等。这些小分子糖类可被微生物吸收进入细胞内，通过糖酵解、三羧酸循环等代谢途径，为微生物的生长、繁殖提供必要的能量以及合成细胞物质的碳骨架。

因此，在以羧甲基纤维素为唯一碳源的培养基上，只有那些能够分泌纤维素酶、分解利用纤维素的微生物才能够在培养基上生长,从而得以在培养基上形成可见的菌落,实现从混合微生物菌群中初步筛选出潜在纤维素酶产生菌的目的。

产酶菌分泌的纤维素酶将菌体周围的标记过的羧甲基纤维素分解,形成透明圈的大小与产酶量及酶活性成正相关。

## 【实验目的】

1. 掌握纤维素酶产生菌的分离及筛选的基本流程。
2. 了解纤维素酶在生物质转化和工业应用中的重要性。

## 【实验器材】

**1. 实验材料** 腐木、堆肥、土壤等富含纤维素的环境样本。

**2. 实验仪器** 常采用高压灭菌锅、培养箱、超净工作台、离心机、微量移液器、离心管、培养皿等。

## 【实验设计】

**1. 文献检索** 运用中国知网、Web of science、Pubmed 等数据库检索文献,检索关于纤维素酶产生菌分离筛选的相关文献。综合多篇文献,拟定实验方案,应遵循简便性、可行性、安全性和精确性。

**2. 确定实验设计方案** 查阅文献与资料,确定土样采集、培养基配置、菌落挑选及选择性培养基的配置方法。

**3. 实验过程** 注意观察菌落生长情况,及时、完整地将结果记录于实验记录本上。

**4. 实验结果分析**

(1) 规范、正确地处理实验数据,应做到计算正确、图表清晰。

(2) 对结果进行讨论,体现实验数据反映的问题。

## 【思考与讨论】

1. 富集培养为何选择纤维素作为唯一碳源?
2. 刚果红染色法中,水解圈的形成机制是什么?

## 【评分标准】

1. 实验方案完整、实验方法可行。
2. 实验报告规范。
3. 实验数据清晰、结果分析准确、讨论表达完整,符合要求。

### 实例二 固体发酵法生成柠檬酸实验方案

柠檬酸是一种重要的有机酸,广泛应用于食品、医药、化工等领域。在食品工业中,柠檬酸作为酸味剂、防腐剂和抗氧化剂,巾场需求量巨大。固体发酵法是指微生物在无自由水或接近无自由水的固态基质上生长代谢并生成目标产物的过程。固体发酵法具有原料来源广泛(如农业废弃物)、设备简单、能耗低、环境污染小等优势,尤其适合资源化利用薯类残渣、麸皮、甘蔗渣等廉价基质,符合绿色生物制造和可持续发展的理念。

黑曲霉(*Aspergillus niger*)是柠檬酸生产的常用菌种。在固体发酵过程中,黑曲霉分泌的胞外酶

（如淀粉酶）可将淀粉质原料分解为葡萄糖，葡萄糖通过糖酵解途径生成丙酮酸，丙酮酸进一步氧化脱羧生成乙酰CoA。由于黑曲霉中顺乌头酸酶和异柠檬酸脱氢酶活性很低，而柠檬酸合酶活性很高，因而大量积累柠檬酸。柠檬酸经碳酸钙作用形成柠檬酸钙沉淀，再经稀硫酸作用释放出柠檬酸。通过本实验，学生可掌握固体发酵技术的核心步骤，理解微生物代谢产酸的基本原理。

## 【实验目的】

1. 掌握黑曲霉固体发酵生产柠檬酸的基本原理与操作流程。
2. 学习柠檬酸含量测定的常用方法。

## 【实验器材】

**1. 实验材料**  黑曲霉 *Aspergillus niger* 2333，固体培养基，0.1mol/L NaOH 标准溶液、酚酞指示剂等。

**2. 实验仪器**  高压灭菌锅、培养箱、超净工作台、离心机、pH 计、微量移液器、离心管、培养皿。

## 【实验设计】

**1. 文献检索**  运用中国知网、Web of science、Pubmed 等数据库检索文献，检索黑曲霉固体发酵生产柠檬酸的相关文献。综合分析多篇文献，拟定实验方案，应遵循简便性、可行性、安全性和精确性。

**2. 确定实验设计方案**

（1）查阅文献与资料，明确一级种子培养基、二级种曲培养基和发酵培养基的配置方法。

（2）查阅资料，设计菌种活化与接种、固体发酵培养、柠檬酸提取及含量测定的方案。

**3. 实验过程**

（1）培养基灭菌操作要规范，避免杂菌污染。

（2）滴定操作要缓慢，避免加入过量的 NaOH。

（3）所有实验必须及时、完整地记录于实验记录本上。

**4. 实验结果分析**

（1）规范、正确地处理实验数据，应做到计算正确、图表清晰。

（2）对得出的结果进行正确的分析。

（3）对结果进行讨论，体现实验数据反映的问题。

## 【思考与讨论】

1. 固体发酵与液体发酵生产柠檬酸的优势与局限性分别是什么？
2. 为何黑曲霉在限氮条件下更易积累柠檬酸？

## 【评分标准】

1. 实验方案完整、实验方法可行。
2. 实验报告规范。
3. 实验数据清晰、结果分析准确、讨论表达完整，符合要求。

### 实例三  养阴类中药对糖尿病小鼠糖脂代谢的干预作用实验方案

糖尿病是一种以慢性高血糖为特征的代谢性疾病，属于中医消渴症范畴，其核心病机为阴虚燥热，全球患病率持续攀升。中药因多靶点、低毒性的特点，在糖尿病辅助治疗领域备受关注。现代药理研究表明，养阴类中药生地黄、知母、麦冬可调节糖脂代谢而发挥降糖效应。本实验通过观察三种中药提取物对糖尿病小鼠糖代谢的调控作用，阐释中医药理论与现代药效机制的关联性，引导学生建立中医药科研思维与实验逻辑。

链脲佐菌素（streptozotocin，STZ）诱导的糖尿病小鼠模型是研究糖尿病机制的经典模型。STZ 通过选择性破坏胰岛 B 细胞导致胰岛素分泌不足，模拟人类 1 型糖尿病特征；若结合高脂饮食或多次低剂量注射，可模拟 2 型糖尿病的胰岛素抵抗状态。该模型稳定性高、操作简便，适用于本科生实验教学。

## 【实验目的】

1. 掌握糖尿病动物模型的建立与评价方法。
2. 了解中药干预方案的制定与实施。

## 【实验器材】

**1. 实验动物** SPF 级雄性 C57BL/6 小鼠（6～8 周龄，体重 18～22g）。

**2. 药物与试剂** 中药：生地黄提取物、知母提取物及麦冬提取物。阳性对照药：二甲双胍。STZ、柠檬酸缓冲液、血糖试纸、葡萄糖注射液等。

**3. 仪器设备** 血糖仪、电子天平、离心机、酶标仪、分光光度计等。

## 【实验设计要求】

**1. 文献检索** 运用中国知网、Web of science、Pubmed 等数据库检索文献，检索有关中药干预糖尿病小鼠糖代谢的文献。拟定实验方案，应遵循简便性、可行性、安全性和精确性。

**2. 确定实验设计方案**

（1）查阅文献和资料，明确糖尿病模型小鼠的造模方法及造模成功所需检测的指标、实验组别设计、药物干预的剂量和时间及糖代谢相关检测指标，进行完整的实验设计。

（2）进行预实验，选取少量小鼠，按上述造模方法进行操作，以确定造模成功率高且稳定的方法和药物干预的最佳剂量和时间。

（3）药物干预后，进行糖脂代谢相关指标检测，检测指标要能够反映药物干预的效果。

**3. 实验过程**

（1）注意观察小鼠的一般状态，如实记录。

（2）所有实验必须及时、完整的记录于实验记录本上。

**4. 实验结果分析**

（1）规范、正确地处理实验数据，应做到计算正确、图表清晰。

（2）对得出的结果进行正确的分析。

（3）对结果进行讨论，体现实验数据反映的问题。

## 【思考与讨论】

1. 中药改善糖代谢可能的机制是什么？
2. 与二甲双胍相比，中药的优势与局限性是什么？

## 【评分标准】

1. 实验方案完整、实验方法可行。

2. 实验报告规范。

3. 实验数据清晰、结果分析准确、讨论表达完整，符合要求。

## 实例四 高脂细胞模型筛选中药降脂活性成分实验方案

高脂血症是血液中甘油三酯（triglyceride，TG）、总胆固醇（total cholesterol，TC）或低密度脂蛋白胆固醇（low densityLipoprotein cholesterin，LDL – C）异常升高的代谢性疾病，与动脉粥样硬化、心脑血管疾病及非酒精性脂肪肝密切相关。现代生活方式导致其患病率持续攀升，构成重大公共卫生负担。

中药具有多成分、多途径调节脂代谢的特点。然而，中药成分复杂，活性物质不明确，需结合现代生物技术筛选和验证其降脂成分，为药物开发提供科学依据。本实验通过整合中医药理论、现代技术手段与实际应用场景，引导学生理解实验设计的科学逻辑，为后续实验操作奠定基础。

### 【实验目的】

1. 掌握高脂细胞模型的构建方法。

2. 熟悉油红 O 染色、甘油三酯 TG 含量测定的方法。

3. 了解中药降脂活性成分的筛选方案。

### 【实验器材】

**1. 实验材料** HepG2 细胞、DMEM 高糖培养基、胎牛血清、油酸、棕榈酸、油红 O 染色液、TG 检测试剂盒等。中药成分（梓醇、毛蕊花糖苷、地黄苷 D 等）、CCK–8 试剂盒等。

**2. 实验仪器** $CO_2$ 培养箱、倒置显微镜、酶标仪、离心机、超净工作台等。

### 【实验设计】

**1. 文献检索** 运用中国知网、Web of science、Pubmed 等数据库检索文献，检索关于高脂细胞模型构建以及中药降脂活性成分筛选的相关文献，拟定实验方案，应遵循简便性、可行性、安全性和精确性。

**2. 确定实验设计方案**

（1）高脂细胞模型的构建 查阅文献，明确高脂细胞模型构建的方法。

（2）细胞毒性检测 查阅文献与资料，了解 CCK–8 实验操作方法，给予不同的药物后首先进行细胞毒性检测。

（3）降脂活性筛选 给予不同的药物处理后，进行油红 O 染色或取细胞裂解液进行 TG 含量测定。

**3. 实验过程**

（1）细胞实验全程需无菌，避免污染。

（2）所有实验必须及时、完整地记录于实验记录本上。

**4. 实验结果分析**

（1）规范、正确地处理实验数据，应做到计算正确、图表清晰。

（2）对得出的结果进行正确的分析。

（3）对结果进行讨论，体现实验数据反映的问题。

### 【思考与讨论】

1. 油红 O 染色的基本原理是什么？

2. 给予不同的药物处理后，为什么要进行 CCK-8 检测？

## 【评分标准】

1. 实验方案完整、实验方法可行。
2. 实验报告规范。
3. 实验数据清晰、结果分析准确、讨论表达完整，符合要求。

# 参考文献

[1] 李静，吴立柱，于荣，等．细胞生物学实验技术教程［M］．5 版．北京：科学出版社，2024.

[2] 余光辉．图解细胞生物学实验教程［M］．2 版．北京：化学工业出版社，2024.

[3] 郭振，梅一德，杨振业．细胞生物学实验［M］．2 版．合肥：中国科学技术大学出版社，2024.

[4] 张丹凤．微生物学实验［M］．北京：北京大学出版社，2023.

[5] 陈晓琳．微生物学实验指导［M］．2 版．北京：中国农业大学出版社，2024.

[6] 郑晓群，葛胜祥，潘云燕．临床免疫学检验［M］．北京：人民卫生出版社，2024.

[7] 刘晓霞，徐广贤．临床免疫学检验技术实验指导［M］．武汉：华中科技大学出版社，2021.

[8] 李莉，曹颖平，周琳，等．临床免疫检验标准化操作程序［M］．2 版．上海：上海科学技术出版社，2024.

[9] 段开红，万永青．生物工程设备［M］．3 版．北京：科学出版社，2024.

[10] 刘悦萍，葛秀秀．生物工程基础实验指导［M］．北京：化学工业出版社，2025.

[11] 李冠华，苑琳．发酵工程实验教程［M］．北京：化学工业出版社，2024.

[12] 刘金锋，杨革．发酵工程与设备实验实训［M］．北京：化学工业出版社，2018.

[13] 洪燕萍．生物分离工程实验技术［M］．北京：化学工业出版社，2023.

[14] 赵东旭．生物分离工程实验及设计［M］．北京：北京理工大学出版社，2021.

[15] 胡永红，谢宁昌．生物分离实验技术［M］．北京：化学工业出版社，2019.

[16] 魏群．分子生物学实验指导［M］．4 版．北京：高等教育出版社，2021.

[17] 韦平和，彭加平，陈海龙．基因工程实验项目化教程［M］．北京：化学工业出版社，2022.

[18] 王君．酶工程实验指导［M］．北京：化学工业出版社，2018.

[19] 陈晔光，张传茂，陈佺．分子细胞生物学［M］．3 版．北京：高等教育出版社，2019.

[20] 刘民培，梁国标．神经干细胞基础与培养［M］．北京：科学出版社，2016.

[21] R Ian Freshney．动物细胞培养：基本技术和特殊应用指南［M］．7 版．北京：科学出版社，2019.

[22] M R 格林，J 萨姆布鲁克．分子克隆实验指南［M］．4 版．北京：科学出版社，2017.

[23] 胡兴，曾军英，李洪波，等．生物工程实验指南：综合实验原理与实践［M］．北京：科学出版社，2021.